QUANTUM: A Guide for the Perplexed JIM AL-KHALILI

見て楽しむ量子物理学の世界

自然の奥底は不思議がいっぱい

ジム・アル・カリーリ 著
林田陽子 訳

日経BP社

QUANTUM: A Guide for the Perplexed

First published by Weidenfeld & Nicholson Ltd, London.

量子力学というおかしな理論のことを
教えてくれた父に、
この本を捧げる。

目次

はじめに

　十代の頃、私は『アンエクスプレインド（説明できないこと）』という雑誌の熱心な読者でした。この雑誌にはUFOの目撃談やバミューダ・トライアングルなどの超常現象の話がたくさん載っていました。毎号ぞくぞくするような興奮を感じたことを思い出します。その興奮とは、世界は誰にも理解できない奇妙で不思議な出来事で満ちているという驚きでした。中でも最高にすばらしかったのは、安物のカメラと震える手で、暗い夜の濃霧の中で撮影されたらしい、魅力的な写真でした。それらは空飛ぶ円盤や、幽霊や、ネス湖の怪獣の証拠とされるものでした。特にはっきりと覚えているのは、老婦人の切断された足が焼け焦げたように見える薄気味悪い写真です。その焼け焦げたものは心地よさそうなスリッパをはいていて、居間の中にできた灰の山の隣に横たわっていました。それはまるで「人体の自然発火現象」が起きた後の光景を思わせるものでした。

　その雑誌が今も発行されているかどうかわかりませんが、最近は目にしたことがありません。しかし、科学によって整然と命名され、分類され、整理されることのない、あらゆる種類の超常現象に人びとが引きつけられるのは今も変わりません。科学の絶え間ない進歩に抵抗して、私たちの世界には魔法や、謎めいたものや、この世のものとは思われないものがしっかりと生き延びている場所があることを知って喜ぶ人がたくさんいるのです。

　これは本当に恥ずかしいことです。科学は宇宙の中で起きているいろいろな現象を解き明かすことに成功しています。しかし、そのことが何か退屈で驚きのないことだとみなされることがあって、私にはそれが不満なのです。これに怒りを感じた物理学者のひとりがリチャード・ファインマンでした。彼は光の本質についての理解を深めたことで一九六五年にノーベル賞を受賞しました。彼はこのように書いています。

「詩人は、科学は星の美しさを損なうと言います。星を気体原子でできた単なる塊にしてしまうというのです。「単なる」ものなどありません。私も砂漠の夜の星を眺めて、心を動かされます。しかし、私は詩人より見るものが少なかったり、多かったりするのでしょうか？ ……パターンは何なのか、意味はあるのか、その理由は何なのか？ 星についてもう少し多くのことを知ったところで、謎が消え去ることなどありません。これまでのどんな詩人が想像したことよりも、真実ははるかに不思議だからです。なぜ現代の詩人はそのことを話さないのでしょうか？」

最近では、人びとは本や、雑誌や、テレビのドキュメンタリー番組や、インターネットなどで科学に親しんでいるので、科学に対する姿勢も変わってきていると私は信じています。しかし、日常の言葉で筋の通った話をしたり、単純でわかりやすい概念を使ってきちんと説明したりすることができない分野がまだ残っています。超能力とか占星術のようなニセ科学に基づくいいかげんなアイデアのことを言っているのではありません。まったく逆に、その分野はまさに科学の主流です。実際、その分野はたいへん活発に研究されていて、しかも自然についての理解を深める上でとても根本的なものなので、物理学全体とそれに関連した研究を支える役割を果たしているのです。その分野は一つの理論に基づいているのですが、その理論が発見されたことは、疑いもなく二十世紀でもっとも重要な科学的な進歩でした。この研究分野こそ本書の主題です。

量子力学は驚くべきものです。その理由は二つあるのですが、その二つは一見したところ矛盾しているように見えます。一方では、量子力学は自然の仕組みを理解する上でとても根本的なものなので、過去半世紀の技術的な進歩の中心に位置しています。他方では、量子力学が何を意味するか誰も正確に知らないのです！

量子の世界を探究するということは、本当に途方もない領域へ踏み込んで行くことなのです。ここでは、観測されたことの説明のしかたがいろいろあります。そのうちのどれを選んでもよいのですが、どの説明も驚愕するほどおかしなものなので、宇宙人による誘拐の話のほうがまだしも理屈に合っているように思えてくるほどです。

量子の世界を理解しようとするとどれほどいらいらさせられるか、量子の世界がどんなに不思議なものであるか。それを人びとが知ったらどうなるでしょう。私たちが慣れ親しんでいる現実が、究極的には捉えがたい幽霊のような実在に基づいていることを知ったとしたら……バミューダ・トライアングルやポルターガイストの話はもう必要ありません。量子の現象の方がはるかに奇妙です。超自然的な出来事とされるものはどれもほんのわずかな常識で説明がつきますが、量子論は約百年間あらゆる方法で徹底的にテストされてきました。私が知る限り、量子力学の予測のどれ一つとして「アンエクスプレインド」誌に載らなかったのは残念です。

奇妙だったり筋が通らないように思えるのは、量子力学の理論そのものではありません。最初にそのことを明確にしておきます。量子力学の理論は美しく、正確で、筋の通った数学的建築物です。量子力学を使って「自然」をすばらしくうまく表すことができます。実際、量子力学がなければ、私たちは現代の化学や、エレクトロニクスや、物性論などの基礎を理解できません。量子力学がなければ、私たちはシリコンのチップやレーザーを発明していなかったでしょう。テレビも、コンピューターも、マイクロ波も、ＣＤやＤＶＤも、携帯電話もなかったでしょう。量子力学なしには、今の時代には当たり前になっているものの多くが存在しなかったはずです。

量子力学は原子のような物質の基本要素のふるまいを解き明かし、それを驚くほど高い精度で正しく予測します。原子だけでなく、原子をつくり上げているもっと小さな粒子についてもそうです。量子力学のおかげで、原子よりも小さな粒子がどのように相互作用し、互いに結合し、私たちが身のまわりで目にする世界を形作るかを、たいへん正確に、ほとんど完璧に理解できるようになりました。

そうすると、ある矛盾に直面するように思えます。量子力学はこんなにもたくさんの「どのようにして」

や「なぜ」をうまく説明できるのに、なぜこんなにもあいまいさが残っているのでしょうか？　量子力学の規則や公式を日常的に使っている現場の物理学者はたいてい、それは問題ではないと言うでしょう。結局のところ、量子力学がうまくいくことを彼らは知っているのです。量子力学は、私たちが自然界のさまざまな現象を理解するのに役立ちます。量子力学の数学的な枠組みや公式はきちんと理解できるし、精密です。量子力学を疑う人が昔からたくさんいて、彼らは量子力学の誤りを示そうとして数え切れないほどの検証実験を重ねてきたのですが、量子力学はそうした試みのすべてを見事に乗りきってきました。

量子力学の理論は、原子以下の小さな世界には直観に反する奇妙な性質があることを示しています。そのことに納得のいかない同僚がいると、物理学者はたいていいらいらするものです。簡単に言えば、原子のようにたいへん小さなスケールでの自然のふるまい方が、人間や自動車や樹木や建物といった日常のスケールで私たちが経験しているのと同じものであると期待することなどできないということです。量子力学の理論が自然の奇妙な説明なのではなく、自然そのものが驚くほど直観に反したふるまい方をするのです。私たちが観察するすべてのものを理解できる理論的な道具を量子力学が提供してくれるのなら、私たちの直観に反するからといって自然を責めたり、理論を責めたりするわけにはいきません。

もっと直観的な量子力学の解釈を求めて、私から見るとやや非科学的なスタンスをとる人たちに対して、多くの物理学者がいらだちを感じています。彼らはこう言うでしょう。「なぜ黙って、量子力学の道具を使って実験結果の予測をするだけにしないのか？　実験で確認できないものを完全にわかろうとするのは時間の浪費だ」。

量子力学の標準的な解釈は物理学科の学生全員が教わるものです。それによれば、自然からどんな情報を導き出せるのかということに関して、実験の種類に応じた、厳しい規則と条件があります。本の冒頭でこんなことを言っても、わかりにくいだけかもしれません。しかし最初に肝に銘じてほしいのは、量子力学は、量子力学以外の科学の分野とはまったく異質のところがあるということです。

ほとんどの物理学者と同じように、私もまた量子力学について長年考えてきました。現場の研究者としての実務的な視点と、量子力学の深い意味に興味を持つ者の視点の両方で、考えているのです（後者は「量子力学の基礎」として知られている分野です）。私が量子力学に取り組んできた二十年の歳月は、量子力学に「納得する」のに十分な時間ではないのかもしれません。しかし私は、少なくとも激しい論争から距離をおける程度には、両方の陣営の言うことにまじめに耳を傾けてきたと感じています（特定の解釈を強く支持する人が、謎は解けたと主張することがあるのですが、そのような楽観的な主張はある意味では正直さに欠けたところがあります。論争は確かに今も続いているのです）。

この本でとりあげるほとんどのことは、論争の的になっているものではありません。「現在進行中」の問題に触れるときには、私は中立的で客観的な立場をとるつもりです。私は量子力学の特定の解釈を支持してはいません。しかし、私はこの問題に関して明確な見解を持っています。それに同意しないのはもちろん自由です。しかし、私は読者を説得できると確信しています。ただしそれは、あなたが「黙って計算しろ」という人ではない場合に限ります。もしそうなら、この本を放り出して、何かもっと役に立つことをすべきです！

私のお気に入りは、「計算する間は黙っていろ」という解釈です。この立場なら、量子力学を使っていないときは、量子力学について自由に考えることができます。

しかし、この本は量子力学の意味だけに関する本ではありません。量子力学の成功について述べた本でもあるのです。量子力学はいろいろな現象を解き明かすことと、私たちの日常生活への応用を生み出すことの両面で、成功を収めています。私は読者のみなさんを一つの旅にお連れするつもりです。その旅は、哲学や、原子よりも小さな世界や、余剰次元の理論などをめぐるのですが、それだけでなく、レーザーやマイクロチップといった今日の先端技術の世界にも出かけていきますし、将来の「量子のマジック」の驚くべき世界にもご案内します。

あなたがこれらのことを面白そうだと感じてくれるとよいのですが、この分野にまったくなじみがないなら、量子力学の面白さの中心はいったい何なのかを、きっと最初に知りたいでしょう。量子力学の不思議さをわかりやすく際立たせる方法はいろいろあります。私たちが見慣れて当たり前だと思っている日常的な実例を使うこともできるし、いわゆる「思考実験」を使うやり方もあります（思考実験とは頭の中だけで行う実験のことです）。実は、二重スリットの実験ほど量子力学の謎を疑いようのないほどはっきりと、そして美しく見せてくれるものはありません。そこで、二重スリットの実験から話を始めましょう。

path A
path B

Nature's
Conjuring
Trick

第1章
自然の手品

冒頭からいきなりかたい話をするのはやめて、簡単な手品を一つ紹介しましょう。それはきっと魔法のようだと感じるはずです。そんなものはまったく信じたくないと思うかもしれません。それはあなた次第です。腕のよい魔術師がみなそうであるように、この段階で種明かしはしません。でも、普通の手品とは違って、話が進むにつれて、どんな仕掛けも、隠された鏡も、秘密の小部屋もないことがだんだんわかります。実際、物事がどのようにしてそうなるのか、筋の通った説明はできないという結論をきっと下すはずです。

「奇妙な」、「おかしな」、「謎めいた」といった形容詞ばかり使わなければならないので、前置きはこれくらいにして、始めます。私がこれから説明することは、実際に行われている実験です。単なる理論的な推測ではありません。この実験は適切な装置さえあれば簡単にできるもので、いろいろな方法で何度も繰り返し行われています。ここで重要なポイントがあります。それは、読者が量子力学の知識を持っていないという前提に立っているということです。何が起こるのか、その驚くべき結果をどのように説明するのかをまだ知らない人の視点を採用します。読者のみなさんは実験の結果を常識に照らしてなんとか理解しようとするでしょう。しかし量子物理学者の説明はそれとはまったく違っています。そのことは後で述べます。

最初に述べておかなければならないのは、この手品が——今はまだこれを手品と言っておきますが——光を特殊なスクリーンにあてるだけでできることです。実際、この実験は多くの教科書に載っています。しかし、光の性質がそれ自体たいへん奇妙であることがわかり、それによってこの手品のドラマチックな効果が薄れます。

私たちは、光が波としてふるまうと学校で習います。光には異なる波長が含まれていることがあります（異なる波長を含む光は、虹のようにいろいろな色のスペクトルを持っています）。光は波の性質をすべて備えています。たとえば、二つの波が混ざる「干渉」、波が狭いすきまを通り抜けた後に広がる「回折」、波が今までとは異なった媒体に入るときに起こる「屈折」などです。これらの現象は、波が障害物に突きあたったり、二つの波が出会ったりしたときの波のふるまいです。

二つの狭いスリットから出てきた光は、スクリーンの上に縞模様のパターンをつくる。これは、スリットから出てきた光の波の干渉によって生じる。もちろん、これが起こるのは光源が単一の波長の光からなる「単色」の場合だけである。

私が光が奇妙だというのは、この波としてのふるまいがすべてではないからです。実際アインシュタインは、光が波とはまったく違ったふるまい方をすることを示してノーベル賞を受賞しました。このことは次の章でもっと詳しく述べます。二重スリットの手品をするとき、光を波だと考えることができます。なぜなら、そう考えるとほぼつじつまが合うからです。

最初に、光のビームを二つの狭いスリットがあるスクリーンにあてます。すると光の一部がスリットを通り抜けて、奥にあるもう一つのスクリーンに達し、そこに干渉縞が現れます。干渉縞は明るい帯と暗い帯からなる縞模様のパターンです。干渉縞ができるのは二つのスリットから出てきた別々の光が広がり、重なり、一体になって奥のスクリーンにあたるためです。二つの波の山（または谷）が出会うところでは、山と山が合わさり、いっそう高い山（またはいっそう低い谷）を形づくり、それがより強い光になって奥のスクリーン上に明るい帯をつくります。しかし、波の山が別の波の谷と出会うところでは、山と谷が打ち消しあって、黒い縞になります。これらの明暗の縞の中間には、光が一部残り、濃いところと薄いところが混ざったパターンができます。干渉縞が現れるのは、光が両方のス

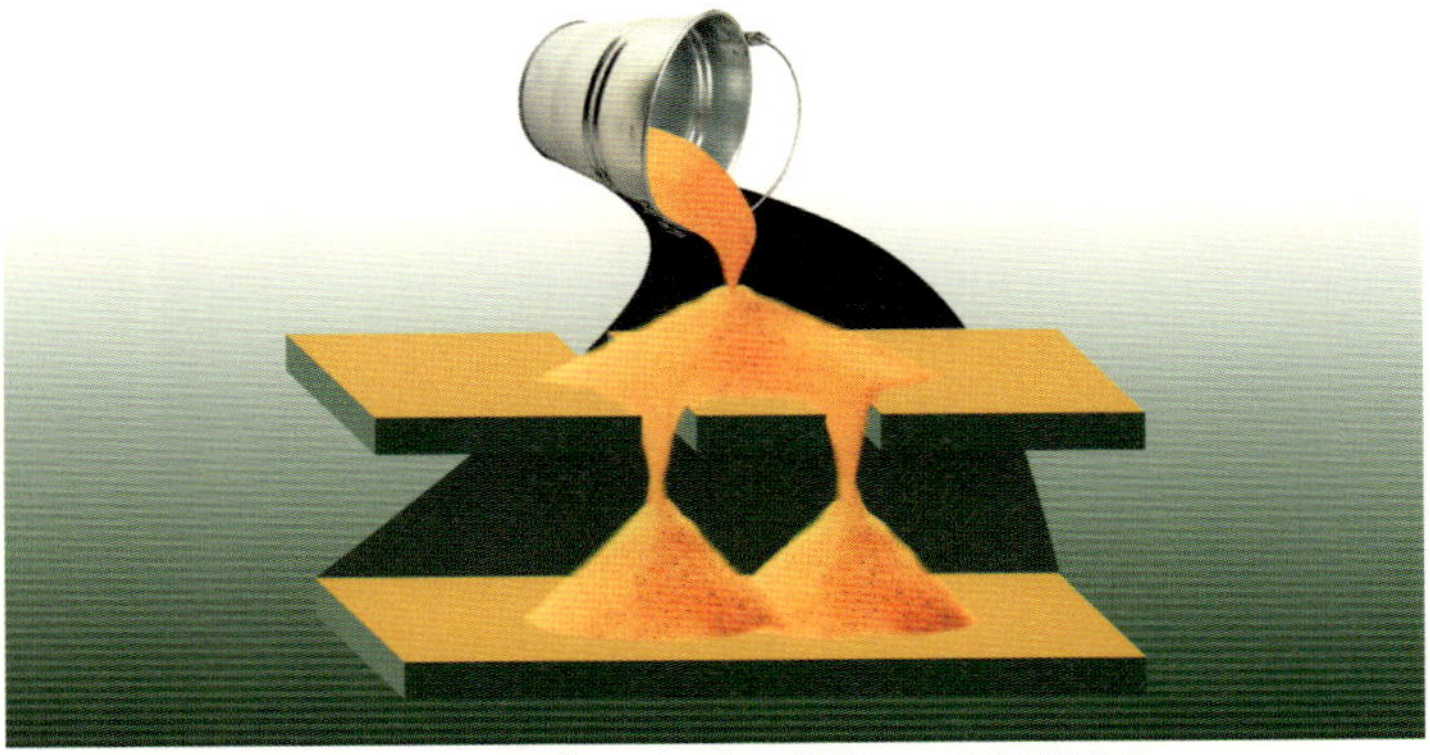

砂の粒はもちろん波としてふるまうことはせず、スリットの真下に二つの山ができる。

リットを同時に通り抜ける波としてふるまう場合だけです。ここまでは、よいでしょうか。

次に、同様の実験を砂を使ってやってみます。この場合、二つめのスクリーンはスリットのあるスクリーンの下に置いて、重力が働くようにします。砂が最初のスクリーンへ落ちると、二つのスリットの真下に、別々の山ができます。これは驚くことではありません。なぜなら、一つ一つの砂の粒は、二つのスリットのどちらかを通り抜けるからです。この場合は波を扱っているのではないので、干渉はありません。二つのスリットが同じ大きさで、砂を二つのスリットから等距離の位置から落とすと、二つの山の高さは同じになるはずです。

ここで面白いことがあります。この手品を原子でやってみるのです。特殊な装置（よい名前がないので、それを原子銃と呼びます）で、ちょうどよい幅のある二個のスリットを備えたスクリーンに原子のビームを発射します。[1] 一方、奥のスクリーンには、原子が一個でもあたったら、小さな光る点が現れるコーティングを施します。

1 スリットの幅を狭くして、お互いに近づける必要があります。このような実験は、一九九〇年代に実際に行われました。そのときは、スクリーンは一枚の金のホイルで、スリットは1マイクロメートル（1マイクロメートルは1ミリメートルの1000分の1）のスケールの幅でした。

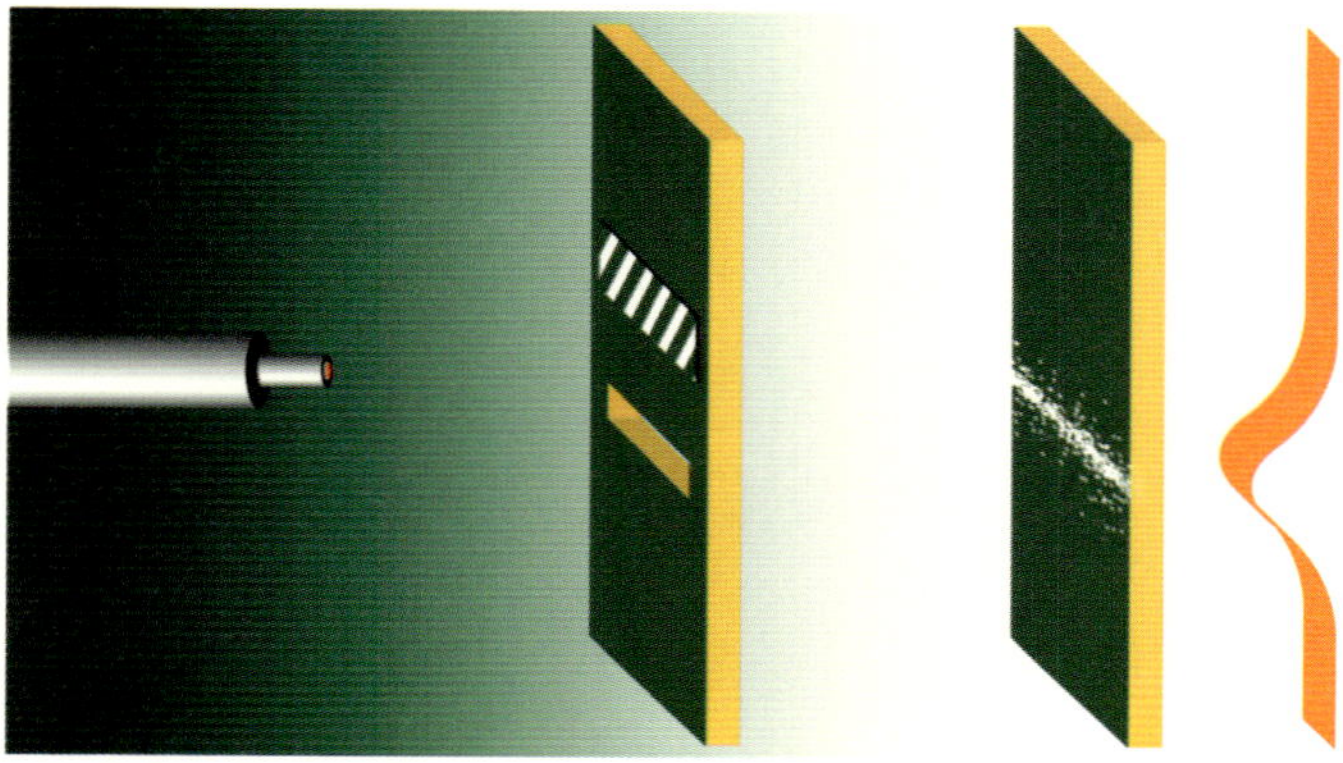

この手品を原子でもう一度やってみよう。スリットの一方が閉じている場合、原子は開いているスリットだけを通過する。点の分布は、原子がどこに着地したかを示す。このわずかな広がりは、回折という波の性質によって生じる。しかしこのことだけなら、原子を粒子とみなして、実験の結果は砂の山の場合とまったく同じだと論じることもできる

言うまでもなく、原子はたいへん小さな物体なので、砂とまったく同じようにふるまうはずです。両方のスリットを同時に通過できる、広がりをもった波とはまったくの別物です。

最初に、二つのスリットの一方だけを開けて実験します。当然ですが、開いたスリットの後ろに設置した奥のスクリーン上に、光の点が散らばります。このように点が散らばると、波のふるまいについてすでに知っていれば、おかしいと思うかもしれません。これは波が狭いスリットを通過するときに起こること、すなわち波の回折だからです。でも、たくさんの原子のうちのいくつかが、すっと通り抜けるのではなく、スリットの端に衝突して、それが拡散の原因になるとすれば、気にすることはないと考え直すことができます。

次に、私たちは二つめのスリットを開き、奥のスクリーンに点が現れるのを待ちます。重なり合う明るい点がどのように分布すると思うかと尋ねられたら、あなたはきっと、砂の二つの山と同じようになると推測するでしょう。すなわち、それぞれのスリットの後ろに明るい点の塊ができるはずです。つまり、中心がもっとも明るく、そこから外に向かって徐々に暗くなる、二つの別々の模様ができるはず

です。二つの明るい山の中間点は暗くなります、ここは、原子がどちらのスリットを通っても到達するのが同じくらい難しい場所だからです。

ところが、どうしたことでしょう、原子はこのようにはまったくふるまいません。そうではなく、ちょうど光で実験したときと同じように、明るいところと暗いところが縞になった干渉縞が見えるのです。まさかと思うでしょうが、スクリーンのもっとも明るい部分が、原子がそれほどたくさん到達できないと思われる中心に現れるのです！

その縞のパターンは次のようにして生じたと推測したくなるかもしれません。結局どの原子もスクリーン上の一点で検出されるのだから、原子は小さな、局所的に存在する粒子である。しかしたくさんの原子が集まって流れをつくり、それが波のようにふるまった可能性がある。たくさんの原子が最初のスクリーンに押し寄せ、スリットをうまいぐあいに通過し、原子同士に働く力によってお互いの通り道に「干渉」する。干渉のしかたは二つの波が重なるときに起こることとそっくり同じである。原子はきっと、お互いをスクリーンに導くように足並みをそろえて、ぶつかりあうのだろう。原子は間違いなく光や、水面の波や、音波のような広がりのある波ではない。しかし原子が砂とまったく同じようにふるまうと考えるべきではないのだ、と。

しかし、そのような推測は行き詰ってしまうのです。まず、奥のスクリーンの縞のパターンは、二つの波が干渉するしかたに何らかの関連があることがわかります。普通の波の場合と同じく、縞のパターンは、スリットの幅、スリットの間の距離、そして奥のスクリーンがどれくらい遠くにあるかということに左右されます。

このこと自体は、原子が波のようにふるまうことの証明ではありません。しかし二重スリット実験は、複数の原子の場合だけではなく、一度に一個の原子を発射するやり方でも行われているのです！　すなわち、一個の原子が奥のスクリーンに到着したことを示す光のフラッシュが見えてから、次の原子一個を発射しま

両方のスリットを開き、原子を一度に１個ずつ発射する。点がスクリーンに現れるのを見てから、次の原子を発射する。個々の原子は、スクリーンのランダムな場所に着地するように見える。最初のうちは、はっきりしたパターンはない。ところが、点の数が増すにつれて、帯状の干渉縞が出現する。何が起こっているのだろうか？　原子たちは、どのように共謀して、このパターンを形成するのか？　このパターンは波のようにふるまうことの結果である。原子が到着する確率の高い場所と低い場所があるように見える。明らかに、何らかの波のような過程が１個の原子の伝播で起きている。しかし、干渉縞は波が両方のスリットを通り抜ける場合しか発生しない。原子は局所的な粒子として銃から発射され、はっきりと確定した位置を持つ点でスクリーンに着地するのに、いったいどのようにして両方のスリットを同時に通過するのだろうか？

す。スリットを通過するのは一度に一個だけです。スリットをどうにか通り抜けた原子は、小さくて広がりのない光の点をスクリーンのどこかに残します。実際には、ほとんどの原子は狭いスリットを通過せずに最初のスクリーンにさえぎられてしまうので、私たちが興味をもって観測するのはスリットを通り抜けた原子だけです。

私たちが目にするのは本当に信じられないものです。点は徐々にスクリーン上で増えていきます。そして点の密度が高い場所では干渉縞が徐々に現れます。点の密度が高く明るい帯同士の間にあるのは黒い領域で、そこには原子はまったく到達しないか、あるいはきわめて少数しか到達していません。

一つのスリットから出てきた原子が、もう一方のスリットから出てきた原子にぶつかるということはもはや考えられません。原子の集団的なふるまいの結果として干渉縞が生じたということはありえません。そうすると、何が起こっているのでしょうか？　この実験結果のとりわけ驚くべきところは次の点です。スリットのうちの一つだけが開いているときだけ、奥のスクリーン上に原子が到達する場所があります。二つめのスリットを開くことによって、原子が通り抜ける別の経路ができることになります。ですから、二つめのスリットを開くとその場所に原子が到達する可能性は高まると考えられます。ところがそうではなく、両方のスリットを開閉くと、その場所に原子はまったく到達しません。原子が片方のスリットを通り抜けるとき、もう一方が開いているかどうかをどういうわけか知っていて、それに従って異なったふるまいをしているようなのです！

繰り返すと、小さな局所的な粒子である原子が原子銃から発射され、一個の粒子として奥のスクリーンに到着したのです。一個の粒子として到着したことは、到着したときの小さな光の瞬きから明らかです。しかし到着するまでの間に、原子が二つのスリットに遭遇するとき、何か謎めいたことが起こっているのです。それは、スリットで二つのコンポーネントに分れる波のふるまいによく似ています。波の場合にはそれぞれのコンポーネントがスリットから出た後、もう一方のコンポーネントに干渉するのです。原子は両方のスリットに同時に「気づかなければならない」わけですが、そのことはいったいどうやって説明できるでしょうか？

私が昔、子供の誕生パーティーで手品をやったとき、手品を見破ると威張るおませな子が必ずいました。子供たちは私の手品の種を見つけようとして、私の袖や、スクリーンの後ろや、テーブルの下を調べると言い張りました。普通なら迷惑なそんなふるまいは、科学的な実験ではよいこととして奨励されます。ですから、二つのスリットの一つの後ろに待ち構えて、原子が実際に何をするのか、自然の袖の中を調べてみることにしましょう。これは、スリットの一つの後ろに原子検出器を設置すればできます。そうすれば、そのスリットを通過するすべての原子を捕捉できます。検出器がときどき一個の原子を捕まえます。しかし検出器が一個の原子の一部分を捕えることは決してありません。もしもそんなものを捕まえたとしたら、「原子の残りの部分」がもう一方のスリットを通り抜けたことの証明になったでしょう。もちろん、スクリーンに光の点が現れることからわかるように、一個の原子が丸ごともう一方のスリットを通り抜けることもときどきあるでしょう。スクリーンの多くの点の重なりは、予想通り今は干渉縞の特徴を持っていません。一つのスリットだけが開いていた最初の実験でそうだったと同じように、原子がスリットの一方だけを通過しているからです。今の実験では、二つめのスリットを閉じる代わりに、それを通り抜ける原子を検出器の中ですべて捕らえたのです。

読者のみなさんはそろそろ、私が話していることは疑わしいと思い始めるかもしれません。一つにはこういう可能性があります。原子が最初のスクリーンを通過するときに二つの可能な経路があると、原子はいつでも小さな粒子から広がりをもった波へとまるで魔法のように姿を変えるという可能性です。実際に起こることの中に、まだ解き明かされていない物理的な過程があるのかもしれません。しかし、不思議なことがもう一つあります。原子が広がりをもった波の状態へと変化するとき、スリットの後ろに隠れて原子を捕まえようとしている検出器があることにいったいどうやって気づくのか、という問題です。あたかも原子は、検出器が待ち伏せしていることを前もって知っていて、何か巧妙なやり方で粒子としてふるまい続けているかのようです！

しかし実は、私たちは最初の実験装置に新しいものをまだ何も加えていません。もしかしたら、広がりをもった「波」の原子を局所的な粒子に戻す働きが検出器にあるのかもしれません。それは原子が奥のスクリーンに到着したときに起こるのとちょうど同じことです。

検出器が原子の邪魔をしないように、原子がスリットを通り抜けたときの「信号」だけが記録されるようにすることができます。原子が検出器では検出されないのに、奥のスクリーンにあたったことが記録されたら、原子はもう一方のスリットを通り抜けたということです。[2] もちろん、ここでは話をとても単純化しています。というのは、原子の邪魔をすることなく検出器で原子の信号を検出することは、実はできないのです。それは、後でわかります。

この実験をすれば、ついに一つのことが明確になるはずだと思うかもしれません。すなわち、原子は確かにどちらか一つのスリットを通り抜けているということ、広がった波のように同時に両方を通り抜けているのではないということの証拠があるのだ、と。しかし、決めつける前にスクリーンを見てみましょう。スリットの一つは監視されていて、原子がそこを通るとその信号が記録されます。検出器で十分な数の原子を検出したら、信号の回数と奥のスクリーンに到着した原子の数を比べます。そうすれば奥のスクリーンに到着した原子の半数は監視されているスリットを通り、あとの半数はもう一方のスリットを通ったことを確信できます。しかし、どうしたことか干渉縞は現れません！　そこにあるのは明るい二つの帯だけです。二つの帯はそれぞれのスリットの後方に原子が集まってできたものです。原子は今、ちょうど砂の粒のように、粒子のようにふるまっています。原子が二つのスリットに出会うと、私たちが監視していないときは波のよ

2 ここでは、検出器は100パーセントの検出効率を持ち、監視しているスリットを原子が通過したら必ず検出すると仮定しています。

個々の原子がどちらのスリットを通り抜けたかを記録する検出器を設置すると、干渉縞は消える。それはまるで、原子が同時に両方を通るという行為を捕捉されるのをいやがって、どちらかのスリットだけを通るかのようだ。砂の場合に起こるのと同じく、粒子のようなふるまいの結果、２本の帯がスリットの真後ろに形成される。

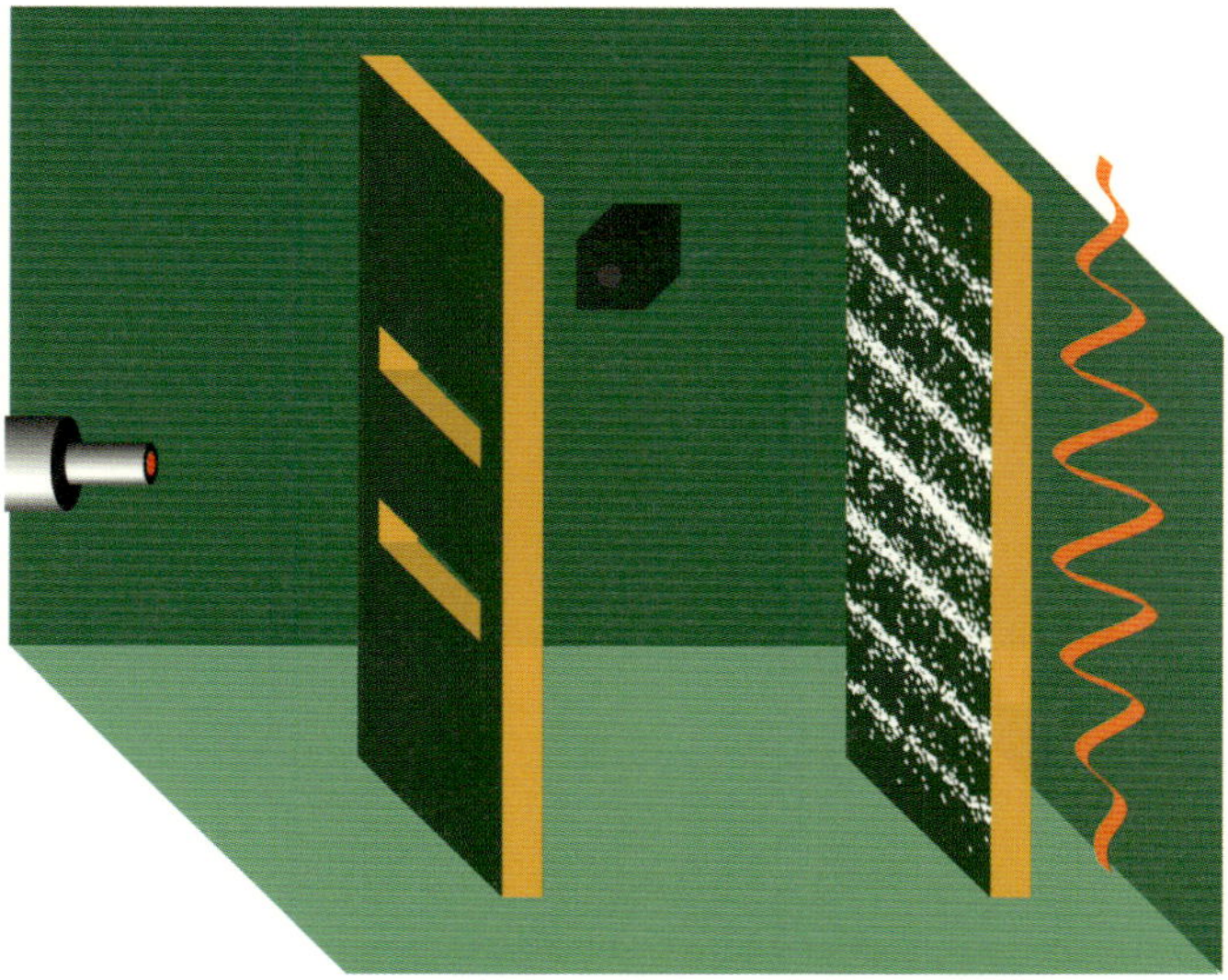

検出器を停止すると、原子の通った経路はまったくわからなくなる。すると今度は原子の秘密が保たれ、原子は不思議な波のようなふるまいに戻り、干渉縞が再び現れる！

うにふるまうのに、どちらのスリットを通過したのかを監視していると原子は何食わぬ顔で小さな粒子としてふるまうということのようです。本当に奇妙ではありませんか？

もちろん、そんなことはたいして驚くほどのことじゃないと思う人だっているかもしれません。もしかしたら、原子の通り道に大きな検出器があることが、何らかの理由で、原子の奇妙で微妙なふるまいを乱してしまうのかもしれません。しかし、これは問題ではないように思われます。というのは、検出器の電源を切ってしまって、原子がどちらのスリットを通ったかまったくわからなくなると、干渉縞が再び現れるからです。原子が粒子としてスリットを通り抜けるのは、原子が監視されているときだけなのです。明らかに、原子を観測する行為が問題になっています。

このトリックめいた実験には最後のひとひねりがまだあるのです。原子が悪賢い小さなものであるとしても、悪賢さにも限度というものがきっとあるはずです！　さて、こうしたらどうでしょう。原子を一度に一個ずつスリットを通過するようにし、どのようにでもふるまえるようにして、奥のスクリーンに干渉縞を生じさせます。しかし今度は、原子が不思議なふるまいをしている最中に捕捉するのです。「遅延選択実験」として知られているこの実験では、スリットの後ろに検出器を設置し、原子がスリットを通過してから検出器のスイッチを入れるのです。発射する原子のエネルギーを上手にコントロールすると原子が一つめのスクリーンに到達するのにかかる時間がわかるので、それが可能になります。

この種の実験は原子ではなく光子を使用して、実際に実行されました。しかし、議論の道筋は同じです。現代の高速な電子装置を使えば、検出器をスリットの一つに十分に近いところに設置して、原子がそのスリットを通過したかどうかを判断できるようにして、しかも原子がスリットを出てから検出器に到達するまでのわずかな時間の間に、検出器のスイッチを入れることができます（原子がスリットを通過するとき、原子はまだ監視されていません。監視されていないときに原子は広がりのある波として両方のスリットを通過するなら、この実験でもそうであるはずです）。確かにこれなら、原子が突然気が変わって局所的な粒子としてスリットのどちらか一方だけを通過しようと決心したとしても、もう遅すぎます。それは無理というものです。それにもかかわらず、このような実験をすると干渉縞は消失してしまうのです。

どうなっているのでしょうか？　これはマジックのように見えます。読者のみなさんはきっと私の言うことが信じられないのではないでしょうか。さて、物理学者は、観測したことを論理的に説明しようと長い年数を費やしてきました。ここで、私が「論理的な説明」という言葉で何を意味しているかをはっきりさせておく必要があります。私は「論理的な説明」という言葉を、大まかで日常的な意味で使っています。その意味は、私たちが合理的で、妥当で、知覚可能とみなすものの範囲内に問題なく収まり、もっと直接的に経験できるほかの現象と矛盾したり、衝突したりしない説明、ということです。

実は、量子力学は二重スリットの実験について完全に論理的な説明をすることができます。ただし、それは私たちが観測するものの説明だけです。私たちが見ていないときに起こっていることの説明ではありません。私たちが発展させなければならない科学というものは、私たちが見たり測定したりできるもので、それ以上のことを求めるのはおそらくまったく意味がありません。私たちは、原理的にも絶対に確認できない現象についての説明の正当性や真実さを評価できるでしょうか？　その現象を確認しようとするやいなや、結果が変わってしまうのです。

私は「論理的」という言葉にあまりにも多くのことを期待しすぎているのかもしれません。日常生活では、何かのふるまいが不合理だとか、論理的でないとかとみなすことがよくあります。それは、このふるまいが何らかの意味で予想外だったということです。最終的には、原因と結果という概念に基づいてそのふるまいを分析することが、少なくとも原則的にはできるはずです。すなわち、これが起こったからその帰結としてあれが起こったのだ、という説明ができるはずです。何らかのふるまいを引き起こす過程がどれほど複雑なものであるかということは問題ではありません。さらに言えば、その過程の中の一つ一つの段階を私たちが完全に理解できるかどうかも重要ではありません。重要なのは、観測されていることをどうにかして説明することです。理解することはおろかまだ発見されてもいない物理的な過程や、新しい力や、自然の性質があるのでしょう。肝心なことは、論理を使って何が起こっているのかを説明できるかどうかです。論理がどんなに入り組んだものであったとしても、それは問題ではありません。

物理学者は、二重スリット実験の場合、合理的な出口がないと認めざるをえません。私たちは、目に見えるものを説明することができますが、なぜそうなるかは説明できません。量子力学の予言がどれほど奇妙なものであったとしても、奇妙であるのは人間の作り上げた理論ではなく、自然そのものです。自然が微視的なスケールでそのような奇妙なありさまを見せつけるのです。

数年前に私は、ロバート・フロストの「行かなかった道」という詩がアメリカ人の投票であらゆる時代を通じてもっとも人気がある詩だというのを読みました。アメリカ人にもっとも愛されている二十世紀の詩人とされているフロストは、人生のほとんどをニューイングランドで過ごしました。ここで彼は主に、まわりに広がるニューハンプシャーの田園生活について書きました。ちょっとメランコリックな「行かなかった道」はその美しい一例です。フロストはまったく意図しなかったことですが、それは偶然にも量子力学のありようの本質そのものに触れています。

黄葉の森の中で　道は二つに分かれていた
残念だが二つの道を行くことはできなかった
身一つの旅人ゆえ、しばらく立ち止まり
一方の道を　目の届くかぎり遠く
下生えの茂みに曲っていくところまで見渡した。

それからもう一方の道を眺めた、同じように美しい、

あるいはもっとよい道なのだろう、
それは草深く　まだ踏みつけられていなかったから。
だがそのことについていえば、実際は
どちらも同じ程に踏みならされていた、

しかもその朝は　いずれも同じように
黒く踏みあらされない木の葉でおおわれていた。
おお、わたしは　はじめの道を、またの日のためにとっておいた！
だが　一つの道が次々に続くことを思い、
再びもどってくることがあるだろうかと疑った。

わたしは　幾年かの後　溜息ながらに
どこかで　これを語るだろう、
森の中で　道が二つに分かれていた、そして　わたしは――
わたしは　人跡の少ない道を選んだ、
それが　すべてを違ったものにしたのだと。

（『ロバート・フロスト詩集―愛と問い』（安藤千代子訳、近代文芸社）より）

私たちは人生の選択を後悔することがときどきありますが、量子力学は原子以下のレベルの、日常の世界とはまったく違う自然のありさまを物語ります。初めてそれに出会ったとき、日々の経験に基づく偏見――それを常識と呼びますが――を抱いている視点で判断すると、量子の世界は信じがたいように思われま

量子のスキーヤー。この絵は量子の粒子のふるまいがどれほど奇妙であるかを示している。スキーヤーは行く手をさえぎる木を前にして、どちらかの側に進まなければならないのに、あたかも両方の道を同時に進む決意をしたかのようだ。これは私たちの日常の生活では明らかにばかげたことに思える。しかし、それは量子の世界では実際に起こる。

す。しかし、量子的な物体が異様なふるまい方をするということは、疑う余地のないものです。一個の原子はフロストの黄葉の森の両方の道を通っていくことができます……原子に後悔はありません。原子は可能なあらゆる経験を同時に試すことができます。原子は確かに、米国の偉大な野球選手ヨギ・ベラの助言、「分かれ道に来たら、とにかく進め」に従います。

私たちがこの章で見たものは、「重ね合わせ」という量子的現象の一つの例にすぎません。この章では深入りはしませんでしたが、量子的な重ね合わせに基づいた、人を当惑させる不思議な「手品」がいろいろあります。量子的な重ね合わせのほかにも、量子の世界に特有な面白い特徴がたくさんあるのです。この先、わくわくするような旅が待っていますから、この章で読むのをやめてしまったりしないでください。

炭素分子と二重スリット実験

マークス・アルント、アントン・ザイリンガー（ウィーン大学物理学科教授）

私たちは普通、物理的な物体を局所的な物体とみなします。一方、波の概念は、広がりをもった非局所的な何かと結びついています。それが普通の考え方です。それに反して量子物理学では次のように主張します。つまり、一見両立しない二つの概念が、まったく同一の実験のまったく同一の物体にあてはまると主張するのです。

私たちは先ごろ、バッキーボールと呼ばれる大きな炭素分子を使った実験をしました。これらの分子は、C_{60}とC_{70}として知られていますが、それぞれ60個、70個の炭素原子を含んでいます。これらの分子は知られている中で一番小さいサッカー・ボールの形をしていて、直径は1ミリメートルの１００万分の1以下です。これほど小さいとはいっても、これらの分子は、物質の波としての性質を実証するために今までに使われた

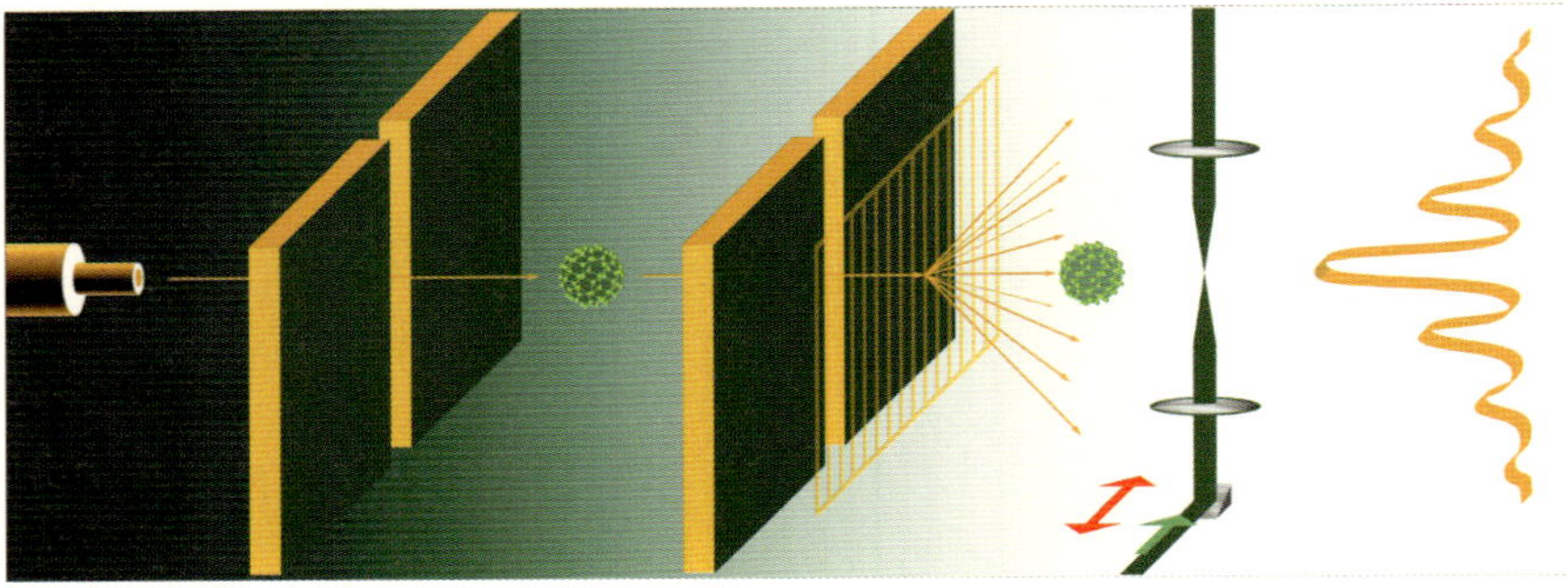

中でもっとも重い物体です。

実験は次のようなものです。分子の発生源は炭素の粉で満ちた単純なオーブンです。分子は、熱いやかんから漏れる水蒸気のように、一つの穴から外へ出ることができます。その後、分子は二つの平行するスリットを通り抜けて、レーザー検出器へ向かって飛んでいきます。高解像度の検出器の位置をシフトさせることで、分子のビームの空間的な広がり具合を記録します。

検出器へと向かう途中に何があるかによって、分子は三つのケースに出会います。まったく障害物がないか、非常に狭い一本のスリットに出会うか、非常に細かい回折格子（複数のスリットがある膜）に出会うか、です。分子のビームの検出結果を図に表すと、最初の「何もない」ケースは一つの鋭い頂点のある山になります。これは私たちの直観と完全に一致します。それぞれの分子を自由に飛んでゆく古典的ボールとみなすことができます。

しかし、最初の不思議なことが二番目のケースで起こります。非常に狭いスリット（70ナノメートル）を発生源と検出器の間に一個だけ置くと、何もない空の場合とは異なる結果がスクリーン上に現れます。私たちは、分子が検出される場所が大きく広がったことに気づきます。狭くなるのではありません。もし分子が小さなサッカー・ボールのようなものなら、狭くなるはずです。これは回折という波の性質からきています。

一本の狭いスリットの代わりに回折格子を置くと、状況はさらに奇妙になります。今度は、最初のスリットよりもわずかに狭い（約50ナノメートル）いくつかの開口部があります。スリットは規則的に間隔をおいて配置されます（50ナノメートル離れています）。もし分子が単純な粒子ならば、スクリーンのいたるところで分子を検出する信号が増加するはずです。しかし驚いたことに、分子をほとんどまったく検出しない場所があることがわかります。

二つ以上の通り道があると、検出される分子の数が減少する場所があります。これは直観に非常に反することで、はっきりと定まった経路を飛ぶ古典的ボールのモデルでは、もはや説明できません。しかし、このことは一個の分子の波の性質に基づいたモデルでなら説明がつきます。ここで私たちは軌道という概念に見切りをつけて、分子が広がりを持った空間を同時に探索しているということを認め、受け入れます。分子自身より何桁も大きなスケールで、量子干渉が起こります。

分子が検出される地点は広がりを持たず局所的であること、そしてどこで検出されるかは私たちが知る限り完全にランダムであることを強調しておきます。しかしそれでも、分子が検出器にたくさんあたるにつれて、不思議な波としてのパターンが現れます。

Origins

第2章
量子力学の起源

ポピュラー・サイエンスの本は量子力学の起源に関する二つの神話を広めようとする傾向があります。物理学の教科書でさえそうです。もちろん、科学の発展をとても単純化して説明することはよくあります。教育のためには実際必要なことです。科学的な発展の多くは、見通しのきかないゆっくりとしたプロセスです。また、年代順ではなく教育的な見地から話そうとすると、後からわかったことを付け加えたり、その後の理論の発展や新しく発見された現象をよく理解して話す必要があります。これには混沌としたものの中から特定の出来事や人物だけを抜き出すことが必要で、時にはノーベル賞の受賞を目印に使うというすっきりしたやり方もあります。

では、二つの神話とは何でしょうか?

一つめの神話は、十九世紀の終わりの物理学の状態についての単純化し過ぎた不正確な説明です。その時代の科学者が、物理学はほぼ完成されほとんどのことを説明できると感じていたという話です。つまり物理的な現象はすべて、アイザック・ニュートンの運動の法則とその力学、そしてジェームズ・マクスウェルが新しく完成した電磁気の理論という両輪に支えられた世界観の中で完全に理解できるというものです。細かいことが少し残っているだけだというわけです。

二つめの神話は、ドイツの物理学者マックス・プランクが、当時の理論では説明のつかない熱力学[1]の実験結果を表す革命的な新しい公式を提案し、量子論の革命がたちまち起こったというものです。

量子力学はどのように始まったのか

この本は量子力学の歴史やその発展に貢献した人びとに関するものではありませんが、この章では量子力

1 「熱」は「熱さ」を意味し、「力学」は運動を意味します。熱力学という分野は、熱と、そのほかの形式のエネルギーが物体間でどのようにやりとりされるかを扱います。

私たちは今では、物質が連続的ではなく、無限に分割することはできないと知っている。この図のように拡大を繰り返すと、最終的にはすべての物質の基本要素、すなわち原子に達する。しかし、原子をさらに分解することができるだろうか？

学がいったいどのようにして生まれたのかを話します。量子力学以前の物理学の状態に深入りしたくはありませんが、量子力学がいつ、どのように始まったかを正確に特定してみるのは興味深いことです。最初の神話に関する真実はこうです。一九世紀の終わり頃には、明らかに何らかの対処をしなければならない、解決すべき問題や奇妙な現象がたくさんありました。物理学者と化学者は、物質が最終的にはそれ以上分割不可能な原子でできているのか、それとも物質が連続的で無限に分割可能なのかどうかについてすら、意見が一致しませんでした。彼らは、ニュートン力学をよりいっそう基本的なマクスウェルの電磁気の理論から導き出せるのかどうかということも、決めかねていました（ニュートン力学は巨視的な物体[2]が力の影響の下でどのように運動し相互作用するかを定める公式です）。

まるでそのような基本的な疑問ですらもまだ十分

2 巨視的とは基本的に、十分に大きくて、量子的なふるまいをしない、身のまわりに見ることができるすべてのものを意味します。それに対して微視的とは、量子的な法則によって支配される小さなサイズ（原子またはそれ以下）であることを意味します。

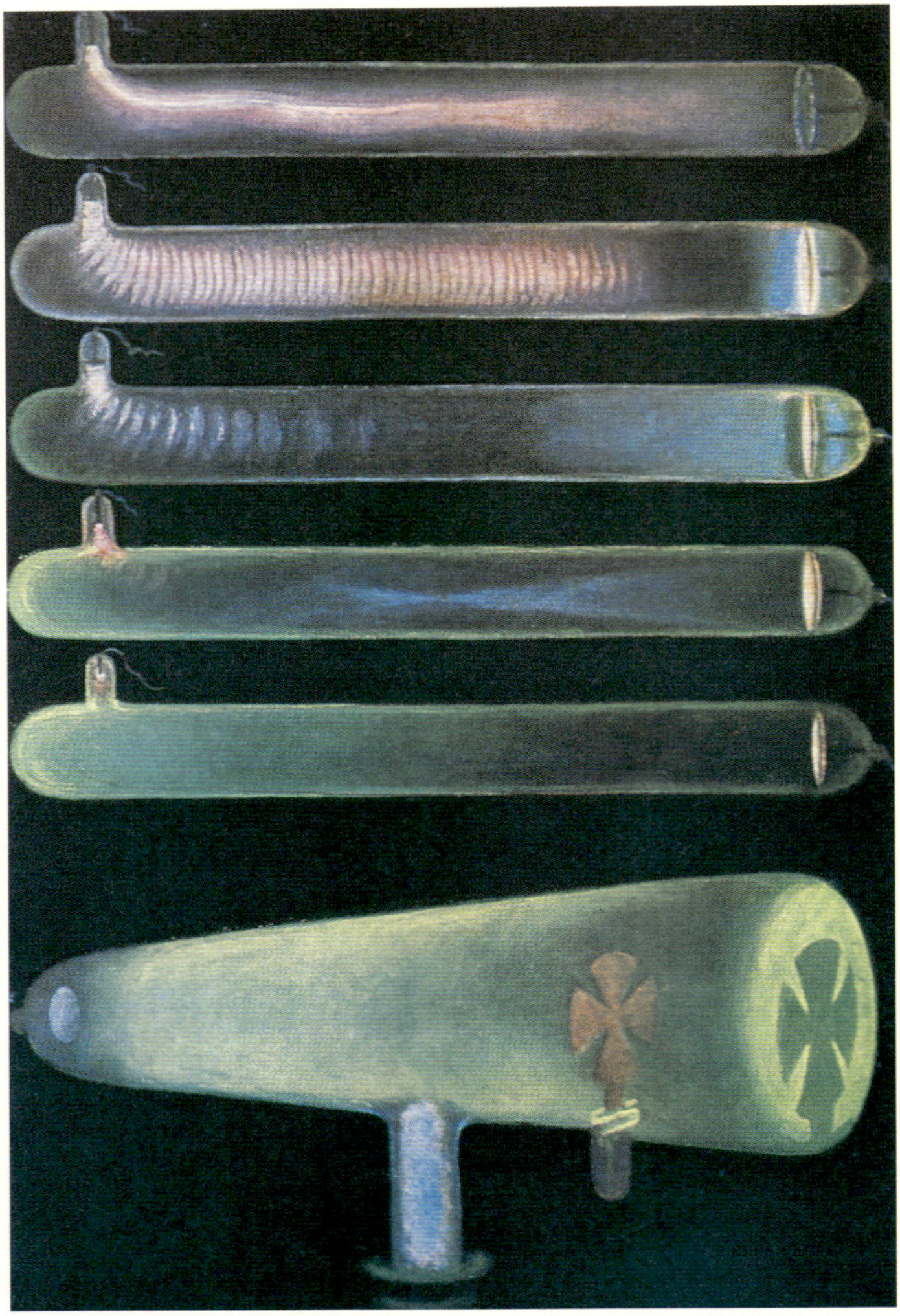

クルックス管の例。クルックス管とはある種のブラウン管または真空管のこと。陰極線（電子ビーム）を調べるために、英国の物理学者W・クルックスが 1878 年に初めてクルックス管を使用した。上の５個のガラス管は異なる量の空気で満たされている。一番下の管はほとんど真空になっている。下の方の管では、内部のガラスの壁が緑色の蛍光を発している。一番下の大型の管の中には、マルタ十字架が置かれていて、陰極線によるくっきりとした影ができる。このことからクルックスは、陰極線が直線に沿って進んだと考えた。さらに彼は、磁場でビームが曲がることを発見し、このことが電子の発見につながった。

ではないかのように、熱力学や統計力学[3]のような比較的新しい物理学の分野が生まれ、激しい議論を戦わせていました。実験分野では、光電効果と黒体放射（その両方についてすぐに説明します）の現象が解き明かされていないままでした。また、ある元素が放出した光の中の「線スペクトル」のパターンの意味を誰ひとり解釈できませんでした。これらすべてに加えて、電子（一八九七年）をはじめとして、X線（一八九五年）や放射能（一八九六年）などの謎めいた現象が新しく発見され、世界中がわきたっていました。基本的に、物理学は目を見はるような混沌とした状態にありました。

二つめの神話はこうです。一九〇〇年の後半に、マックス・プランクがエネルギーは「量子」と呼ばれる塊として現れることを示したとき、それは科学の世界を革新し、たちまち量子論が誕生し発展したというのです。量子とは、温度の高い物体がどのようにその熱を放出するのかを理解するために、プランクが導入せざるをえなかった概念です。量子の概念は実際にはそれほど明確ではありませんでした。プランクが量子力学の「発見」のどんな名誉にも値しないと否定する科学史家も確かにいます[4]。科学のほかの大きな革命とは違って、量子力学はひとりの天才のひらめきによるものではありませんでした。ニュートンには彼の母親の農場で木から落ちるりんごについて熟考したときの「わかったぞ！」という瞬間があり、有名な重力の法則を思いつきました（この出来事は作り話らしいのですが）。進化論の栄誉をダーウィンのものとしない人はいないし、相対性理論の栄誉をアインシュタインに与えようとしない人はいないでしょう。しかし量子力学の発見は、ひとりの功績とするにはやはり大きすぎます。その発展には三十年かかり、世界でもっとも偉大な知性が力を合わせることが必要でした。

3　微視的な物理から物質の巨視的性質を導き出す方法の研究。
4　この論争の議論のよい参考文献として、哲学者トーマス・クーンの「黒体理論と量子の不連続性─一八九四─一九〇二年」（*Clarendon Pres*, Oxford, 1978）と、科学史家ヘルゲ・クラフの「量子の世代─二十世紀の物理学の歴史」（*Princeton University Press*, 1999）の二つがあります。

先に進む前にここで、なぜ私が「量子論」と「量子力学」を区別するのかを説明しておきます。「量子論」は一九〇〇年から一九二〇年の間の状況を言うのに使われる言葉です。当時わかっていたことは、光の性質と原子の構造についての問題を解き明かすのに役立つ、単純な仮説と公式のレベルにありました。本当の革命が起こったのは一九二〇年でした。このとき、新しい世界観すなわち「量子力学」が登場して、ニュートンの「力学」に取って代わりました。それは原子以下の小さな世界に横たわっている根本的な構造を表すものだったのです。

しかしそれがどのようにして始まったかという問題へ戻り、公正に見てみましょう。プランクは、一九一八年にノーベル物理学賞を与えられました。受賞理由は、「エネルギー量子の発見によって物理学の前進をもたらした業績が高く評価される」というものです。アインシュタインやボルツマンなどが量子論の基礎に貢献したことを後ほど述べますが、すべての鍵は結局「量子」の概念です。これは、プランクの単純な公式で初めて導入された概念です。では、彼は正確には何をしたのでしょうか?

プランクはミュンヘンで育ち、ベルリンで学んで、わずか二十一歳で博士号を取得しました。十年後に、彼は物理学の教授になっていました。しかし、彼がベルリンでの物理学会の講義で有名な公式を提案するまでに、さらに十一年かかりました。彼は物体が熱をどのように放射するのかということにまつわる長年の問題を解決するための苦肉の策として、それを思いつきました。しかし、彼はその公式を自然そのものについての深い真実を含むものと見るのではなく、良く出来た数学的なトリックとみなしました。[5]

プランク定数

プランクの公式によれば、一定の周波数の光のもっとも小さな束(一個の量子)のエネルギーは、周波数にある定数を掛けたものと等しくなります。これはプランクの定数として知られています。それは記号hで表され、光速cと同じく自然の普遍的な定数の一つです。

エネルギーと周波数の関係はきわめて単純です。たとえば、可視スペクトルの一方の端にある紫の光の周波数は、一方の端の赤い光の2倍です。したがって、紫の光の量子は赤い光の量子の2倍のエネルギーを持っています。今日、物理学の学生全員がプランク定数を学びます。キログラム、メートル、秒の単位では、6・63×10^{-34}という信じられないほど小さな値です。しかし、それは科学でもっとも重要な数字の一つです。重要な点は、この数字が非常に小さいにもかかわらず、ゼロではないということです。そうでないと、量子的ふるまいはなくなってしまいます。

プランク定数は、自然のもう一つの基礎定数であるパイ（π）と組み合わされることがよくあります。この数字は、すべての生徒が教えられているように、円の周囲とその直径の比率で、物理学の方程式に頻繁に出てきます。実際、hを2πで割った値は量子力学に頻繁に現れるので、それを表す新しい記号が発明されました。それは「エイチバー」と発音します。

$$\hbar$$

黒体放射

夏の日に顔に感じる太陽の熱（すなわち熱放射）は、真空の空間を通って私たちに届きます。意識していないかもしれませんが、この放射は太陽の光が私たちに届くのと正確に同じ時間（約8分）で太陽と地球の

5 プランクは後に、量子論の予測は受け入れがたいと考え、量子論の結論を回避する方法を見つけようとして長い年数を費やしました。

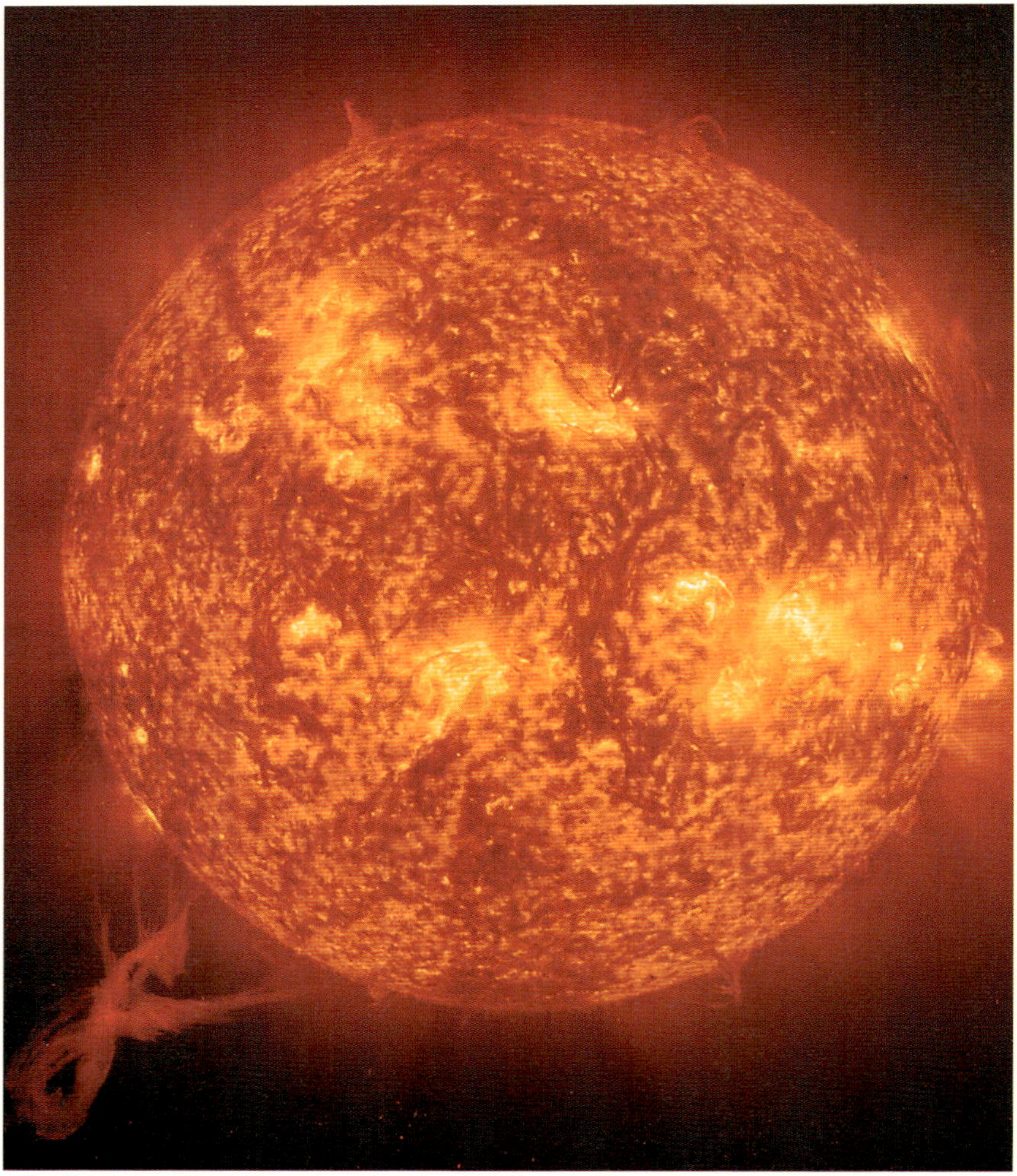

太陽は燃えるガスの巨大な球で、そのエネルギーが光や熱として私たちに届く。どちらも電磁放射の一形式である。

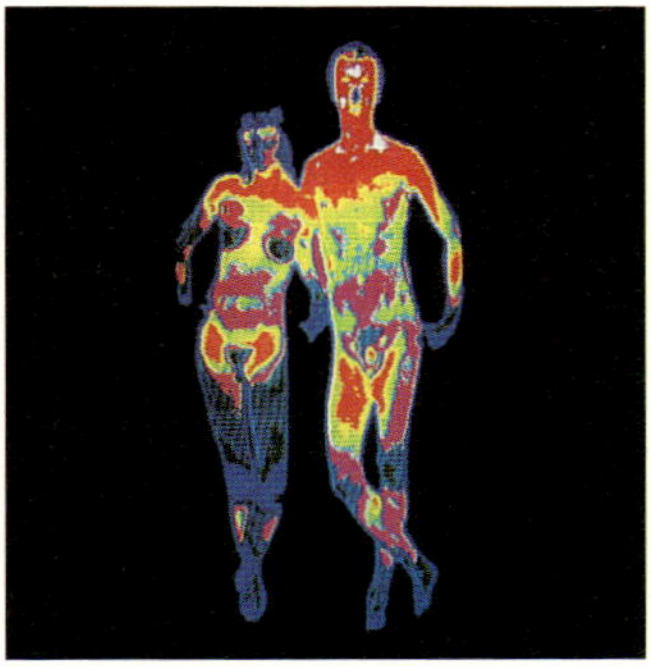

人体は、すべての物体と同様に熱放射を出している。身体のいろいろな部分の温度の違いが、熱イメージング・カメラでは異なる色として記録される。カメラは放射の波長の違いを捉えている。

間の距離を移動したのです。その理由は、太陽の熱と可視光はどちらも電磁波であるためです。お互いの違いは、その波長だけです。可視光線に対応する電磁波は、私たちが熱として感じる電磁波よりも短い波長を持っています。波長が短いということはより高い周波数（1秒あたりの振動の回数）を持つということです。太陽は、可視スペクトルよりもさらに短い波長を持つ紫外線も出しています。

しかし電磁放射を出すのは太陽だけではありません。どんな物体でも電磁放射を出します。その電磁波は、周波数のスペクトル全体の範囲にわたります。周波数の分布のしかたは物体の温度で決まります。固体が十分に熱い場合、それは目に見える光を出します。しかし固体が冷たいと、より長い波長の放射が優勢になり、それは可視光の範囲を超えるので、輝きは暗くなります。これは、その固体が可視光線を放射しないということではなく、単に光の強度が弱すぎて見えなくなるだけです。さらに、どんな物質でもそれに降りかかる放射を吸収し反射します。どの波長が吸収され、反射するかによって、私たちに見える色が決まります。

十九世紀後半の物理学者は、黒体として知られている特別のタイプの熱せられた物体がどのように放射を出すかということに強い興味を持っていました。黒体と呼ばれるのは、それらが放射を完全に吸収し、光や熱をまったく反射しないからです。もちろん黒体は、吸収するすべてのエネルギーをどうにかして捨てるはずです。そうでなければ、黒体の温度は無限に高くなってしまいます！　したがって、黒体は可能なあらゆる波長でその熱を放射します。もっとも強い放射の波長は、言うまでもなく黒体の温度によって決まります。

ほとんどすべての物理学の教科書に、さまざまな温度の黒体から出る放射の強さと波長の関係を示した曲線のグラフが載っています（その曲線のことをスペクトルといいます）[6]。これらの曲線はどれも、非常に短い波長での低い値から始まり、最大の値に上昇し、それよりも長い波長になると減少していきます。マックス・プランクのような物理学者の関心を引いたのは、これらの曲線の正確な形でした。

科学的研究でよくとられる方法ですが、新しい実験データが手に入ると、それを理論で説明します。黒体スペクトルでもそれが行われました。一八九六年に、プランクの同僚のウィルヘルム・ウィーンが一つの公式を考案しました。これにより彼はある曲線を描くことができ、それは彼が正確に測定した実験データの短い波長ではぴったり一致しましたが、もっと長い波長ではあまり一致しませんでした。

ほぼ同じ頃、一九世紀の物理学の巨人のひとりである英国人レーリー卿がウィーンの方程式よりも厳格な理論的な考えに基づいて、異なる公式を提案しました。しかし彼の理論はウィーンとは反対の問題に悩まされました。それは、長い波長の部分ではデータとよく一致しましたが、もう一方の端ではまったく一致しませんでした。つまり、可視光線より短い波長の放射に関してはうまくいきませんでした。レーリーの理論のこの失敗は次の点にはっきりと現れていました。すなわちレーリーの理論は、黒体から出る熱放射の強さは波長が短くなるほど強くなり、スペクトルの紫外線の部分では無限に大きくなると予測したのです。この問題は、「紫外カタストロフィー」として知られるようになりました。

広くいわれていることとは違って、マックス・プランクが黒体放射に興味を持ったのは、レーリーの公式の失敗[7]のためではなく、ウィーンの公式にしっかりとした理論的な基礎を築くためでした。彼の初期の試みが失敗した後、必死の研究が続きました。そして彼は一時的な解決策として、あまり乗り気がしないまま、まったく異なる新しい公式に到達しました。

プランクの考え方は保守的で、ルートヴィヒ・ボルツマンのような彼の同時代人が主張する原子の存在す

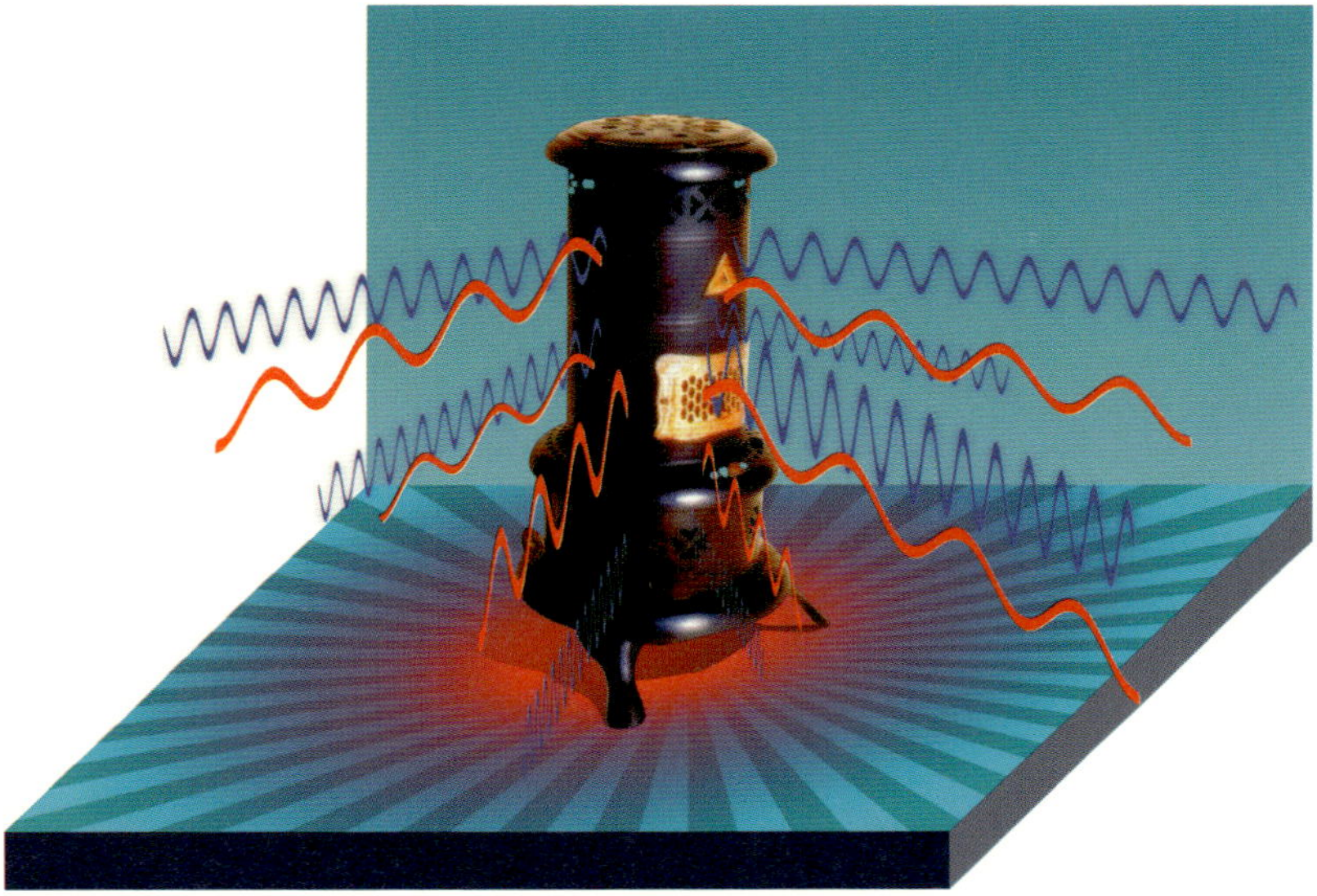

黒体を旧式の鉄ストーブのようにみなすと、あらゆる波長の熱を放射する。主な波長はストーブの温度によって決まる。

ら最初は信じませんでした。物質は、最終的には基本的な「構成要素」によってできているのではなく、無限に分割してもその物質本来の性質を保つという意味で、連続的であることがまもなく証明されるだろうとプランクは感じていました。しかし、黒体放射の問題の解決策を見つける際に、彼が理論の基礎としたのはボルツマンのアイデアでした。彼は一九〇〇年十二月十四日、ドイツ物理学会のセミナーで結果を示しました。この日が量子物理学の誕生の日と広く考えられています。

プランクの提案は次のようなものでした。もし黒体がつきつめると振動する原子で構成されているなら、それらが放出するエネルギー（黒体の放射）は原子の振動の周波数によって決まります（プランクは振動する原子

6　波長ではなく周波数が座標軸に使われることもあります。しかし、波のこれら二つの性質は同じことを言っている（短い波長は周波数が高く、長い波長は周波数が低い）ので、二種類の座標軸から得られる情報は同じです。

7　「紫外カタストロフィー」という用語は、一九一一年まで使われることさえありませんでした。

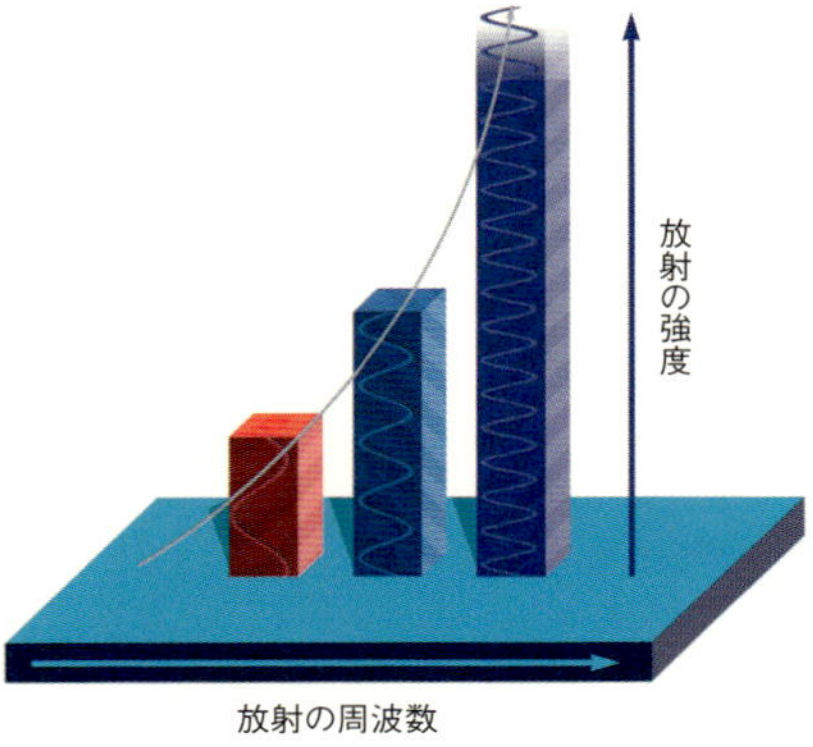

光の古い波動論の予測では、黒体から出た放射の周波数が高いほど、放射の強度は強くなる。この強度は紫外線の周波数で際限なく大きくなってしまった。この理論には明らかに何か間違ったところがあった。

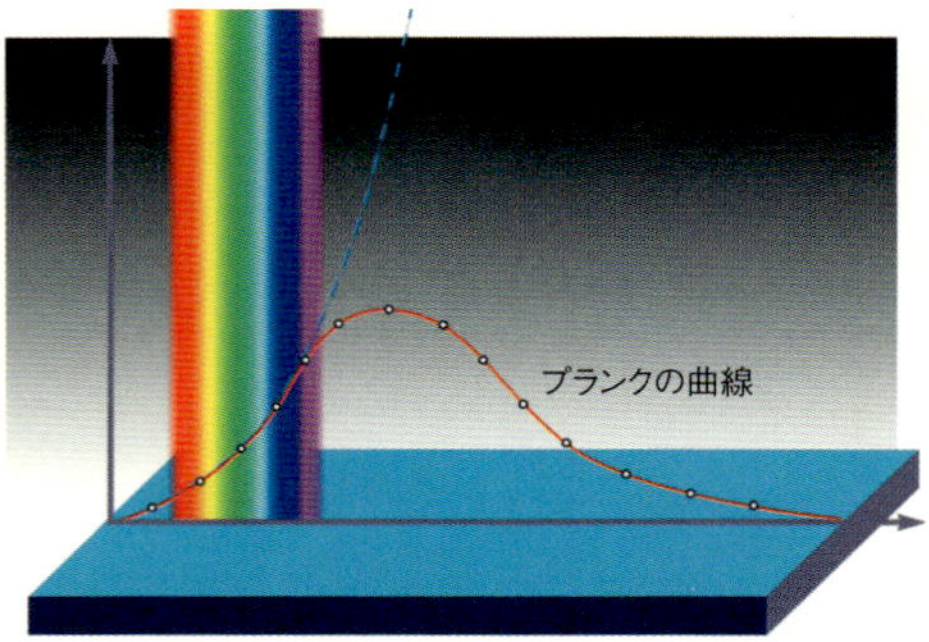

プランクの量子論が予測する曲線は、可視スペクトルの周波数では古い波動説と一致したが、それ以上周波数が高くなっても強度は上昇しない。彼の理論では、強度が再びゼロに落ちると予測し、実験データと完全に一致した。

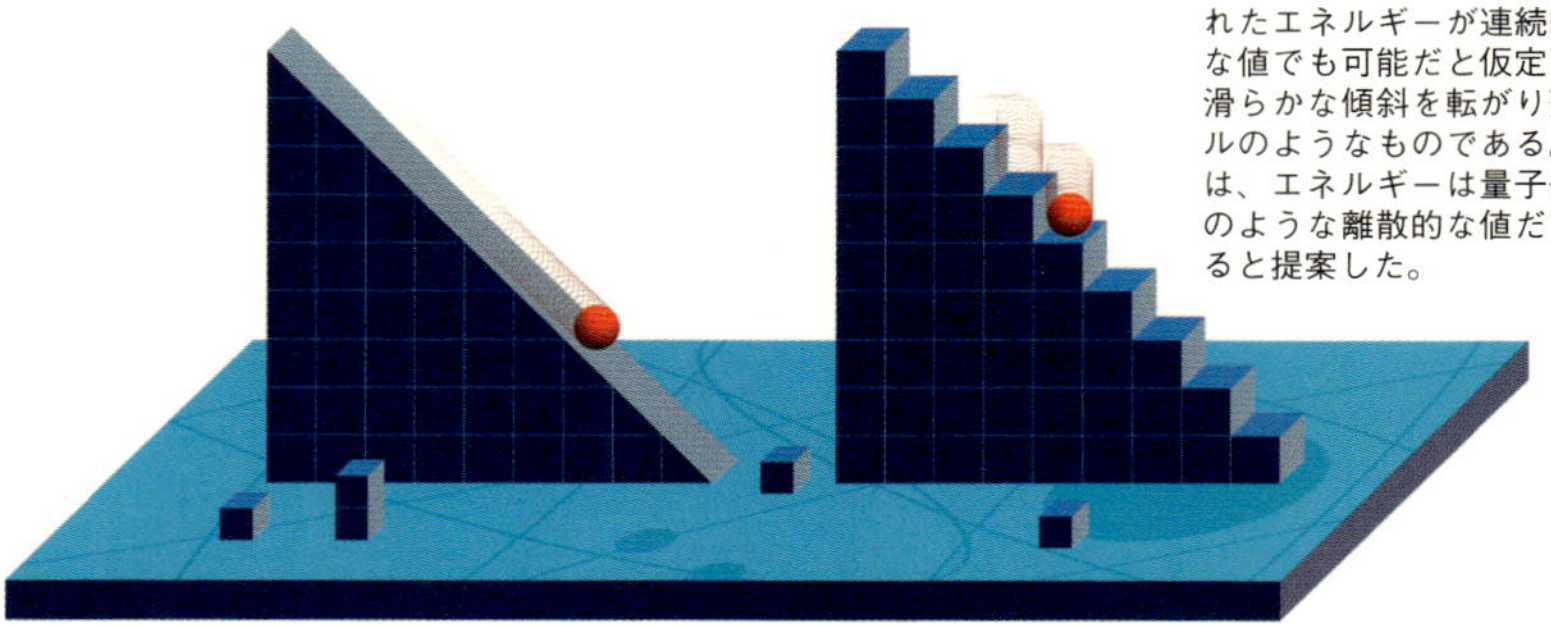

プランク以前は、黒体から放射されたエネルギーが連続的で、どんな値でも可能だと仮定されていた。滑らかな傾斜を転がり落ちるボールのようなものである。プランクは、エネルギーは量子化され、このような離散的な値だけが許されると提案した。

のことを単に「振動子」と呼んだことを強調しておきます。振動子とは、物体の温度に依存した周波数で振動する、いくぶんあいまいな、基礎的な物体のことです）。周波数が高いほど、より多くのエネルギーを放射するということです。しかし重要なポイントは、そのような振動子は特定の振動モードしか持たず、それらの周波数は連続的ではなく限られたとびとびのステップで増加するはずだということです。[8] したがって、あらゆる可能なエネルギーが許容されるとは限らないので、放射されるエネルギーは特定の値しか持つことができません。このためエネルギーは離散的なもの、すなわち「量子」になります。これは、マクスウェルの電磁気理論から根本的に離れることでした（マクスウェルの理論では、エネルギーは連続的なものとみなされます）。

ここで二つのことを言い添えておきます。第一に、プランクは初めのうち自分の革命的なアイデアに気づいていませんでした。エネルギー量子の導入は、彼の言葉によれば、「純粋に形式上の仮定で、それ以外のことはあまり考えなかった。どれほどの犠牲を払っても、私は明確な結果を出さなければならなかった」。第二にプランクは、あらゆるエネルギーが最終的にはそれ以上分割できない小さな塊で構成されるとは考えませんでした。アインシュタインという天才が登場するまでさらに五年待たなければなりませんでした。

まとめると、プランクの仮説は二つの仮定に基づいていました。一つめは、原子（すなわち振動子）のエネルギーが特定の値しかとれないというものです。これらは原子の振動の周波数の単純な倍数です。二つめは、黒体による放射は、原子の持つエネルギーがある値（またはある準位）からそれよりも低い値に落ちる

8 それは、ギターやバイオリンで演奏される音程の違いに少し似ています。ギターのネックには「フレット」（金属のブリッジ）があります。弦をフレットの後ろで押さえると、奏でられる音程はそのフレットともう一方の端のブリッジの間の弦の振動になります。二つの隣り合ったフレットのどちらかを押さえてギターの弦を弾くと、振動する部分の長さの違いから半音の違いを生じます。ピアノと同じように、（特別な技術を使わなければ）ギターは半音の中間の音を出すことはできません。それに対してバイオリンにはフレットがないので、指で弦の適切な位置を押さえれば、出したいと思うどんな周波数（すなわちピッチ）の音程でも出すことができます。

ことに対応づけられるということでした。エネルギーの準位が落ちるとき、原子は放射エネルギーの量子を一個放出します。

これを視覚化するもっとも簡単な方法は、一個のボールがひと続きの階段を転がり落ち、ジャンプの際に「ポテンシャル」エネルギーを捨てると考えることです。滑らかな傾斜を転がり落ちるときのように、連続的ではありません。ただし、原子とボールの違いは次の点にあります。すなわち、原子のエネルギー準位間の量子ジャンプが本当に瞬間的に起こるのに対して、ボールの位置エネルギーは実際にはその中間のあらゆるレベルのエネルギー準位を通過するということです。なぜなら、ボールが階段を転がり落ちるときには短いけれども有限の時間がかかるからです。

プランクの研究の重要性はすぐには評価されませんでした。歴史家ヘルゲ・クラフはこう述べています。

「革命が一九〇〇年十二月に物理学に起こっても、誰もそれに気づかないようだった。プランクも例外ではなかった。彼の研究の重要性の大部分は後の時代になって歴史的に見出されたものだ」

これはちょっと厳しい意見ですが、たぶん真実でしょう。私はもっと寛容に、少し違ったふうに評価しています。プランクはまさしく量子というものを考え出した人です。彼はそのときそのことにまったく気づいていなかったのです！　彼が始めたことを本当に評価するには、プランクとは別の、より深く、よりいっそう独創的な考え方をする人びとが必要でした。いずれにしても、プランクの功績は最初の小さなステップにすぎませんでした。アインシュタイン、ボーア、ド・ブロイ、シュレディンガー、ハイゼンベルクのような物理学者はプランク以上に貢献しました。

辛い人生を送ったマックス・プランクに私は常に好感を持っています。科学界の長老として、彼は一九三〇年代にナチ党に抵抗しました。しかし、大きな個人的な悲劇が第二次世界大戦中に彼の身に起ころうとしていました。彼はナチ政権下のドイツに残ることを決心しました。当時彼は、ナチのさまざまな政策、特にユダヤ人の迫害に公然と反対しました。彼の子供のうちの三人が幼い頃にすでに死んでいました。残るふたりの息子は戦争を生き抜けませんでした。ひとりは戦死し、もうひとりはヒットラー暗殺の企てを実行しようとして失敗しました。連合軍の爆弾で一九四四年に家が破壊され、プランク自身が非常に辛い状況に苦しみました。彼は一九四七年に亡くなりました。八十九歳でした。

アインシュタイン

アインシュタインが相対性理論を発見しなかったとしても、量子論の発展に果たした役割によってだけでも間違いなく彼の名前は広く知れわたったでしょう。しかし、アイザック・ニュートンを別として、アインシュタインは物理学者として抜きん出ているからといって、相対論と量子論という二十世紀の偉大な科学革命の両方を彼の功績とするのはちょっと行きすぎというものです。

一九〇五年にアインシュタインはまだ二十六歳でしたが、スイスの特許局の事務員として働きながら、物理学誌に五つの理論的な論文を発表しました。これらの論文のうち三つは非常に重要だったので、それらのどの一つをとっても彼の名を歴史にとどめたでしょう。

もっとも有名で、実際もっとも重要なものは五本のうちの最後のものでした。それは特殊相対論についての論文でした。その中で彼は、ニュートン物理学の根本的な考え方、つまり空間と時間が絶対的だという考えが幻であることを示しました。彼は二つの単純な仮定から始めました。一つめはこうです。すなわち自然の法則は、あなたがどんなに速く動いても同じままであり続けるということ、したがって誰も本当に静止しているとは主張できず、運動はすべて相対的だというものでした。二つめは、真空を進む光の速さは、観測者がどんな速さで移動していても同じ値が測定される、基本的な自然定数であるということでした。この二つのアイデアから、時間と空間の両方がより大きな4次元の時空の側面であるという結論にたどりつきます。

アインシュタインはまた、光速が宇宙の中で可能な最大の速度であることを証明しました。特殊相対論は、非常に速く移動すると時間が遅く進むという奇妙な概念を受けいれるしかないことを示しました。特殊相対論はさらに、質量とエネルギーに関するアインシュタインのもっともよく知られている方程式に到達します。$E = mc^2$ です。

ちょうどこの論文の直前に、アインシュタインはブラウン運動についての詳細な計算を示す別の論文を発表しました。ブラウン運動は一八二七年にスコットランドの植物学者ロバート・ブラウンによって最初に観察された現象です。水の中に漂っている花粉の粒子を顕微鏡で観察すると、不規則に弾んでいるのがわかります。アインシュタインは、これが水分子の一定のランダムな動きであることを数学的に証明しました。それは原子が存在することの最初の本物の証明でした。物質が最終的に分割不可能なものからできているというアイデアの支持者たちは、ブラウン運動が原子の運動によるものかもしれないということにはっきり気づいていました。しかしこれを確認したのはアインシュタインでした。彼の研究に基づいた実験が行われ、最後まで抵抗していた反対者にもとうとう原子が存在することを納得させました。

しかし、私たちの物語でもっとも興味があるのは、アインシュタインの一九〇五年の三つの偉大な論文の最初のものです。この中で彼は、「光電効果」として知られている現象の起源を解き明かしました。プランクの公式は五年間ほとんど無視されていました。アインシュタインはそれを生き返らせて、その結論にさらに重要な一歩を踏み出させました。

光の粒子

光電効果は十九世紀の物理学で説明できなかったもう一つの現象でした。それは、帯電した金属板に光を照射したときに表面から電子が飛び出す現象です。これがどのように起こるか注意深く調べることで、科学者は、それが黒体放射の問題よりもさらに明白に、当時広く信じられていた光の波動論と真っ向から矛盾す

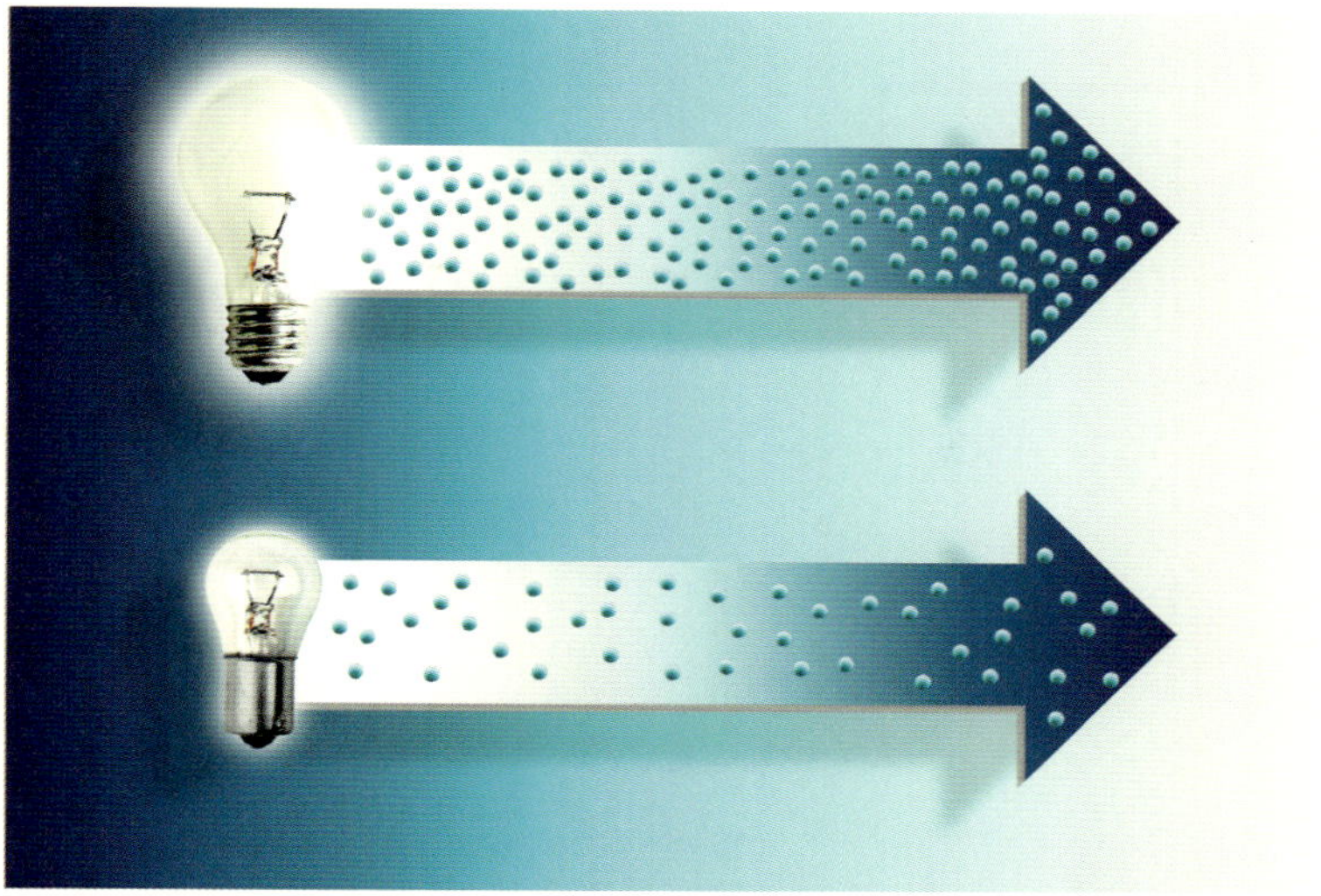

明るい電球と暗い電球の違いは、明るい電球のほうが暗い電球よりもたくさんの光子を放出しているということである。しかし、1個の光子の平均エネルギーはどちらの場合も同じである。

ることを発見しました。

この結果には実際、三つの奇妙な特徴があります。第一に、光が物質の粒子を飛び出させる能力を持っているとしたら、それらのエネルギーはおそらく光の明るさ（すなわち強度）に依存するだろうと思うでしょう。驚いたことに、光が電子を飛び出させる能力は、光の明るさではなくて、光の波長によって決まることがわかりました。私たちが光を波とみなすと、これは予想に反する結果です。なぜなら、波の強度を強くしてエネルギーを高めることは、波の振幅を大きくすることを意味するからです。海岸に打ち寄せる水の波を思い浮かべてください。高い波ほど、大きなエネルギーを持っています。速く進む波ほど大きなエネルギーを持っているのではありません。光電効果では、光の強度が強いほど高いエネルギーの電子を放出するのではありません。放出される電子の数が単に多くなるだけです！

二つめの奇妙な特徴はこうです。光の波動説によれば、光の強さが十分に強くて電子が飛び出すのに必要なエネルギーを供給できる限り、どんな周波数の光でも光電効果が生じるはずです。ところが光がどれほど明るくても、電子が放出されない「カットオフ」周波数があることが観察されます。

最後に波動説では、光が弱い場合は特にそうですが、光の波のエネルギーを浴びて電子が表面から飛び出すのに十分なエネルギーを吸収するには、有限の時間を必要とするはずです。しかしその時間的なズレは検出されませんでした。光が表面に照射されるとすぐに、電子が飛び出しました。

アインシュタインは、プランクの光エネルギーの塊についてのアイデアをさらに拡張して、光電効果の謎をうまく解き明かしました。プランクが電磁放射はすべて量子化されると主張するところまでは行っていなかったことを思い出してください。プランクが提案したのはそうではなく、物質の性質の直接の結果として、黒体が離散的なエネルギーを放射するということでした。しかし、電磁放射は一般に連続的であると、当時の彼はまだ信じていました。アインシュタインの提案は、最終的にはどんな光も現在光子として知られるエネルギー量子[9]からできているというものでした。これはプランクが受け入れようとしていた以上のことでした。

アインシュタインのノーベル賞

アルベルト・アインシュタインは、光電効果の説明によって一九二一年のノーベル物理学賞を与えられました。それは当時、もっと有名な相対性理論の研究より重要な発見とみなされました。

アインシュタインによれば、電子が一個の光子によって叩かれると、電子は飛び出し、電子のエネルギーは光の周波数によって決まります。光の粒子としての性質が通常は見えないのは、印刷された画像ではインクの画素が見えないのと同じように、光子が大量に含まれているからだとアインシュタインは主張しました。

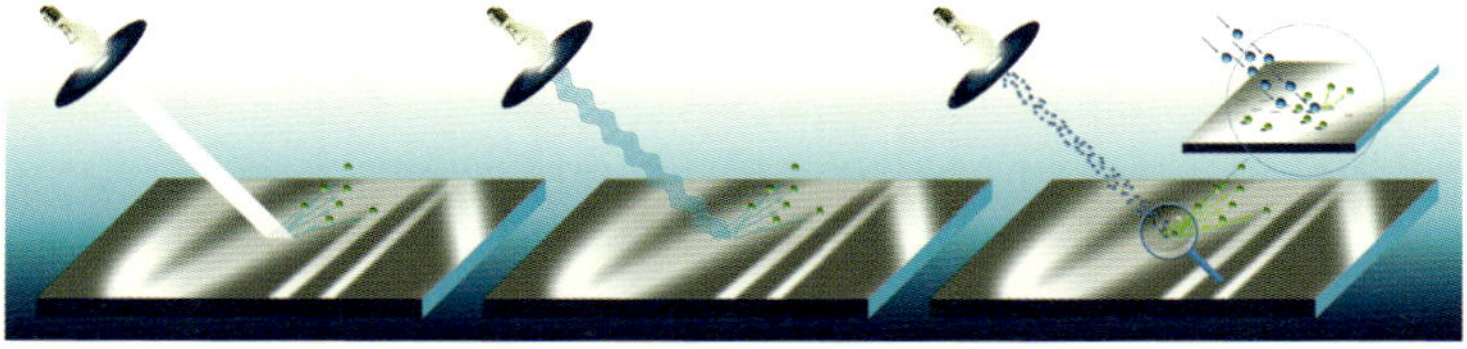

光電効果とは金属表面に光を照射して、電子を飛び出させることである。しかし光が波であると考えると、観測の結果が説明できない。光が粒子（光子）からなると考えることによってのみ、観測の結果を説明できる。

ではここで、この見方が光電効果の三つの不思議な特徴を解決するかどうか、考えてみましょう。

一つめは簡単です。放出された電子のエネルギーが光の強度ではなく周波数に依存するのは、光のエネルギーをその周波数に関連づけるプランクの方程式から直接的に導かれる結果です。

二つめの特徴も解決できます。なぜなら、電子が飛び出るのは、光子のエネルギーが電子を放出するのに十分な場合だけだからです。光の強度が増すというのは、光子の数が多いということです。光子は非常に小さく、空間の中に局所的に存在しているので、一つの電子が一個以上の光子にぶつかって飛び出すのに十分なエネルギーを得る可能性は小さいのです。

最後に、この過程は瞬間的なものです。なぜなら、電子は空間に広がる波からエネルギーを蓄積する必要はないからです。そうではなく、個々の光子は一回の衝突で電子にそのエネルギーをすべて供給します。このエネルギーが必要なしきい値を超えていれば、電子は飛び出します。

9　これらを空間の中で局所的に存在するエネルギーの塊と考えてください。しかし光が「粒子」だというアイデアが本当に受け入れられるまでに、ある程度時間がかかりました。

光の二重性

プランクとアインシュタインの量子革命への貢献が最初の一歩でした。量子力学とそれが解き明かす現象の奥深さを知った上でふり返ってみると、粒子でできている光というアイデアは仰天するようなものではありません。結局のところ、アイザック・ニュートン自身、光が粒子、あるいは彼が「微粒子」と呼んだものからできていると信じていました。ニュートンの同時代人でオランダの天文学者のクリスチアン・ホイヘンスは、それとは対立する光の波動論を提唱しました。しかし、光を波として扱わなければならないことを疑いの余地なく示したのは、十九世紀の初め、トーマス・ヤングという英国人でした。

ヤングは二重スリット実験[10]を光で行いました。それは実際、「ヤングのスリット実験」として知られています。第1章で述べたように、両方のスリットを同時に通り抜ける波について考えることができれば、謎はありません。波ならば、それが起こるのを理解できます。また、波ならばスクリーン上の干渉縞も説明できます。ヤングの観察によって、光が粒子かもしれないという考えが百年にわたってきれいさっぱり消え去ったとしても不思議ではありません。十九世紀を通じて物理学者は、大きな業績を残したニュートンに敬意を払っていました（彼は今でもこれまでで最も偉大な科学者とみなされています）。しかし、光の微粒子についてのニュートンのアイデアは忘れてください。光を粒子とみなすと、干渉縞が生じることを説明するのはまったく不可能でした。

しかしヤングの実験から一世紀後、アインシュタインは、光電効果について説明するには光を粒子の流れとみなされなければならないことを証明したのです！

いったい、どうなっているのでしょうか？　光を純粋な波動現象とみなすことはできず、そうかといって粒子でできているとだけ考えることもできないようです。光は、ヤングのスリットのような状況の下では波

10　もちろん、私は第1章の中で劇的な効果を加えるためにそれを「手品」と呼んだのです。

のようであり、光電効果のような状況の下では広がりのない粒子の集団としてふるまうように見えます。私たちがこれまで見てきた現象はすべて、光のこの二重性を真剣に考えるように促しています。この二重性を考えると、最初は誰でも納得のいかない気持ちになります。けれども今日では、光のこのいわゆる波動–粒子の二重性は疑いのないものです。

しかし、ちょっと待ってください。波としての光と、粒子としての光の二種類の光があるのでしょうか？　光は、使い方や検出のしかたに応じてその状態を変えることができるのでしょうか？　物理学者は、光子の概念には人を当惑させることがあることを承知しています。一つ一つの光子（粒子）が特定の周波数と波長（波の性質）に対応づけられることを思い出してください。粒子が波長を持っているというのは、どういうことでしょうか？　広がりをもった波には波長があります。粒子は、そう、広がりというものがまったくありません！

ボーア——物理学者で、哲学者で、サッカー選手

量子革命の次のステップを進めたのは、ニールス・ボーアという若いデンマークの物理学者でした。ボーアはコペンハーゲンで取得したばかりの博士号と、英語を学ぶためのチャールズ・ディケンズ全集をひっさげて、一九一一年に英国にやってきました。ボーアは物理学者としてはまだ有名ではありませんでした。けれども彼は物理学者のほうがサッカー選手より安泰なキャリアだと思っていました。彼はすばらしく優秀なアマチュアのサッカー選手だったのです。しかし弟のハロルドほどではありませんでした。弟は、一九〇八年に英国に負けて金メダルを逃したデンマークのオリンピック・チームでプレーしました。ハロルドは後に、非常に評判の高い数学者になりました。

ニールス・ボーアの人生と私の人生は二か月しか重なっていないので、残念ながら私は彼に会うことはできませんでした。もし会っていたとしても、会話はあまり弾まなかったでしょう。しかし私は彼をとてもよ

く知っていた人に数年にわたって協力しました。ジェンズ・バングは理論物理学者で、ボーアの最後の助手だったので、この偉大な人物に関する詳しい話をたくさん知っていましたし、ボーアの哲学的な見解を深く理解していました。哲学者としてのボーアは、科学者としてのボーアと同じくらい有名です。

ボーアは一九一二年に、ニュージーランド人のアーネスト・ラザフォードと研究するためにマンチェスターへ行ったとき、量子の研究を始めました。ラザフォード自身は当時、世界で指折りの科学者のひとりであり、物理学者でありながら一九〇八年のノーベル化学賞を受賞しました。ボーアはラザフォードが原子の模型を考案したときに、マンチェスターに到着しました。ラザフォードは、原子の中心には小さな高密度の原子核があり、もっと小さな電子が原子核を囲んでいることを発見したところでした。

ボーアはラザフォードの原子模型の構造を理解するところから始めました。こうして彼は量子現象の本質を理解しようとする半世紀もの取り組みに乗り出しました。今日、彼は量子力学の真の父と正当に評価されています。プランクとアインシュタインが最初に着手したかもしれませんが、ボーアはそれ以上の貢献をすることになります。

彼の最初の成功は原子の構造に関連する二つの問題を解決することでした。すなわち、線スペクトルの起源と原子の安定性を解き明かすことです。

ラザフォードの原子模型は、電子が原子核の半径の何千倍も離れたところに存在することを示唆していました。この模型は原子の安定性の疑問をすぐさま生じさせます。第一に、物理学者は電子が原子内に静止できないと確信しました。なぜなら正に帯電した原子核によって働く、電気的な引力が電子を引き寄せるからです。ですから単純な答えとしては、電子が原子核のまわりの連続的な軌道上にある、惑星のようなモデルが考えられます。ちょうど地球が重力によって太陽に落下することなく、太陽のまわりの軌道にとどまっているのと同じです。

しかしボーアは、サイズは別として原子と太陽系の間には重大な違いがあることを懸念しました。古典的

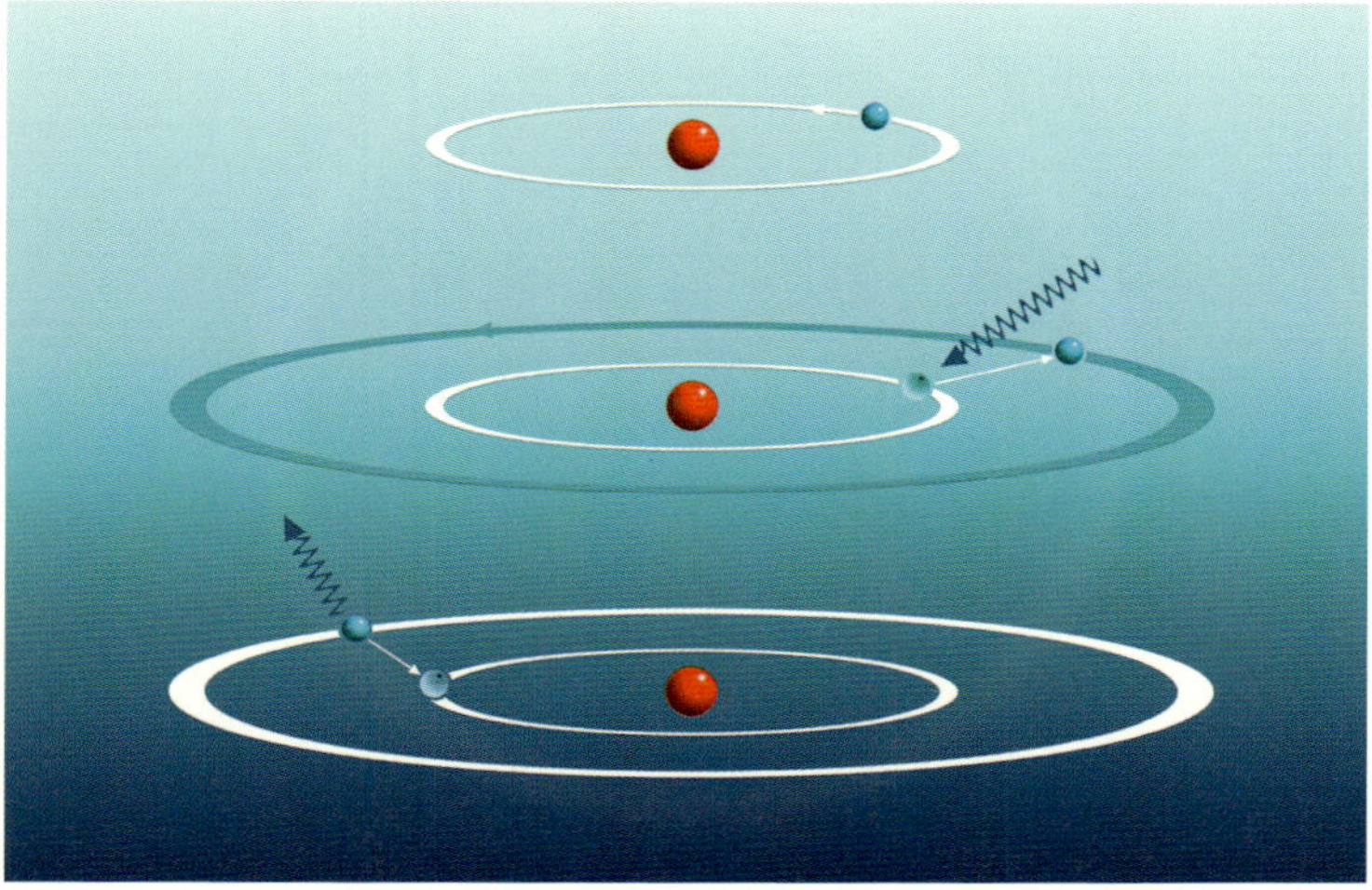

ボーアの水素原子のモデルは、原子核のまわりの定まった軌道をとる１個の電子から構成されていた。もし電子が正しい周波数の光子を吸収したら（中央の図）、それはより高い（もっと外側の）軌道へ「飛び上がる」のに十分なエネルギーを獲得するだろう。このとき、原子は励起状態にあるという。この状態は一般に不安定である。原子はすぐに励起状態を失う（下の図）。電子は、最初の光子が持っていたのと正確に同じエネルギーの光子を放出する。そうしながらエネルギーを失い、「基底状態」に落ちて戻る。

な電磁気の理論によれば、軌道をまわる電子は光を出すはずです。このため電子はそのエネルギーを失うにつれて、原子核の方へらせん状に向かうはずです。この過程は非常に速く（1秒の10億分の1のそのまた1000分の1）起こります。そして原子は崩壊します。

後から考えれば、ボーアの考えは明白に見えます。しかし当時は革命的でした。どんな物質もエネルギーをそれ以上分割できない塊で放射し（黒体放射）、塊で吸収する（光電効果）なら、物質を構成する原子はそれらの離散的な値の中間のエネルギーを受け取ることも放出することもできないのだ、と彼は提案しました。

この考えはプランクの仮定をさらに進めたものでした。プランクの考えは、放射が量子化されるのは熱した黒体中の原子の振動に由来するというものでしたから、原子の内部構造に基づいたあらゆる原子に共通の特徴というわけではありませんでした。

ボーアは、原子の中の電子エネルギーそのものが量子化されると仮定しました。すなわち電子は、ニュートンの運動法則で許されるどんな軌道でも自由にとれるのではなく、同心円状の列車の線路のように「離散的な」軌道だけをとれるというものです。電子は電磁エネルギー（光子）を量子的に放出しなければ、もっと低い次の軌道へ落ちることができません。同様に、電子は光子を吸収することで、もっと外側の軌道へジャンプすることができます。原子の安定性は、その後ウォルフガンク・パウリという若いドイツの天才によってもっと完全に解き明かされました。パウリはそれぞれの電子軌道には決まった数の電子しか入らないことを示しました。したがって、より低い軌道に余地があるときだけ、電子はそこにジャンプすることができます。後ほど、電子を原子核をまわる小さな物体とみなすことはできないこと、電子は広がりのある波で、原子核のまわりに広がった「電子波」とみなせることがわかるでしょう。

さらに、ボーアは原子のスペクトルの意味を解き明かしました。つまり元素はいくつかの正確な周波数で光を発する性質があり、それぞれのスペクトルはその元素に固有であるという事実です。原子が放出できる特定の光の周波数は、（プランクの方程式によって）特定のエネルギーと対応していました。放出された光子のエネルギーは、原子の中の電子がもっと低い軌道へ落ちるときに失うエネルギーに対応します。

ボーアは原子の構造にプランクの量子化の考えを適用しましたが、電子が軌道の間をどのようにジャンプするかについては説明できませんでした。そのことを強調しておきます。哀れな老いたプランク同様、ボーアは苦肉の策で彼の公式を導き出したのです。理論物理学者が好むようなやり方で、よりいっそう深い基本原則からその公式を導き出したのではありませんでした。また、小型の太陽系のような彼の原子模型は非常にうまく働くように見えましたが、それはまだニュートン物理学の様相を含んでいて、その点では間違っていることが後にわかりました。最悪だったのは、彼のモデルは水素でしかうまくいかないように思われたことです。水素には軌道をまわる電子が一個しかありません！　それより複雑なものにはどれにも対処することができませんでした。原子構造についてもっと完全に理解するには、十年間かかって量子力学が完全な形にまで発展することが必要でした。

今日の物理学者は、ボーアの原子のモデルがいまだに生徒に教えられていると、もっともな苦情を言います。ボーアのモデルは本物の原子とはずいぶん違います[11]。ボーアの水素原子のモデルは、今では古い量子論として知られている量子革命の第一段階の終わりを告げるものでした。

フランスの王子の登場

では、一九二〇年代の初めに進みましょう。ルイ・ド・ブロイ13世という若いフランスの王子が、博士号を取ろうとしていました。正確に言うと彼は実は王子ではありませんでした（彼の兄弟の中の最年長ではなかったのです）。しかし、彼は貴族の家系の高貴な生まれで、彼の先祖は、これも有名なルイ（14世）の時代にフランス王に仕えました。

ド・ブロイは一九二四年に彼の命題を提起しました。その中で彼は大胆な提案をしました。つまり、（波とみなせる）光がプランクとアインシュタインの言うようにある状況下では粒子の流れとしてふるまうなら、自然の持つ美しさと対称性から、運動する粒子もある状況下では波のようにふるまうことが考えられるというのです。

これは最初ちょっと奇妙に思えるかもしれませんが、次のように考えてみてください。一九二十年代までに、アインシュタインの方程式$E=mc^2$によって、物質とエネルギーが交換可能だという考えが物理学者の間にかなり広まっていました。これは、物質を凍ったエネルギーのようなものと考え、物質とエネルギーが互いに入れ替わることができるということです。そこで、光すなわち電磁放射（それはまさしくエネルギーの一形式です）が二重性を持っているとすれば、物質もまた同じように二重性を持っているのではないで

11 原子についてのもっとわかりやすい説明は、第7章まで待ってください。しかし原子がどんなふうに「見える」かということと、原子の実体とはもちろん違います。これは後でわかるでしょう。

しょうか?

ド・ブロイは、すべての物質的物体が「物質波」に関連づけられ、その物質波の波長は物体の質量によって決まると提案しました。粒子が重いほど、関連する波の波長は短くなります。私がここで「関連する」という言葉を使っていることに注意してください。これは、ド・ブロイが物質的物体を固体の「塊」とみなし、波はどちらかというと追加された付随的なものであると見ていたことを意味しています。光については、ときには波としてふるまい、ときには粒子としてふるまう同じ「もの」であることをすでに見てきました。

ド・ブロイは、アメリカの物理学者アーサー・コンプトンの研究に触発されました。コンプトンは光の粒子的な性質を支持するさらに強い証拠を提供しました。一九二三年、ド・ブロイの提案の一年前に、コンプトンが光子の存在を劇的に確認する実験をしました。彼は黒鉛のブロックにX線を照射すると、入射したときよりも周波数がわずかに低いX線となって反射することを発見しました(X線は基本的に高い周波数の光です)。これは古い波動説によって予言されたものとは違いました。古い波動説によれば、光の周波数は変わらないはずです。しかしX線が黒鉛中の電子と衝突する高エネルギーの光子だったとしたら、プランクの公式によれば、それらのエネルギーのある部分は失われ、その結果として周波数は低下するはずです。

ド・ブロイは、明白な対称性がここにあるという考えを捨てきれませんでした。なぜ光子には波と粒子の両方の特徴があり、電子にはないのでしょうか? コンプトンの実験で確認された過程は、今日ではコンプトン散乱として知られ、固体のボールが衝突する絵を思い起こさせます。そんなふうに光子を電子と対等に扱うことができるなら、その反対も真実かもしれません。電子の波動性を実験で確認することは、一九二七年まで待たなければなりませんでした。このとき、電子のビームが干渉効果を生じることが示されました。物質粒子を使った二重スリットで干渉縞を確認することに成功した初めての実験でした。

一方、ド・ブロイはいったい何を考えていたのでしょうか? 物質が持つ波としての性質の問題には、多くの混乱があります。実際、ド・ブロイは電子そのものが広がりをもった波だとは考えず(そのような提案はほかの人によって実際すぐに提起されましたが)、電子は局所的に存在する固体の粒子であり、「波束」として知られているものによって運ばれると示唆しました。波束というのはパルスのような、孤立した一片の波で、いろいろな周波数と振幅の波が重ね合わさったもので構成されます。粒子がたまたま存在する小さな局所的な領域の外では、波束を構成するさまざまな波がお互いに干渉し、打ち消しあってしまうのです。

ド・ブロイは、光子の場合でも電子の場合でも、粒子の運動量とその粒子に「関連する波」の波長とを結びつける公式を考え出しました。運動量が大きいほど、その波長は短くなります。人間やフットボールや砂粒のような日常的な物体に「関連する波」のふるまいを私たちが決して検出できないのはそのためです。これらの物体は電子よりはるかに重く、その物体に「関連する波」は原子以下のスケールよりはるかに短い波長を持っているので、決して検出できません。しかし、電子に関連する物質波や原子に関連する物質波を測定することはできるのでしょうか？　さらに進んで、もしそれらが存在するなら、このことが二重スリットの不思議さを説明できるでしょうか？　原子自身は一方のスリットしか通過しないのに、原子に関連する波が両方のスリットを通り抜けるのでしょうか？

当時ルイ・ド・ブロイの革命的な提案は急進的すぎて、同時代の人は受け入れることができませんでした。実際、彼が博士号を取れるかどうかはきわめて微妙でした。最後の瞬間にアインシュタインその人が介入したことが審査員を動かしました。アインシュタインはド・ブロイの論文をすでに読んでいたのです。

ド・ブロイの業績が知られるようになった直後に、事態は急展開しました。ヨーロッパの物理学者は新しい数学的な枠組みのいろいろなパーツをつなぎ合わせて、それが意味することを議論し始めました。ジグソーパズルが適切な場所に収まっただけでなく、さまざまな発見と洞察がいろいろな人びとによって同時になされました。しかし、それらのアイデアが互いに結びついたのはずっと後になってからでした。

ここで歴史をたどる章を終えて、物理学者がどのように発見したかではなく、自然の働きについて量子力学が私たちに伝えることに焦点を移すことにしましょう。量子力学を説明する方法はいくつかあります。こ

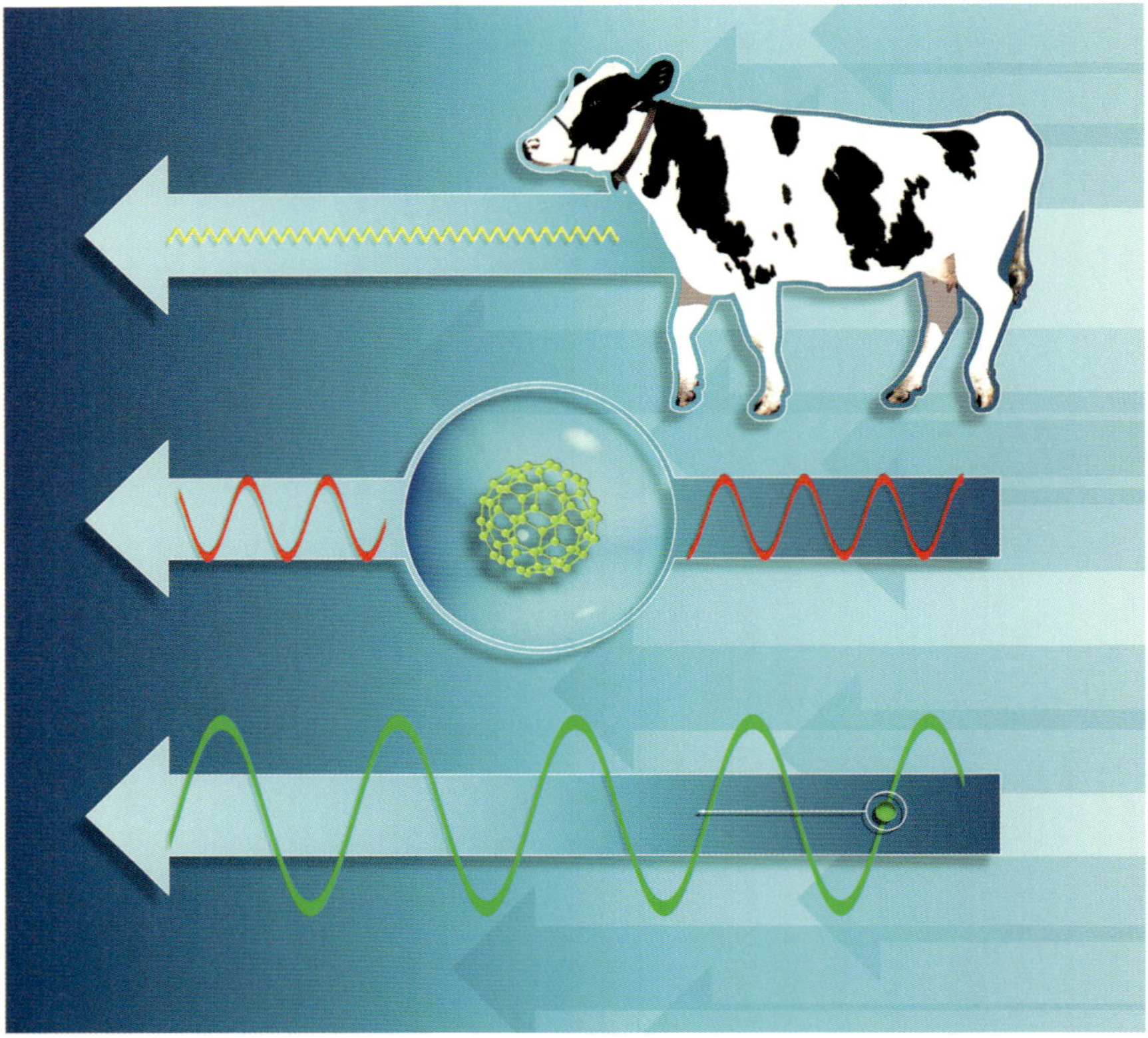

さまざまな物体に関連づけられたド・ブロイの物質波のスケール。
上：歩く雌牛のド・ブロイ波長は原子の寸法よりもはるかに小さく、あまりに小さすぎて決して検出できない。実際それは、空間そのものの概念が意味を失うほどのスケールである。このため私たちは波としての雌牛に関心を持つ必要はない。
中：毎秒数メートルの速さで進むC_{60}炭素分子（バッキーボール）のド・ブロイ波長は、ほぼ分子のサイズである（約1ナノメートル）。
下：毎秒数メートルの速さで進む電子は、人間の髪の毛の幅と等しい（1ミリメートルの数分の1）ド・ブロイ波長を持っている。これだけ大きければ、その量子波の性質が実験中で簡単に示され、さらに日常生活の中でさえ現れる。

の領域の創設者たちが発展させた考えをなぞるやり方は、おそらく最良の道ではありません。量子力学をわかりやすく説明しようとするやり方の多くが、理論全体の基礎となる基本概念として「波動-粒子の二重性」のようなものを据えるという点で、時代遅れに陥っています。そのような説明はしばしば思考を支離滅裂に混乱させます。そうならないようにするのは難しいことですが、私は注意深くやってみます。

Probability and Chance

第3章
確率と偶然

運命を信じますか?

この質問はとてもわかりやすいものです。つまり、何か特定の出来事が起こることになっていたとか、ふたりの人が出会う運命だったとか、そういうことです。しかし、運命という考えには真実があるでしょうか?

星占いを見るのは楽しいかもしれません。それは、星と惑星の位置が今週あなたに起こることに影響を及ぼすというたわいない現実味のない考え方です。もちろん、私たちの多くは星占いを真剣に受けとめませんが、もしかしたら未来が予測可能かもしれないという考えは非常に面白いものです。実際、量子革命が起こるまで、科学者はこれが原理的には可能だと確信していました。たとえ予言することはできなくても、将来の出来事はすべて何らかの形で予定され、起こることが運命づけられているという考え方です。

アイザック・ニュートンは、宇宙のすべての粒子が単純な運動の法則に従うと信じていました。この機械論的な視点は、自然の働きがどれほど複雑でも、すべてのものは最終的に物質の基本要素間の相互作用に還元できるはずだというものです。ニュートンから二世紀以上経っても、科学者と哲学者は依然としてこの考え方を共有していました。嵐の海や天候のような自然の過程は、ランダムで予測不能に見えるかもしれません。しかしそう見えるのは、単にその複雑さと、その過程に含まれる原子の数が莫大であるためです。

しかし原理的には、与えられた系のすべての粒子の正確な位置と運動状態がわかれば、粒子がどれほどたくさんあっても、これらの粒子が相互作用し、動き、その結果として将来の任意の時刻に系がどのように見えるかということをニュートンの法則から予測できるにちがいありません。言いかえれば、現在について正確にわかれば、未来を予測することが可能になるはずです。これがニュートンの「時計仕掛け」の宇宙という考え方につながりました。つまり、起こりうることは原理的に各部品の基本的な相互作用の結果なのだから、驚くようなことは何も起こらないという考え方です。これは決定論として知られています。現在についての完全な知識を持っていれば、未来を完璧に決定できるからです。

もちろん、実際にはそのような決定論はもっとも単純な系以外では不可能です。私たちは、天気予報官が完全な確信をもって明日の天候を予言できないことをよく知っています。投げられたコインが「表」と「裏」のどちらになるかも、ルーレットのボールがどこに止まるかも、コントロールできません。現代物理学の研究領域にカオス理論があります。カオス理論によると、系の未来が決定可能であるためには、その系の初期条件を無限の精度で知る必要があるといいます。カオス理論は、決定論にまつわる実際的な問題を複雑にします。

実際、自由意志というものを理解しようとして人間の脳のようにとてつもない複雑さに直面することに比べたら、今述べたような機械論の例など色あせてしまいます。しかし、原理は常に同じです。なぜなら、人間も結局原子からできているので、ニュートンの法則は私たちの脳にもあてはまるはずだからです。何かを自由に選択したつもりでも、それはほかのすべてのものと同様に、決定論的な法則に従う機械的な過程と原子の相互作用でしかありません。

これはやや気の滅入る世界観ですが、まあそれでも別にかまわないと思うかもしれません。というのは、未来を予言するのに十分な情報を持つという考えは、信じがたいものだからです。しかし、問題は実際的なものではなくて、仮説的なものです。つまり、もし私たちが非常に強力なコンピューターを持っていて、宇宙のすべての粒子の位置と速度を格納できるほど大きなメモリーがあれば、宇宙がどのように発展するかをきっと推定できるはずです。

量子革命によって引き起こされた人間の思考のもっとも重大な変化の一つは、非決定論という概念でした。すなわち決定論とそれにともなう時計仕掛けの宇宙という概念が消えたことです。ですから申し訳ありませんが、新しいことをお伝えします。科学的理念としての「運命」は、4分の3世紀前に誤りであることが証明されました。

ビリヤードの結果

ビリヤードの手球をパックに向けて突くとき何が起こるかを、強力なコンピューターを使ってモデル化するにはどうすればよいか考えてみましょう。テーブル上のすべてのボールはどこかの方向に打たれ、ほとんどのボールは一回以上衝突し、サイドクッションではね返ります。もちろんコンピューターで計算するには、手球が最初どれくらい激しくぶつかったかということや、またそれがパックの最初のボールにあたった角度を正確に知る必要があります。しかし、これで十分でしょうか？　すべてのボールが止まったとき、コンピューターが予測した散らばり方はどれくらい現実に近いでしょうか？　衝突が起きるのが二個のボールだけなら、結果を予測することは完全に可能ですが、多くのボールの複雑な散らばり方がどうなるかを考慮に入れることは不可能です。一個のボールが前とはわずかに異なる角度で進んだら、別のボールが、最初はぶつからなかった別なボールとぶつかるかもしれません。そして、両方の運動の軌跡はがらっと変わってしまいます。最終結果はまったく違ったものになります。

ですから、手球の初期条件だけではなく、ほかのすべてのボールのテーブル上の正確な配置をコンピューターに入れなければなりません。すなわち、それらは互いに触れ合うか、それら間の正確な距離やクッションとの距離がどのようなものか、といったことです。しかし、これでも十分ではありません。ボールのどれかの上に、しみのように小さなほこりがあれば、１ミリメートルの数分の一ほどその経路を乱したり、ごくわずかに速度を落とさせるのに十分でしょう。このことがまたもや必然的に最終的な位置を変える波及効果に結びつきます。これはカオス理論の「バタフライ効果」として知られています。蝶が羽をはためかせ、気圧にごく小さな変化を生じさせたものが、徐々に、蝶が動かなかったときに比べて非常に大きな変化になっていき、世界の反対側で、そんなことがなければ起こっていなかった雷雨を引き起こすという考えです。

ですから、テーブルの表面についての精密な情報をコンピューターに与える必要があります。テーブルの表面には、ほかの場所よりも擦り切れたところがあるかもしれません。大気の温度や湿度さえ小さな影響を

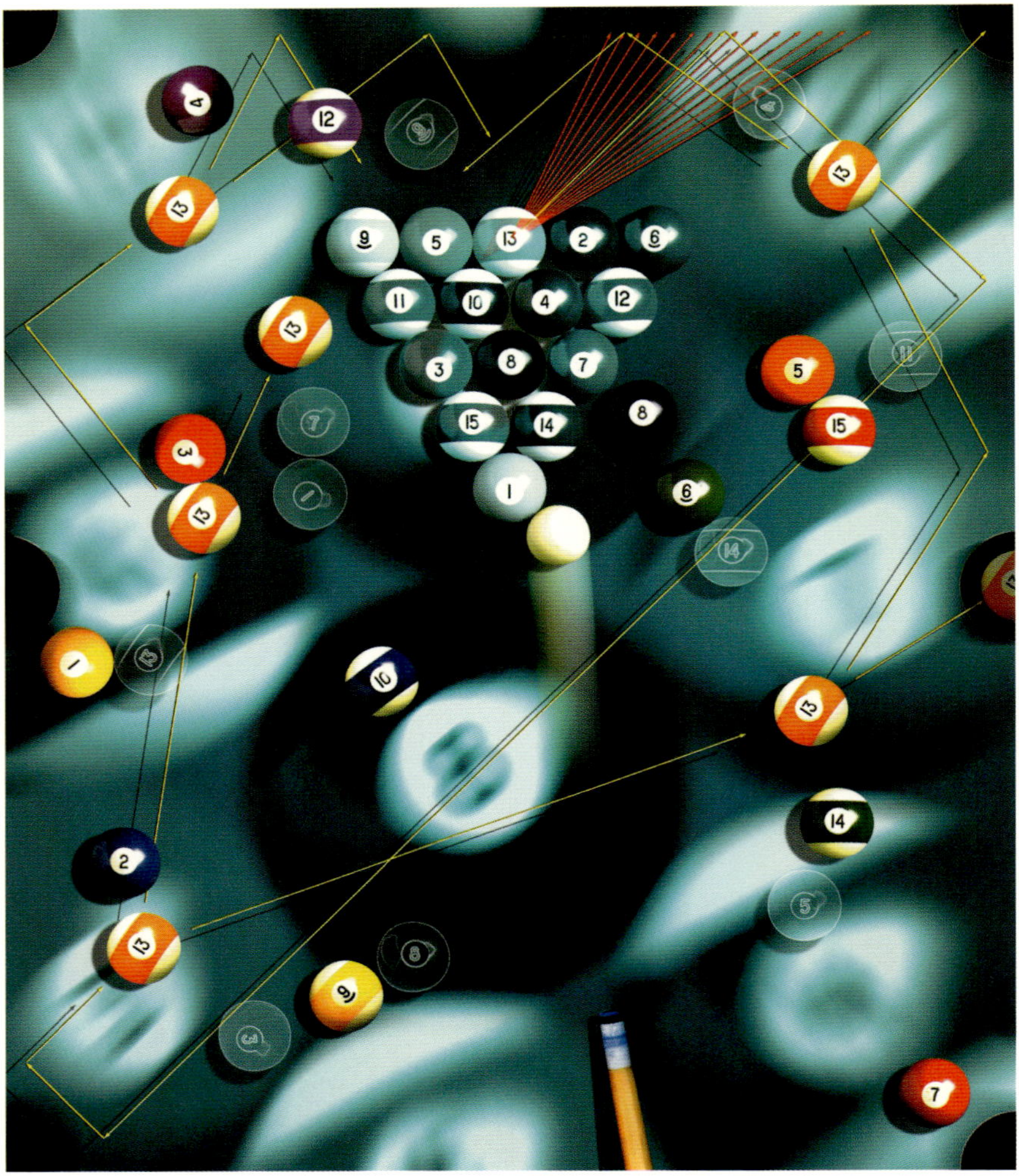

与えるでしょう。

それでもまだ、これは不可能ではないと考えられます。それは、原理的には可能です。もちろん、そのときボールとテーブルの間に摩擦がなければ、ボールの衝突と散乱はもっと長い時間続きます。ということは、ボールが最終的に止まる位置を知るには、ボールの最初の位置をよりいっそう正確に知る必要があるということです。[1]

けれども、「だから、どうだというんだ？」と思うかもしれません。結局、系に関してすべてを知ることは決してできないので、いろいろな結果に確率を割り当てて、間に合わせなければなりません。多くのことを知るほど、起こることに確信を持てるようになります。

ときには、信頼できる予測ができないのは、何かがわからないせいではなく、初期条件をコントロールできないという理由の場合もあります。コインを投げる場合、同じ行動を繰り返して、同じ結果を出せるようにしろというのは無理な相談です。コインを投げて、「表」が出たとき、もう一度「表」が出るように、同じ回数だけ空中で回転するようにまったく同じやり方で投げるのは難しすぎます。

これもまた、系についての十分な情報がないということです。ビリヤード台の例では、すべてのボールの最終的な位置が最初のときとまったく同じになるように、まったく同じやり方で手球を打ってショットを繰り返すことはできません。しかしながら、こうした反復が可能であるということがニュートンの世界の本質です。そうした決定論的なふるまいがニュートン力学の特徴、すなわち古典力学の特徴です。量子力学はまったく違います。

1 空気抵抗や、衝突の際に熱や音の形でエネルギーを失うことによって、それらは徐々に速度を落とします。

量子の世界の予測不可能性

量子の領域では、非常に重大な予測不可能性があります。これは、研究対象の系の詳細がわからないことのせいでも、初期条件を実際には設定できないためでもありません。そうではなく、この階層の自然そのものの基本的な特徴なのです。量子の世界では、次に何が起こるか、確実に予測することはできません。それは、私たちの理論が良くできていないためでも、情報が十分でないからでもなく、自然そのものに由来します。

私たちが原子の領域でできることは、ありうる結果に対する確率を計算することだけだと判明することがしばしばあります。しかし、そのような確率は、コインを投げたり、さいころを振る確率を割り当てるのと同じやり方で割り当てられるのではありません。そうではなく、量子の確率は、理論自体に組み込まれていて、原理的にさえそれ以上うまくできないのです。

原子核の放射性崩壊はこのよい例です。すなわち、初期状態が同じでも、違う結果に結びつきます。百万個の同じ放射性原子核のことを考えてみましょう。放射性原子核は不安定で、遅かれ早かれ粒子を放出して自然に「崩壊」し、より安定した形式に変わります。私たちは量子力学によって半減期（全体の半数の原子核が崩壊する時間）と呼ばれるものを計算することができますが、特定の原子核がいつ崩壊するかはわかりません。半減期が意味を持つのは、統計的に多数の等しい原子核に適用された場合だけです。原子核が一定の時間の後に崩壊しているであろう確率を計算することはできます。しかしそれ以上のことはできません。この事実は何かがわかっていないことに由来するのではありません。

このジレンマから脱する一つの方法は、量子力学が完全なものではなく、放射性崩壊を予測できないのは実際私たちがいろいろなことを知らないせいだ、とすることです。すると私たちに欠けているのは、特定のどれかの原子核がいつ崩壊するか私たちが正確に予測できるようにするための、自然についてのより深い理解だということになります。ちょうど、コインに加わる力をもっとよく知ることができればその結果を予測

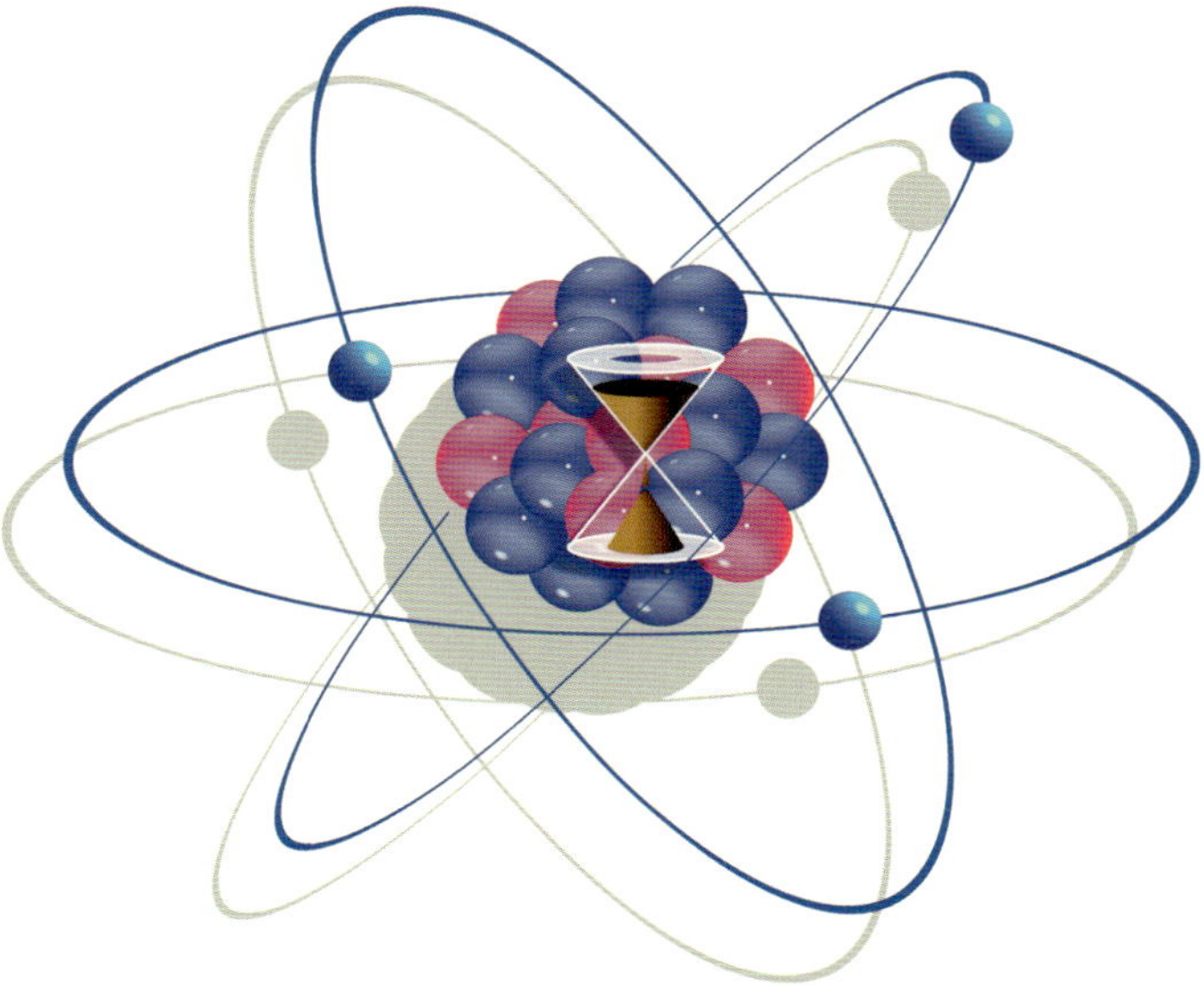

量子力学によれば、放射性原子核がアルファ粒子の放出などによっていつ崩壊するのかを正確に定める内蔵のタイマーはない。放射性崩壊の過程は量子力学の確率の規則に従う。これは、個々の原子核がいつ崩壊するかを予測することは決してできず、統計的にたくさんの数の原子核のサンプルについて、その半減期（サンプル中の半分の原子核が崩壊するのにかかる時間）がわかるだけだということである。

できるはずだというのと同じです。もしもそれが正しいとしたら、答えを見つけるには量子力学を超えた理論が必要だということです。アルベルト・アインシュタインがなぜそのような見解を持つに至ったのかは、第6章で話します。彼は、量子力学が示唆しているように見えたもの、つまり私たちの世界はそのもっとも基本的な階層において本質的に予測不能だということを受け入れることができませんでした。実際アインシュタインについてよくいわれるのは、彼は「神がさいころを振る」ことを信じなかったということです。これは、自然が確率的であることをアインシュタインが受け入れなかったということです。しかし、アインシュタインは間違っていました。

それでは、量子の予測不可能性と非決定性の起源について見てみることにしましょう。

バナナ・キック

日常の物体が力の影響下でどのように動き、相互作用するかを理解して、予測できるのは、ほとんどアイザック・ニュートンのおかげです。私は、数年前に読んだ物理学誌の記事を思い出します。そこでは、サッカー・ボールの曲がった軌道が数学的に分析されていました。ブラジルのサッカー選手ロベルト・カルロス（彼はこの号の表紙を飾っていました）は、目を見張るようなフリーキックで有名です。彼は多くのサッカー選手よりはるかに劇的に、ディフェンスの壁をまわりこむようにボールを回転させることができます。ロベルト・カルロスが方程式を詳しく研究したとは思えませんが、彼の技は、キックでボールを回転させ、飛行中のボールと空気とをうまく相互作用させてボールの軌道を操るというものでした。同じように、ゴルフボールを打ったときの軌道をコントロールするために、ゴルフボールの設計にたくさんの工夫が加えられてきました。ほかにも無数の例があります。要するにポイントは、巨視的な物体の運動の場合には、必要なデータを与えてやれば運動方程式を解けるということです。物体の質量と形、それに作用する力の正確な性質、そしてその現在の位置と速度がわかれば、運動方程式を解くことで、未来の時刻での物体の正確な位置と速度を計算できます。

これはニュートン力学の決定論の初期のポイントでした。ニュートンの運動方程式は確かに非常に正確で信頼できるので、惑星とその衛星の軌道を遠い未来まで予測できます。ニュートンの方程式は月へ行って帰るロケットの軌道を計算するためにＮＡＳＡでも使用されました。こうしたすべての例において、物理系の状態とそれに働く力が特定されれば、原理的にはその系の未来の状態を正確に決定できます。

それなら、電子のような微視的な粒子の運動のしかたを表すために同じ方程式が使えないのはなぜでしょうか？　もし電子が今ここにあり、それに何らかの力を加えれば、たとえば電場のスイッチを入れれば、今から五秒後にこれこれの位置にあると断言できるはずです。

ところが、そうではないのです。砂粒からサッカーボールや惑星にいたる日常の物体のふるまいを支配している方程式が、量子の世界では役立たないのです。

方程式の解剖学

古典的な粒子、すなわち量子的なふるまいをしない粒子の方程式を「解く」という場合、それは未来の時刻の粒子の正確な位置と速度を方程式から導き出すということです。しかしシュレディンガーの方程式は違います。たとえば、原子の中の電子の運動に対するシュレディンガー方程式の解は、与えられた時刻に電子がどこにあるかを表す単なる数の集まりではありません（地球のまわりの月の運動を追跡するためにニュートン方程式を解いて得られるのは、まさにそのような数の集まりです）。そうではなく、もっとずっと豊かな意味を持っています。

それは「波動関数」として知られている数学的な量で、ギリシア文字Ψ《プサイ》という記号で表されます。量子の奇妙さの起源を探そうと思ったら、ここにそれが見つかります。奇妙さのすべてが波動関数に含まれています。

初等代数学では、常に未知量「x」があります。xを粒子の位置と考えてください。つまり、xは算出しなくてはいけない位置を表します。もう少し進んだ代数では、xの値は二つめの未知量、たとえばtに依存する場合があります。tは通常「時間」を意味します。ですから、たとえば、t＝1ならx＝4・5になり、t＝2ならx＝7・3という具合です（これらの数はただの思いつきで書いただけで意味はありません）。古典的粒子の運動方程式を解く場合は、このようになります。ただし、粒子は3次元空間に存在するので、その位置を表すには三個の数が必要です。つまり、x、y、zです。重要なのは、x、y、zが数を表す単なる記号だということです。それらは現実の「もの」ではありません。

シュレディンガー方程式の波動関数はこれに少し似ています。それは未知量で、時間的に変化する量子的

$$-\frac{\hbar^2}{2m}\nabla^2\Psi+V\Psi=i\hbar\frac{\partial\Psi}{\partial t}$$

プランク定数

「デル2乗演算子」といって、波動関数（Ψ）が場所ごとにどのように変わるかを表す

「虚数」という数学的な量。その値は－1の平方根に等しい

粒子の質量を表す

粒子に働く力を表す

Ψの形の時間的な変化を表す

な粒子の状態を表すことができます。ここで言う「状態」とは、粒子に関して知ることができるすべてのものを意味します。

物理学ではいつも数学的な記号を使って、調べている系の量や性質を表します。電圧は「V」、圧力は「P」といった具合です。圧力や電圧とは違って、量子力学には波動関数を測定するダイヤル付きのメーターのようなものがまったくありません。「圧力」の概念は、それが気体分子の集団的な運動を表す量であるという点でやや抽象的ですが、圧力が存在することは少なくとも物理的に感じることができます。波動関数はそうではありません。

物理学でもっとも重要な方程式

量子力学の理論的な理解を深めることに大きな貢献をしたのが、オーストリアの物理学者エルヴィン・

シュレディンガーです。シュレディンガーはド・ブロイのアイデアを利用して、それにしっかりとした数学的な基礎を築きました。電子や原子のような量子系のふるまいを表す数学的な方法はいくつかあります。これは重要なことです。シュレディンガーの方法はその一つにすぎません。しかしシュレディンガーの方法は大学の物理学科の学生に量子力学を教えるときに使われるもので、私がここでとろうとするアプローチもそれです。

シュレディンガーは、ボーアの原子のモデルについて説明するためにド・ブロイの物質波というアイデアをなんとかして利用できないかと考えました。ボーアは、原子の中の電子が決まった（量子化された）軌道のまわりを動くと示唆したものの、なぜそうなのか誰にもわからなかったことを思い出してください。シュレディンガーは、粒子の運動を表すのではなく、波の進み方を表す新しい方程式を提案しました。彼は、量子の波動方程式として知られているものを提案したのです。

現代物理学のアイデアを扱うポピュラー・サイエンスの本では、たった一つの例外を除いて数学的な方程式をまったく扱わないのが普通です。たった一つの例外とは $E = mc^2$ です。しかし、シュレディンガーの方程式はたいへん美しいので、ひと目だけでも見る価値があります（「方程式の解剖学」を参照）[2]。

シュレディンガー方程式を解くと、波動関数という数学的な量が得られます。ここに量子力学の確率的性質が姿を現すのです。電子の場合を例にとると、波動関数では特定の瞬間の電子の正確な位置は得られません。得られるのは、そこに電子が見つかる可能性がどれほどあるかということだけです。そんなふうに言われたら、これでは十分ではないと思うでしょう。電子がありそうな場所しかわからないというのでは、得られる限りの情報をすべて得たとは思えません。もちろん、こんな言い方では、本当は何の説明にもなりませ

2 ティーンエイジャーがそれをTシャツの飾りにするのをかっこいいと思うか、みっともないと思うかは、別の問題です。実際、ちょっと想像してみればそんなことをするのはばかげています。

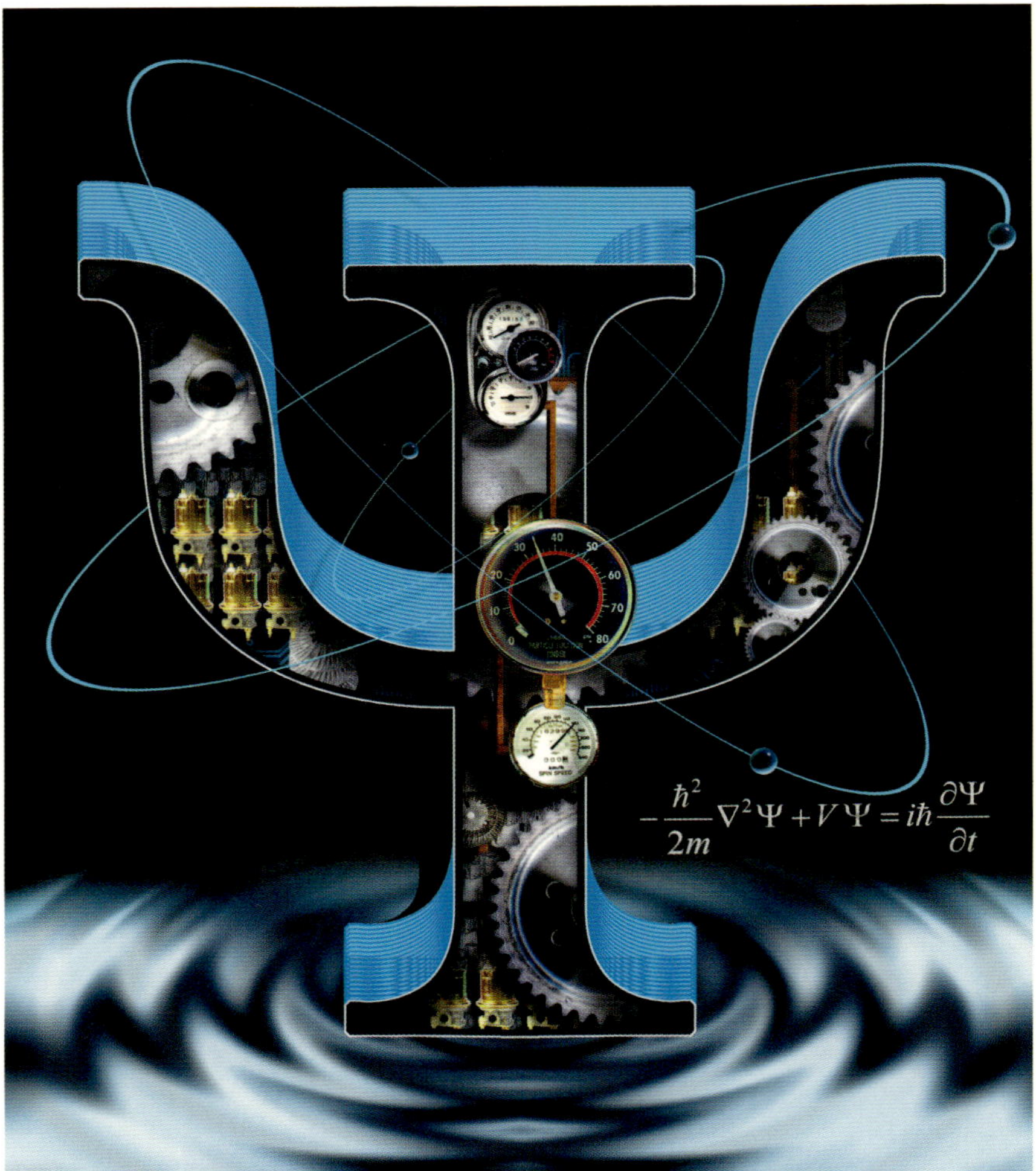

波動関数は数学的な量であり、シュレディンガーの方程式を解くことで得られる。波動関数は量子の系について知りうる一切の情報を含んでいる。

ん。ですから、もっと正確に話しましょう。

波動関数は多くの情報を含んでいます。波動関数は、任意の時刻に空間の中のそれぞれの点で、ある値をとります。したがって、古典的粒子の空間の位置と違って、波動関数は空間全体に広がっています。だから「波」という言葉が使われるのです。しかし、光の波のような実際の物理的な波を表すとみなすべきではありません。私はここで正直に次のことを言っておきます。すなわち、波動関数が実際に何であるのかを誰も知らない、ということです。ほとんどの物理学者は波動関数を自然に関する情報を抽出するために使用できる抽象的で数学的なものとみなしています。そのほかに、波動関数それ自身が非常に奇妙な、独立した実在を表していると考える物理学者もいます。第6章で、どちらの考え方にも根拠があるということがわかります。とても奇妙なことですが、ここで重要なのは、波動関数が実在そのものを表しているかどうかという問題ではなく、どんな立場でも波動関数の数学的な意味は同じだということです。そして、原子以下のスケールでの自然のふるまい方に関して、波動関数から導かれることは、まったく疑問の余地がないということです。

例として、箱の中に閉じ込められた一個の電子を考えてみましょう。最初に電子がどこにあったかは正確にわかっているとします。最初の位置をシュレディンガー方程式に入れてやります。こうすれば、もう少し後の時刻の波動関数を計算できます。さて、箱の内部の格子点ごとに電子の波動関数の値が得られて、それらの数値を表の形でコンピューターのファイルや一枚の紙にまとめたとしましょう。この情報から、電子の位置を確実に知ることはもはやできません。そうではなく、電子がどこで見つかる可能性が高いのかということしかわかりません。それがわかるのは次のようにしてです。

空間の中のそれぞれの点に対して、波動関数は二つの数を割り当てます。この点を囲む小さな単位体積の中に電子がある確率は、二つの数をそれぞれ2乗して合計した値によって表されます。[3] 波動関数の値そのものが確率なのではありません。そのことを強調しておきます。まず波動関数の値を2乗しなければなりませ

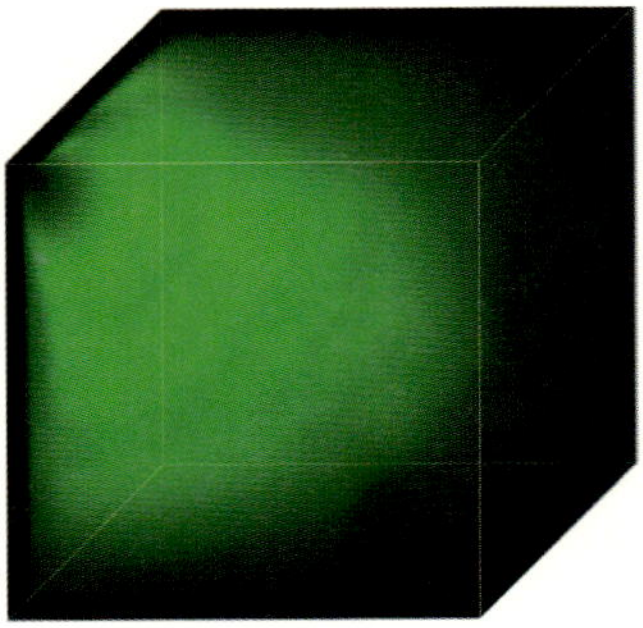

箱の中に閉じ込められた電子の確率分布。これは「しみのように広がった」電子を表す物理的な雲ではなく、単なる数学的な確率を表す雲である。電子が最初に箱の上方の角の一つにあったと確実にわかっていれば、その波動関数はしばらくすると広がって、箱の中全体を占める。とはいっても、最初にいた場所の近くほど電子のいる確率が高いということが、波動関数の計算によってわかる。時間が経つにつれて確率の雲はもっと均等に広がり、電子の見つかる確率は最後には箱の中のどこでも等しくなる。

ん。

量子力学の確率的な性質、つまり量子力学には予測不可能性が組み込まれているということをしっかりと理解するには、波動関数の性質に関してもう少し論じる必要があります。わかりやすいたとえを使って、波動関数が時間とともにどのように変化するかを見てみましょう。

ひとりの強盗がたった今刑務所から釈放されました。しかし所轄の警察は、彼が心を入れ替えていないと見ています。町の地図を調べれば、彼が釈放された瞬間から行きそうなところを追跡できると警察は思っているのです。警察は、特定の時刻に強盗犯がどこにいるかという正確な位置を示すことはできませんが、さまざまな地区に強盗犯がいる確率をはじき出すことができます。まず最初に、もっとも危険性が高いのは刑務所に近い家々です。時間が経つにつれて、危険性のある地域は広がっていきます。警察は、富裕者の居住地域は貧困者の居住地域より危険度が高いとかなり確信をもって言うことができます。この町へ広がっていく男の「犯罪の波」は、確率の波とみなすことができます。それは手で触ったりすることはできないし、実在する何かでもなく、町のあらゆる区域に割り当てられたひと組の抽象的な数にすぎません。同じように波動関数は、電子が最後に目撃された点から広がっていきます。そして波

3 これは波動関数が数学的には「複素関数」というもので表され、「実部」と「虚部」の両方を持っているからですが、ここではそれに深入りする必要はありません。

動関数は、電子が次に現れそうな確率を場所ごとに割り当てることができます。
しばらくしてどこかの住所で強盗が起きたという報告があれば、警察は自分たちの予感が正しかったことがわかります。これは、確率の分布のしかたを変更します。なぜなら警察は、今はまだ強盗が犯行現場からはるか遠くにいるはずはないとわかっているからです。同様に、電子がある位置で検出されれば、その波動関数は直ちに変更されます。検出の瞬間には、電子がほかのどこかで見つかる確率はゼロです。そのままにしておけば、波動関数は再び時間的に発展し広がります。

私たちが見ていないとき、何が起こっているか?

しかし、強盗の例と電子の間には大きな違いがあります。警察が強盗の行方に確率を割り当てることしかできなくても、それは完全な情報が不足していることが原因です。そのことは警察もわかっています。結局、強盗は町中に広がったのではありません。また、どんなところでも彼が出現する可能性があるとはいっても、実際にはもちろん、特定の時刻には一つの場所にしかいません。これはわかりきったことなので、話すだけ時間のむだに見えます。しかし電子はどうでしょうか？　ほとんどの物理学者は、私たちが電子の運動を追跡していないときに、電子を表しているのはその波動関数しかないと考えているのです（今後の章でわかるように、それには十分な理由があります）。それだけではありません。電子そのものは、それぞれの時刻にはっきりと定まった位置を持つ単純な古典的粒子としては、存在することさえしません。その電子の影響は、空間に広がっています。どのようにしてこんなことが可能なのか、私たちにはまったくわかりません。私たちが持っているのは波動関数だけです。波動関数はただのひと揃いの数値です（もちろん、物理的な意味のある数値です）。私たちが電子を目にしたとたん、波動関数は「収縮」するといわれ、電子は局所的に存在する粒子になります。

このことはおかしな、ばかげたことに思えるはずです。なぜ電子は、常に実際の粒子としてふるまうことができないのでしょうか？　私たちが見ていないときに電子が何をしているのかを確実に予言できないからといって、電子が何かしていないとは言い切れないのではないでしょうか？　さて、こう考えたとしたら、それはあなたひとりではありません。アインシュタインも同じように考えました。しかし大多数の物理学者は、このわかりやすい見方が間違っていると確信しています。ただし、物理学者のうちの重要な少数派はもはやそう確信していません。しかもそのような少数派に加わる人の数は増えているのです。その理由は第6章で説明します。

単純なたとえと「犯罪の波」という言葉に戻りましょう。それは振動している何かを意味します。つまり、池の表面のさざ波のような、波立つ山と谷です。確かに、一つの点から出る波は、（池に石を投げ込んだときのように）同心円を描いて広がります。同じように、量子の波動関数は「波のよう」であるはずです。そうでなければ、二重スリット実験のときの干渉のような波の性質は見られないはずです。二重スリット実験の結果が波動関数の性質と何らかの関係があるということに、今では何の驚きも感じないはずです。

一般に、波動関数は水の波のようには振動しません。波動関数は水の波よりはるかに複雑です。私は、波動関数が空間の各点で二つの数によって定義されると言いました。それは、複素数の実部と虚部として知られるものです。「実」数が一つの波をつくり、「虚」数がもう一つの波をつくります。そして、完全な波動関数は二つを組み合わせたものです。さらに、典型的な波動関数をグラフに描くと、それが表しているものに応じて非常に複雑な形になります。もちろん、箱の中に閉じ込められた一個の電子は比較的単純な波動関数によって表されます。しかし、原子核の構造を表す波動関数は、複雑な規則に従う陽子と中性子がたくさんあるため、はるかに複雑です。

ハイゼンベルクの不確定性原理

波動関数の確率的性質のもっとも重要な帰結の一つは、不確定性という概念です。これを非決定論と混同しないでください。非決定論は前にも出てきました。非決定論が意味しているのは、粒子の状態についてのある側面、たとえば特定の時刻での粒子の位置がわかったからといって、将来のその粒子の位置が確実にわかるわけではないということです。それに対して不確定性が意味しているのは、量子の系に関するすべてのことを同時に、完全に正確に知るのは、たとえ系を測定しても不可能だということです。

不確定性のもっともよく知られている例はヴェルナー・ハイゼンベルクによって最初に発見された不確定性関係です。空間で自由に動きまわる電子はあらゆる場所にある可能性があります。つまり、電子の位置には、無限の不確定性があります。非常に小さな箱に閉じ込められた電子の場合は、その位置はかなりはっきり知ることができ、その位置の不確定性は小さくなります。これは、その波動関数のある量が、箱の外ではゼロになるということです。そのような波動関数は空間の中の局所的な波動関数であるといいます。

これまで話してきた波動関数は、「位置の波動関数」と呼ばれるものです（なぜ「位置の波動関数」と呼ぶかというと、いろいろな場所ごとに電子が見つかる確率をそれによって計算できるからです）。「運動量の波動関数」と呼ばれる波動関数もあります。これは電子が特定の時刻にどのような運動量、すなわち速度を持っている確率が高いのかということを表します。「位置の波動関数」がわかれば、「運動量の波動関数」を計算できるし、その逆もできます。これにはフーリエ変換という数学的な手順を使います。空間の中で局所的な「位置の波動関数」を持つということは常に、「運動量の波動関数」が広がりを持っているということを意味します[4]。その逆もまたしかりです。ですから、局所的な「位置の波動関数」を持ち位置の不確定性が小さい電子は、運動量（すなわち速度）の不確定性が常に大きくなります。同じように、局所的な「運動量の波動関数」を持ち速度がかなり正確にわかっている電子は、必然的に広がりのある「位置の波動関数」を

4 しかし、私はそれが空間の中に広がると言っているのではありません。そうではなくて、とりうる運動量の値の範囲が広がるということです。

ハイゼンベルクの不確定性原理は、量子的な粒子の正確な位置と運動量を同時に知ることができないと述べている。「一つの側面があり、別な側面もある。しかし同時に二つあるのではない」という自然の特徴はニールス・ボーアを相補性原理へと導いた。相補性原理とは、量子的な粒子を完全に表すためには、一見両立しない二つの側面がともに必要である、というもの。この花瓶の輪郭は、向き合うふたりの人間の横顔として見ることもできる。しかし同時に両方の姿を見るのは困難である。それが二つの顔に見えているなら花瓶はないし、それが花瓶に見えているなら横顔はない。

持ち、位置についての不確定性は大きくなります。

これがハイゼンベルクの不確定性原理の本質です。その数学的な形式が示していることは、電子（またはそのほかの量子的な粒子）の正確な位置と速度を同時に知ることができないということです。これは、実験者が電子の位置を特定しようとして、不可避のランダム・キックを電子に与え、それによって電子の速度と方向を変化させてしまったことの結果ではありません。そんなふうに述べている本がたくさんあるのですが、そうではありません。それは波動関数の性質の必然的な帰結なのです。私たちが電子を見る以前であっても、波動関数は電子がとりうる位置や運動の状態を表しているのです。

私たちが電子を見る以前にも、電子が常に確定した位置と速度を持っているのかどうかということについて、物理学者は今も議論を続けています。真実は、不確定性関係は二つの種類の波動関数の関係の帰結であるということです。そして波動関数は、私たちが電子に関して知ることができるもののすべてを伝えるので、波動関数が伝える以上のことを言うことはできません。不確定性原理は、量子状態に関して予測できるものを制限し、私たちが量子状態を見るときに量子状態に関して知ることができるものを制限するのです。

原子核ハロー

古典力学ではありえない現象が数多くあります。それらについて説明するには、ハイゼンベルクの不確定性原理に頼らなければなりません。そのような例の一つが、私の研究分野である原子核物理学です。第７章で説明しますが、原子核は物理学の分野でもっとも複雑な系の一つです。原子核が発見されてから一世紀経っても、原子核の秘密を解き明かす取り組みが続いています。さらに、原子核は量子力学がいかんなく活躍する場所でもあります。

後で、私たちは原子核の内部をもっと詳細に覗き込んで、それらの構成粒子（陽子と中性子）が強い核力によってどのように密接に結合しているかを見ることにしましょう。この力は非常に短い距離で接着剤のように働いているので、その影響は原子核の大きさを越えると完全に消滅します。

もっとも軽い種類の元素の原子核は、正に帯電した陽子と電気的に中性の中性子をほぼ同じ数だけ持つ傾向があります。原子核の質量に対して平均的な数の陽子と中性子よりも多くの陽子や中性子を持つものは、不安定な傾向があります。そのような原子核はもっと安定した形式にたちまち変化する傾向があるのです。すなわち、余分な陽子が中性子になったり、余分な中性子が陽子になったりして、つりあいのとれた状態を取り戻します。

一九八〇年代中頃に、カリフォルニアのローレンス・バークレー研究所で日本人の研究グループが行った実験で、中性子が非常にたくさんあるリチウム元素の原子核の新しい性質が発見されました。リチウムの安定した形式では、三個の陽子と結びついた三個または四個の中性子を含む原子核があります。バークレーの実験で、リチウム11の原子核（三個の陽子と八個の中性子）が予想よりはるかに大きなサイズを持っているらしいということが発見されました。余分の中性子を考慮しても、はるかに大きかったのです。そのような原子核のビームを薄い炭素のターゲットに発射して、そのうちの何個がターゲットの反対側にまで突き抜けるかを測定できました。リチウム11の原子核が大きければ大きいほど、それらは炭素原子核と衝突してばらばらになる確率が高くなります。たくさんのリチウム11原子核が無傷でターゲットを貫通すると予測されましたが、反対側の検出器の中で捉えられたのは予想よりはるかに少ない数でした。おおざっぱにたとえれば、それはふるいに砂を注ぐのに似ています。砂粒が大きいほど、通り抜けるものは少なくなります。

理論家は、自然界ではこれまで誰も見たことのない原子核を扱っていることにすぐに気づきました。リチウム11の中の外側の二個の中性子は、「コア」と呼ばれる原子核の残りの部分とゆるやかに結合していて、ほとんどの時間はこのコアから比較的離れています。実際、二個の中性子は、中性子をしっかりとつなぎとめている核力の到達範囲の外側に漂っていて、「中性子ハロー」と名づけられたものを形成しています。もちろんハローの大きさは、リチウム原子の電子たちが占めている空間の大きさよりはずっと小さいものです。

中性子ハローは純粋に量子的な現象で、古典力学のもとでは存在しえないものです。[5] しかし、ボーアが軌道上の電子について古い量子論の中で使用したのと同じような言い回しを、私は中性子ハローの説明に使ってきました。私たちは、これが本当は正しくないことを今では知っています。ですから、もう少し注意深く言い直しましょう。

不確定性原理を使うと、ハロー核が大きいことを間接的に説明できます。ハロー核を調べる実験がもう一つあって、その実験では慎重な核反応の中でハロー核を分裂させ、それらがどのようにして飛び散るかを測定します。分裂して破片が飛び散るときでも、それらはお互いに比較的近くにとどまり、非常にゆっくりとしか離れていかないことがわかりました。

量子力学的に言うと、破片たちが持っている運動量はゼロ近辺の非常に幅狭い値しかとらないということ、

5 実際はそれらは寿命が約0・1秒しかなく、きわめて不安定です。

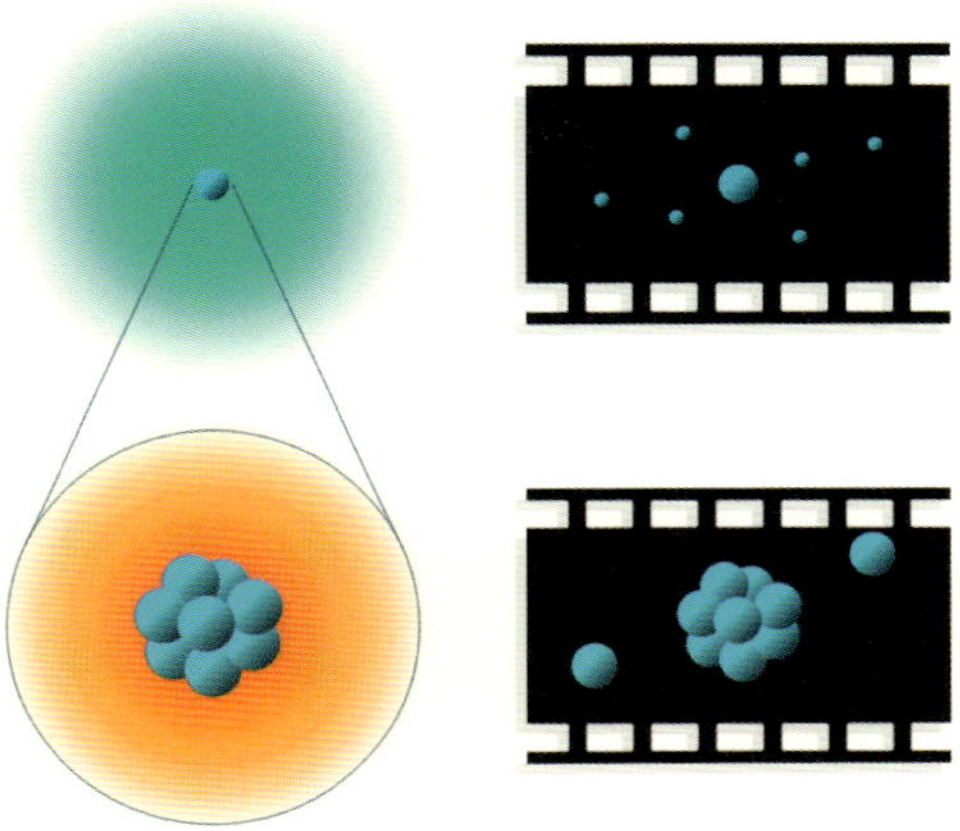

原子の量子的な表し方は、小さな原子核を取り囲む電子の確率の雲というものである（左上）。しかしそれは私たちが電子を見る前にいえることである。原子のスナップ写真をとることができたとしたら（右上）、確定した位置にある個々の電子が見えるだろう。中性子ハローもこれに似ている。中性子ハローは中性子の確率の雲にほかならない（左下）。中性子の確率の雲が原子核の外にまで広がっているという事実は、次のことを意味する。すなわち、原子核の写真をとることができたとしたら（右下）、原子核の中でぴったりとくっついた陽子と中性子からいくらか離れたところに「ハロー中性子」が見つかるだろうということである。

すなわち「運動量の波動関数」が非常に局所的なものになっているということです。二個の中性子とコアの結びつきが非常に弱いので、そのような原子核はあっという間に分裂します。原子核が分裂した後の破片の相対運動を表す「運動量の波動関数」の形は、分裂する前の原子核のものとそれほど大きな違いはありません。

不確定性原理は、このような「運動量の波動関数」が非常に広がった「位置の波動関数」に対応するということ、その結果として確率の分布が大きく広がっているということを示します。このようなわけで、中性子ハローは実際には「外にしみ出てきた」ような二個の中性子ではなくて、コアのまわりの大きな空間を占めているのです。それは中性子が高い確率で見つかる空間です。それが中性子の確率の雲なのです。

量子力学の黄金時代

一九二五年から一九二七年にかけて量子物理学の革命が進行しました。それは世紀の変わり目にプランクが口火を切ったものよりもはるかに大きなものでした。ニールス・ボーアが、「原子の構造と原子から出る放射の研究」によって一九二二年のノーベル賞を受賞しました。しかしこのときすでに、原子の中の電子の量子化された軌道に関するボーアの理論が本当に最終的な結論であるのかを疑問視する、博士号取得まぎわの若い物理学者たちがヨーロッパにたくさんいました。当時の原子理論の三人の大物といえばコペンハーゲンのボーア、ミュンヘンのアーノルト・ゾンマーフェルト、ゲッチンゲンのマックス・ボルンでした。しかし大きな衝撃をもたらしたのは、彼らの若い学生でした。

一九二五年以前に、物理学者はボーアの原子理論[6]に大きな問題があることに気づいていました。それは、ボーアの量子化された軌道というアイデアを使っても、原子の中の電子同士がどのように相互作用するのかを説明できないということです。ボーアの方程式は、一つの電子しか含まない水素原子ではうまくいきました。しかし一つ進んだ元素の原子構造、つまりヘリウムの二個の電子を扱うことができませんでした。若い新進研究者のウォルフガンク・パウリは一九二五年五月に同僚への手紙の中で絶望的な状況に触れています。

「今の物理学は本当に非常に混乱している。とにかくこれは私には複雑すぎるよ。私は自分が映画のコメディアンか何かで、物理学のことなどまったく耳にしなければよかったのにと思う」

6 これをゾンマーフェルトが後に拡張し、一般化して、楕円の電子軌道もボーアの単純な円形のものと同様に含まれるようにしました。

デンマークの物理学者ニールス・ボーア（1885年–1962年）を描いたモザイク画。

最初の突破口はヴェルナー・ハイゼンベルクによってもたらされました。彼は若いドイツ人で、輝かしい才能にもかかわらず、一九二三年に博士号の試験であやうく失敗するところでした。一九二五年の夏に、ドイツの島（ヘルゴラント）で花粉症の症状から快復しつつあるとき、彼は新しい数学的な理論の定式化で大いに前進しました。同じ時期に、ゲッチンゲンのマックス・ボルンと彼の若い助手パスカル・ジョルダンが論文を投稿しました。その中で彼らは、「真の自然の法則は観測可能な量のみを含むべきだ」と述べています。ハイゼンベルクはゲッチンゲンへ戻って彼らの研究に耳を傾けました。そして自分の新しい理論へその考え方をすぐに取り込み、古いボーア・ゾンマーフェルト理論が正しいということはありえないと論じたのです。なぜなら、ボーア・ゾンマーフェルト理論は決して観測できない電子軌道という量に本質的に基づいているからです。ハイゼンベルクの理論では、電子のエネルギーのように直接測定できる量だけが物理的な意味を持っているのだとされました。

一九二五年九月までに、ハイゼンベルク、ボルン、ジョルダンは量子「力学」の新しい理論にたどりつきました。その中核部分では、彼らのアイデアはかなり奇妙な数学的な関係に基づいていました。二つの量の積、たとえばA×BはB×Aと基本的に等しくないのです。普通の数なら、そんなことはありません。3×4が4×3と等しいのは明らかです。しかし、彼らの理論にでてくる量は掛け算の規則が異なっていました。

量子力学の創設者たち（左から右へ）
ルイ・ド・ブロイ、マックス・プランク、ニールス・ボーア、エルヴィン・シュレディンガー、アルベルト・アインシュタイン、ヴェルナー・ハイゼンベルク。

それは行列の演算規則に従うのです。行列は数学者にはよく知られていました。この新しい理論は行列力学としてたちまち知られるようになりました。その功績はハイゼンベルクに帰せられていますが、ボルンとジョルダンの貢献も過小評価すべきではありません。三人の分厚い論文である「量子力学についてⅡ」[7]は一九二六年二月に公表されました。

パウリとディラックのような若い物理学者たちは、新しい理論の中にあるさまざまな問題点を明確にしようと努力し続け、それぞれのノーベル賞の受賞につながる貢献をすることになります。ハイゼンベルクは一九三二年のノーベル賞を受賞します。

同じ頃、一九二六年一月にオーストリアのエルヴィン・シュレディンガーは、別のアプローチの概略を描く最初の論文を提出しました。彼の原子理論はド・ブロイの物質波についてのアイデアからスタートし、ハイゼンベルクとまったく同じ結果を生みました。シュレディンガーのバージョンは波動力学として知られるようになりました。しかしド・ブロイとは違って、シュレディンガーは原子中の電子のような物質粒子に波を関係づけるというアイデアを省き、波だけが実在であると主張しました。

シュレディンガーの波動力学と今ではとても有名になった方程式はま

7　初期の論文「量子力学について」は、ボルンとジョルダンによって三か月前に公表されました。

たたくまに成功をとげました。多くの物理学者にとって、シュレディンガーのアプローチはハイゼンベルクの行列力学の形式よりも扱いやすかったのです。

シュレディンガーとハイゼンベルクの理論が同等であること、つまり同じものを二つの言語で言うようなものだということを最初に示したのはディラックだったと一般には考えられています。実はそうではなく、最初にそれを証明したのはパウリでした。それは、手紙の中でのことでした。その手紙は長い間公表されることなく、彼の死後何年も経ってからようやく印刷されました。

一九二七年の春に、ハイゼンベルクは有名な不確定性原理を公表しました。これについては、ボーアやパウリとの議論に負うところが多くありました。正しく評価されていませんが、不確定性原理は波動力学に決定的に依存していました。当時の大物の物理学者たちがそうだったように、ハイゼンベルクもまたシュレディンガーの理論に非常に批判的だったにもかかわらず、そうだったのです。

今日では、物理学の学生はシュレディンガーのアプローチを教わりますが、理論物理学者は行列力学と波動力学の両方を組み合わせて使用する傾向があります。公平を期してそのことを付け加えておきます。シュレディンガーは一九三三年のノーベル物理学賞をポール・ディラックと共同で受賞しました。

放射性崩壊

ロン・ジョンソン（サリー大学物理学名誉教授）

量子力学のたくさんの成功の中でもとりわけすばらしいのは、たぶん放射能の現象の説明です。粒子は常に確定した位置と速度を持つというニュートン的な世界の見方は、アルファ崩壊する原子核の寿命について確定的な予測をしますが、それは大幅に間違った予測なのです。原子核の中の陽子と中性子が結合して二個の陽子と二個の中性子の組み合わさったアルファ粒子が何個できても、ニュートンは、アルファ粒子が飛び出してくることは決してないと言うのです！

放射性原子核の中のアルファ粒子の状況は、お椀の底で転がるボールと比較することができます。お椀の外のテーブルの上で同じ速度で転がるボールは同じエネルギーを持ちます。しかしニュートンの力学では、お椀の内部のボールが突然お椀の外のテーブルに現れることは絶対に起こりません。このことが起こるには、飛び上がってお椀のふちを越えるためのエネルギーをボールに与える必要があります。原子核のサイズのお椀の中にある、アルファ粒子のサイズのボールの場合でもそれは同じことです。

典型的な放射性原子核は直径が約０・００００００００００００１５メートル（15フェムトメートル）で、アルファ粒子の直径はその4分の1ほどの大きさです。このような距離はボールやお椀と比較すると非常に小さいので、ニュートンの見方がもはやあてはまらないとしても驚くことではありません。量子力学の考え方は、そのようなアルファ粒子がどこにあるかとか、それがどれくらい速く運動しているのかを問うのではありません。確かにそのような問いを出すこともできますし、適切な測定をすればその答も見つかります。しかし放射性原子核のもっと完全な姿は、波動関数がどのようなものであるかを問うことによって得られるのです。この問いに答えを出すには、お椀の中のボールの場合にニュートンの方程式を使うように、シュレディンガーの方程式（「方程式の解剖学」を参照）を使います。宇宙の新しい部分を調査するとき、物理学者は今までとは違う道具を使わなければならないことがあります。そのことがわかっても、私たちは驚きません。

シュレディンガーの方程式を使うと、お椀のサイズが原子核程度のとき、アルファ粒子の波動関数は原子核のずっと外側にまで広がることがわかります。これは、波動関数が波のような性質を持つので、粒子と同じ規則によって制約されることはないからです。空間の中のある領域で波動関数が持つ値は、そこにアルファ粒子が見つかる確率を示します。ですから、アルファ粒子の波動関数が原子核の外側にまで広がっているとシュレディンガー方程式が予測する場合、原子核は「崩壊する」可能性があります。さらにシュレディンガー方程式は、エネルギーが適切な場合にのみ、これが起こるだろうと予測します。アインシュタインの$E = mc^2$の方程式から、崩壊するのに適切なエネルギーを持つということは、原子核が適切な質量を持つということです。

崩壊可能性についてのニュートンの予測は、エネルギーがたとえ適切であったとしても、正確にゼロです。ということは、放射性原子核の観測的な事実を説明できないだけでなく、アルファ粒子の波動関数が予測するそのほかのことをいっさい説明できないということです。たとえば波動関数を使うと放射性原子核の「半減期」や、半減期が原子核の質量にどのように依存するかということや、原子核の中に中性子や陽子が何個含まれるかといったことを予測できます。「半減期」はアルファ粒子の「確率振幅」の一つの側面にすぎません。アルファ粒子と原子核の相互作用を含むさまざまな過程の確率を詳細に計算できます。

特定の原子核がアルファ粒子を放出する時刻を量子力学は予測しないという苦情を聞くことがあります。量子力学がたくさんのことをこれほど詳細に示すというのに、こんな苦情を言うのは、崩壊がまったく許されないニュートン的な見方が完全に間違っていることと考え合わせれば、あら探しのように思えます!

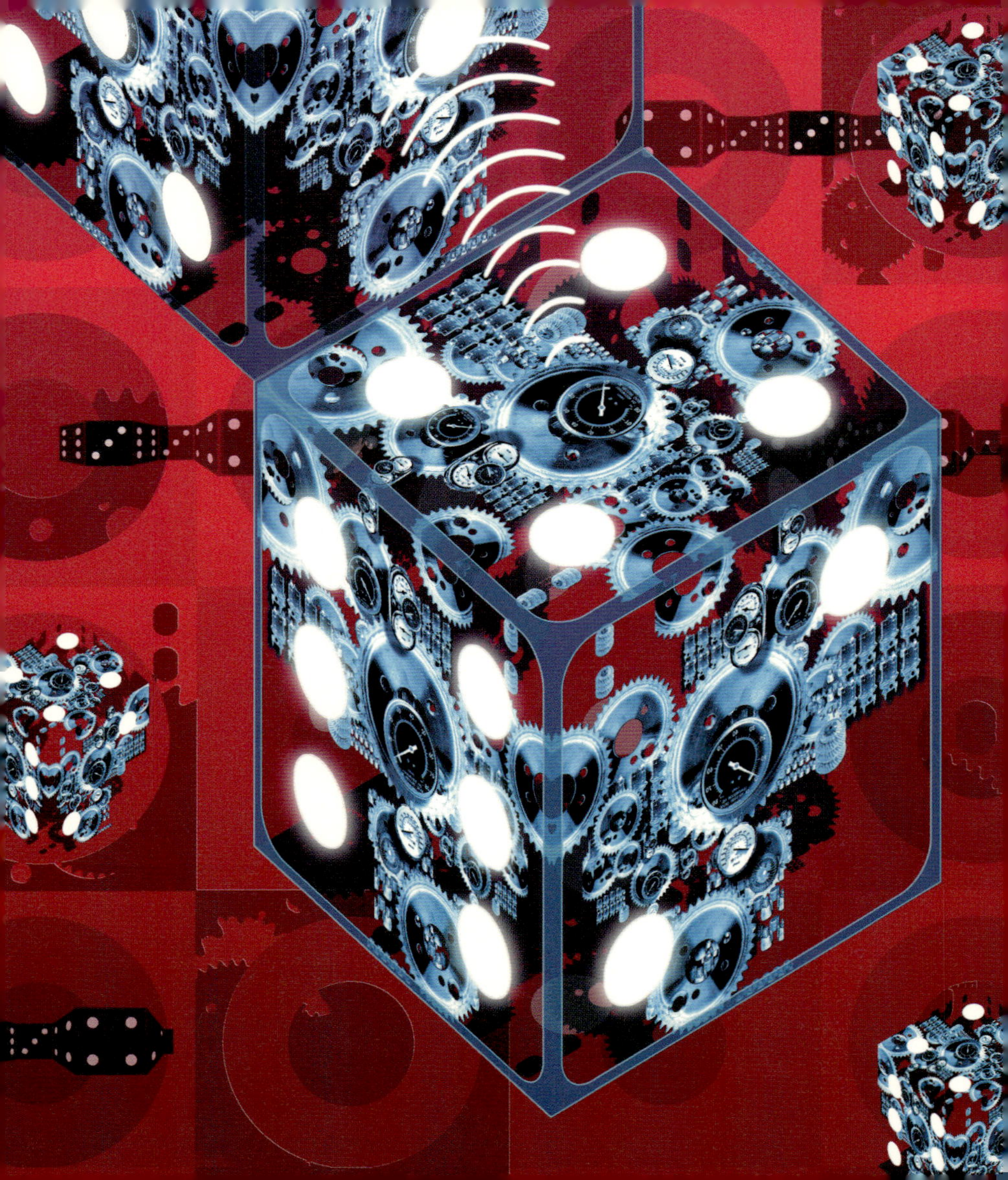

Spooky Connections

第4章
不思議な結びつき

前の章の波動関数に関する議論が少し抽象的すぎるのではないかと思ったなら、第1章を読み直して私たちが何に取り組んでいるかを思い出してください。この章では私たちが受け入れざるを得ない、量子力学の奇妙な概念についてさらに調べていきます。それらすべての根本にあるのが波動関数なのです。もちろん、波動関数のように抽象的な数学的な量の持つ奇妙な性質を現実世界に結びつけるのは、とても難しいことです。原子の性質を計算し、予測可能にする数学的な公式があるというだけであって、波動関数が原子そのものを数学的に表したものであるとか、さらに間違っていますが、波動関数が原子であるということではありません。私たちにわかっているのは、何が起こっているにしろ、量子の世界が本当にとても奇妙だということです。この本の後半でわかるように、量子力学はこの奇妙さを非常に正確に説明します。

私が妻のジュリーに物理学を説明しようとすると、たいてい妻の目は生気を失い、あくびを抑えようともしなくなります。ですから、数年前妻に無理やり話を聞かせる機会が訪れたとき、私はそのチャンスに飛びつきました。私たちは地元のワインバーで友人たちに会うことになっていました。ところが、そこに到着してワインを注文した後、都合が悪くなったという友人の伝言を受け取りました。子供たちはその夜祖父母に預けていたので、私たちはせっかくの自由な夜を諦める気持ちになれませんでした。いつものように、いつか海岸通りに大きな家を買えるようになるだろうかとか、それがだめならバスルームを何色に塗りかえようか、などととりとめのない会話をしましたが、話が途切れてしまいました。

そこで私は、これは量子力学のミステリーや二重スリットのトリックについて話すよい機会だと告げたのです。驚いたことに、ジュリーは皮肉なことはまったく言わず、話を聞くことに同意しました。一時間ほど経ってチリ製の赤ワインが一、二本空いたところで、私は得意満面で話を終えました。彼女が原子以下の小さな世界がどれほど不思議であるかに心から驚嘆し、聡明な夫への賞賛の念でいっぱいになっているだろうと感じながら。ところが彼女は疑わしげに私を見て、ゆっくり首を振りました。

「でも、そんなのばかげてるわよ。とても信じられないわ！」

私は言葉を失いました。避けようのない奇妙な結論にたどりつく量子力学のことを説明しようとすると、人が順序だてて理解できるような、論理的なステップはありません。また、二重スリットの干渉縞が本当にできるんだとその場で実験して彼女に確信させることもできませんでした。

しかし、私は驚きも失望もしませんでした。結局、物理学者たちは一世紀の4分の3を費やして量子力学を理解しようと奮闘し、まだ成功していません。量子力学を長年研究した後でさえ、私は今もときどき思い悩むことがあります。私は、量子力学の規則の使い方を理解していますし、自分の研究分野なので原子核のふるまいや性質を研究するために量子力学の数学を適用する方法を理解しています。しかし、量子力学が何を意味しているのかと尋ねられたら、誰にもまして困惑します。私は、簡単な答もなければ、わかりやすく直観的な説明もないと確信しているのです。前の章で波動関数の特性に由来する量子力学の確率的性質について論じたので、今度はもっと奇妙で、それにふさわしい不思議な名前を持った特徴について見ることにしましょう。

重ね合わせ

重ね合わせは、量子力学に特有のものではなく、あらゆる波が持っている一般的な性質です[1]。無人のプールに人が飛び込むところを想像してください[2]。さざ波が、プールのもう一方の端まで単純な起伏として水の表面に沿って進むのを見るでしょう。これは、プールが泳いでいる人でほぼ満杯で、そこらじゅうで水がはねている状態とは対照的です。多くの乱れが合わさったために水の表面は混乱した形をしていて、その形は

1　数学者のために、重ね合わせは線形方程式の解であるすべての波の性質であると述べておきます。こういわれて興味を持てなくても、気にしないでください。私は学者ぶった同僚の攻撃から自分を守りたいだけなのです！
2　ほかに泳いでいる人はいないけれど、水は入っています。

波の重ね合わせ。2個の石を池に落とすと、さざ波が広がってぶつかり、重ね合わせを形成し、干渉のために2組の同心円状の波とはまったく異なるパターンができる。

一つ一つの乱れをすべて足し合わせたものです。いろいろな波が足し合わさることを波の「重ね合わせ」といいます。光の二重スリット実験で私たちが見た干渉縞は、二つのスリットから出る光の波の重ね合わせの直接的な結果です。私たちが知りたいのは、原子を発射して二重スリットを通過させたとき、重ね合わせが起こるのかどうかということです。

　では、一つ一つの原子が二つのスリットのあるスクリーンに遭遇すると、何が起こるでしょうか？　もしかすると、原子はしみのように広がる雲となって、漂うようにして両方のスリットを通り抜けるのかもしれません。しかし、それは干渉について説明していません。干渉が起こるには、波のような性質を備えていることが必要です。原子を直接観測していないときの原子の状態を表すために私たちが使えるのは、波動関数しかありません。そのことを思い出してください。波動関数はシュレディンガーの方程式を解くことによって得られます。この方程式がほかのすべての「波動」方程式と同じ数学的な特性を持っているのです。つまり、方程式の異なる解が合わさったものは新しい解となるという特性です。水の波や光の波を重ね合わせることができるように、波動関数を重ね合わせることができます。

　波動関数の重ね合わせという考え方のやっかいなところは、次の点にあります。特定のエネルギーを持つ電子を表す波動関数を考えてください。電子[3]が当初のエネルギーの半分を持つように減速したら、その波動関数はもちろん変更されます。しかし、異なるエネルギーの電子を表す二つの異なった波動関数の重ね合わせが可能だということは、三番目の波動関数で

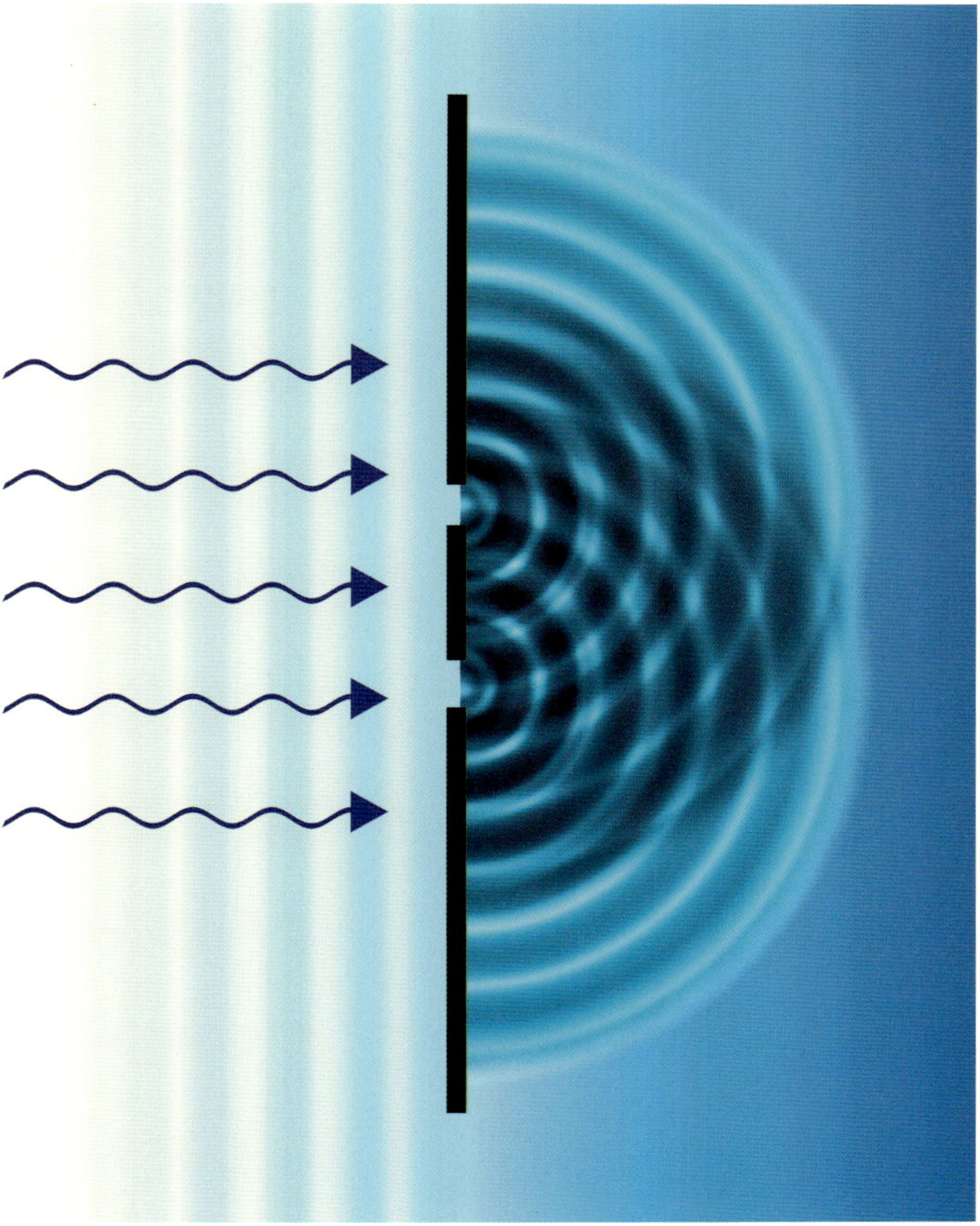

第１章の二つのスリットにあてた光の波は、海岸に打ちよせる波に似ている。反対側からスリットを見ると、それぞれのスリットは新しい光源として働き、半円状の波を放射する。これらの波は重ね合わせを形成し、後ろにあるスクリーン上に干渉縞ができる。

表される状態の電子も存在可能だということです。この新しい波動関数は最初の二つの波動関数を合わせたものです。もっと正確に言うと、その新しい波動関数は空間の各点で、最初の二つの波動関数がその点で持つ値を合計した値を持ちます。一方の波動関数は速く運動している電子を表し、もう一方の波動関数は遅く運動している電子を表します。ということは、三番目の波動関数が表している一個の電子は、速く運動すると同時に遅く運動する状態にあるということです。それは電子がその平均速度で運動するということではなく、二つのまったく異なる動きの状態を同時に持つということ、すなわち二つのまったく異なるエネルギーを同時に持つということです！

さらに困ったことに、それぞれ異なった場所にある電子を表す波動関数が二つ以上あって、一個の電子がそれらの波動関数を合わせた波動関数で表される状態もあるかもしれません。そうすると重ね合わされた波動関数は、電子が一つ以上の場所に同時に存在しなければならないことを表しています！　心配いりません。

箱の中に閉じ込められた電子の確率分布。単純にするために箱を２次元の板として描き、縦軸は確率の密度を表している。つまり、山が高いほど、電子がそこに見つかる確率が高くなる。
上：電子は左の隅のどこかに必ずある。
中：電子は右の隅のどこかに必ずある。
下：電子は、二つの場所に同時にある重ね合わせの状態になっている。これは、もしも箱を何回も開けて、このような分布を持つ波動関数で表された電子を探したら、半分の回数は電子を左隅の近くに見つけ、残りの半分の回数はずっと離れた右隅に見つけるということである。もちろん、実際に１個の電子が同時に二つの場所にあるのを見ることは決してない。

疑わしく思うのはわかります。つまり、繰り返しますが、波動関数は物理的な実体そのものではなく、その数学的な表し方にすぎないのです。私たちが電子を見るとき、そんなおかしな状態を見ることは決してありません。私たちが見るとき、電子は常に一つの場所に見つかります、電子のエネルギーを測定すると、可能なエネルギーのうちの一つしか得られません。ですから、この重ね合わせというやっかいなものは、結局のところ実際の粒子の性質ではなくて、数学的な奇妙さにすぎないのかもしれません。

たとえば、もし波動関数が電子の可能な状態の統計的な分布だけを表すのなら、困ることは何もなかったかもしれません。すなわち、千個の電子の集まりを測定するとして、そのすべてが同じ重ね合わせの波動関数で表されているとしたら、そのほぼ半数は最初の状態にあり、残りの半数は二番目の状態にあるという結果になるでしょう。そういうことなら、私たちは心配する必要などないのです。私たちが見るときは、どの電子も二つの場所に実際に同時にあるなどということは絶対にありません。

しかし、ちょっと待ってください。二重スリット実験の干渉縞はどうでしょうか？　それはたしかに現実でした。二つのスリットに一度に一個の原子を通過させたときでさえ、干渉縞ができました！　実は、波動関数の重ね合わせというアイデアは、干渉縞を説明できます。

二重スリットの謎を「説明する」

読者のみなさんは今、二重スリット実験の中で起こっていることを理解できるぐらい量子力学を知っています。量子力学のことを好きになれないかもしれませんが、以前述べたようにそれは無理もありません。どうにも直観に反する量子力学の本質に直面しているということなのです。あなたは量子力学の結論に満足し

3　量子的な物体の例として原子と電子の間で話が切り替わっても、気にしないでください。一つの例だけを使えばもっと単純かもしれません。しかしそうすると、量子の奇妙なふるまいがその物体だけに特有なものだという印象を与えるおそれがあります。

ていないかもしれません。

二つのスリットに向かって発射されたそれぞれの原子は、時間的に発展する波動関数によって表されます。この波動関数は本質的に確率的で、原子がありそうな場所を示すことしかしません。ここで強調しておきたいことがあります。それは、ちっぽけな電子がどこかで突然広がりのある波動関数に姿を変えていたとみなすことはできないということ、波動関数が私たちに与えてくれるのは、原子が発射された瞬間からスクリーンのどこか特定の点に衝突するまでを追跡するただの道具だということです。

二重スリットに出会うと、広がりを持った波動関数は二つに分かれ、それぞれがスリットの一つを通り抜けます。ここで私が話しているのは数学的なものが変化する様子だということを心に留めてください。与えられた時刻に波動関数がどのような形をしているかは、シュレディンガー方程式を解くことによってわかるのです。私は実際に何が起こっているかはわかりません。それどころか、そもそも何かが起こっているのかどうかさえ、わからないのです。なぜなら、確認するためには見なければなりませんが、見たとたん結果が変わるからです。

原子の波動関数が両方のスリットを通り抜けるとき、波動関数は二つの部分の重ね合わせになっています。それぞれの部分は、対応するスリットのところで最大の振幅を持ちます。ここで、もし原子の状態が波動関数の二つの部分の一つだけによって表されていたとすれば、私たちは原子が間違いなくそのスリットを通り抜けたといえるでしょう。しかし、実際には二つの部分からなる重ね合わせになっているということは、どちらのスリットを通り抜ける可能性も等しいということです。

それぞれのスリットの向こう側で波動関数の各部分は再び広がり、両方のさざ波が重なり合います。そして到達したスクリーンの上で両方の影響が重なり合うことによって、二つの実際の波が干渉するときの特徴である縞状のパターンを生じるのです。今扱っているのはスクリーンに打ち寄せる実際の波ではなく、一個の粒子がどこか特定の場所に到達する確率を教えてくれる一連の数です。

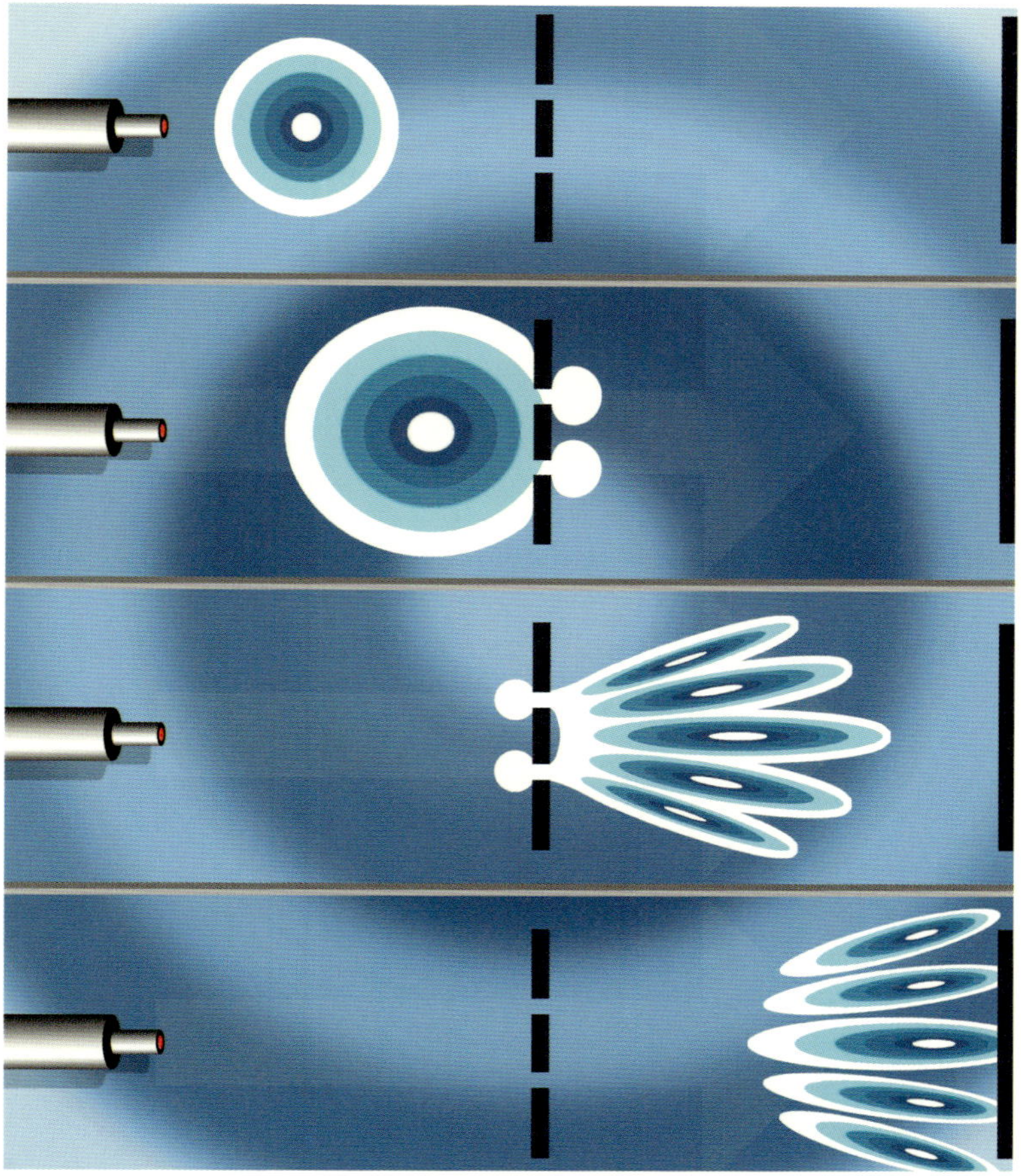

原子を使った二重スリット実験。原子の波動関数は、原子が銃を離れた瞬間には空間の中で局所的な形をしているが、スリットの方へ移動するにつれて広がる。等高線は実は波動関数そのものではなく、確率分布を表している（波動関数は確率分布よりも視覚化するのが困難な量である）。この図の等高線は地図の等高線と同じように解釈できる。等高線が内側になるほど、原子を見つける確率が高いということである。波動関数がスリットに達すると、両方のスリットを同時にすり抜け始める。反対側では、波動関数の二つの部分が重ね合わせを形成する。それは、もとのものとはまったく違う形の確率分布を持っている（二つの部分が干渉するため）。波動関数がスクリーンに達するまでに、原子が到着する確率が高い場所と、原子が到着する確率がまったくない場所がある分布状態になる。１個の原子は一つの場所にしか現れないが、同じ確率分布を持った原子が統計的にたくさん集まると、目に見えるパターンを形成する。この図が物理的な原子を描いているのではなく、数学的な量が時間的に発展する様子を描いていることに注意してほしい。ほとんどの物理学者は、波動関数と原子の両方が別個の物理的な実体として動くと考えるのはまったく間違っていると主張している。したがって、原子がスリットへ遭遇したときに何が起きているのかという問題がまだ残っている。この問題へのいろいろな取り組み方について、第６章で論じよう。

粒子がスクリーンにあたる前、現実を説明するために使えるのは波動関数しかありません。波動関数は原子そのものではなく、私たちが原子を見ていないときの原子のふるまい方を表したものでしかありません。そして波動関数は、もしも私たちが原子を見たとしたら、そのときの原子の状態に関して得られると考えてよい、すべての情報を与えてくれるものなのです。ですから、波動関数がある時刻にどのようになっているかということだけを扱うことにして、原子がそこに存在している可能性や何らかの性質を持っている可能性を予測するための波動関数の利用規則に従えばよいのだとすると、それで何の支障もありません。物理学者はほとんどみなこのような態度で仕事を進めます。これは、何が実際に起こっているのかということをニュートン力学に根ざした概念で突き止めることはできない、と諦めたということです。

これでは、あなたにはきっと満足できないでしょう。結局のところ、見ていないときに原子がどうなっているのかということはすっぱりと忘れて、もっぱら数学だけで対処しても少しもかまわないとはいえ、事実は、一個の小さな局所的な粒子が原子銃を飛び出すと、どういうわけかしばらくは粒子のようにふるまうのを止めて、スクリーンのところで再び粒子として出現するということなのです。原子がとったはずの経路は、波が両方のスリットを同時に通り抜けたと考えなければ、理解できないものです。私たちにできるのは、波動関数を使って原子の進み方を追跡することだけです。しかし、多くの原子がスリットを通過した後にできる干渉縞は、確かに現実のものです。間違いなく、何らかの物理的な波がスリットを通り抜けているのです。

日常の経験から慣れ親しんだイメージや概念を使って、どのようにして原子が両方のスリットを通り抜けるか説明してほしいと求められると、ちょっと困ります。残念ながら、これは不可能です。好むと好まざるとにかかわらず、そのような不思議なふるまいは量子の世界の特徴ですから、どれほど信じがたくても私たちはそれを受け入れるしかありません。それは実際に起こります。そして、私たちは合理的な説明を期待する権利がありますが、まだ何一つ見つかっていません。多くの物理学者が次のような言い方をします。原子の世界やそれよりも小さな世界は、私たち自身の巨視的な世界の経験からあまりにもかけ離れているため、ものごとがどのようにふるまうかを日常的な概念で説明できると期待する権利はないのだ、と。こんな言い方が役に立つようには聞こえず、何だか言い訳のようにさえ聞こえることはわかっています。私たちは、原子のふるまいに悩まされているのです。しかし、もっとも偉大な物理学者の多くが、「これは危険で役に立たない研究だ。そんなやっかいごとはそれが仕事の哲学者に任せてしまうのがよい」と信じています。

本書のように一般向けの本に批判的な物理学者もいるかもしれません。このような本はたいてい、こんなにも多くの現象を説明できる量子力学の正確さや力を強調するのではなく、量子力学の謎めいた面を強調しすぎるきらいがあるからです。量子力学の正確さや力については、後で述べます。しかし、二重スリット実験に関して、「原子が二つのスリットを通り抜けるとき、原子はどういうわけか広がった波のようにふるまう。それだけのことだよ」と単純に言うことができないのは、なぜでしょうか？　結局それが原子のそのときのふるまい方であるなら、それでしかたがありません。量子力学のことで悩まされたくないと主張する物理学者に対して私が言いたいのは、「彼らは量子力学にあまりになじみすぎてしまって、それが意味することに鈍感になっているのだ！」ということです。

私は次に干渉計という装置について簡単に説明します。これは量子的な系が二つの状態を同時に持つという重ね合わせのアイデアをもっとも純粋で、もっとも当惑させられる形ではっきりと示すものです。ここでは私たちはもはや、私たちが見ていないとき、原子が物理的な波と何かしら似たふるまい方をするというふうに漠然と考えて済ますことはできません。二つのスリットがあるスクリーンに向かって複数の原子を放出するのではなく、ある装置を使って一度に一個ずつ送り出すことができます。[4] 干渉計を通ると、それぞれの原子は二つの異なる経路、すなわちアームのどちらかを選ぶことになります。それぞれは、装置を通って

4　現実には、原子よりも小さな粒子や光子を使う方が簡単です（コラム「粒子干渉計」を参照）。しかし、原子の方が議論するのに便利です。

まったく別個の、独立した経路をたどることになります。量子力学によれば、私たちが見るまでは、原子の波動関数は同時に両方の経路に沿って進む二つの「部分」の重ね合わせとして表されます。原理的には二つの経路は非常に遠く離すことができて、銀河の両側ぐらい離すことができますが、それでも波動関数が両方の経路に沿って進むとみなさなければなりません。最終的に二つの経路を結合すると干渉が起こるのですが、その干渉の形式から、原子が両方の道を同時に進んだということが証明されます。

干渉計は、量子的な粒子が実際に、二つの場所に同時にあるという重ね合わせでありうることを示しています。まだ論じていませんが、量子的な粒子の重ね合わせは位置だけでありません。ほかの状態の重ね合わせも、もちろんあります。たとえば二つの方向へ同時にスピンしたり、同時に二つ以上の異なるエネルギーや速度を持ったりすることです。「重ね合わせになっているのは実際には波動関数であり、波動関数が表している物理的な粒子ではない」と言ったとすれば少しは気が休まるかもしれませんが、それでも何かが干渉計の両方のアームに沿って移動しているはずです。物理学者は、この状況を説明するために矛盾した、いいかげんな言い方をします。「お互いに干渉しあう二本のビームが干渉計にある」と言うのです。しかし、たった一個の粒子の場合、その言い方は何を意味するでしょうか？　真実は、数学に頼らない言葉で実際にきちんとそれを説明することは誰にもできないということです。

私たちにわかるのは、原子が常にただ一つの波動関数によって表されるということです。両方のアームを伝播する二つの別個の波動関数によって表されるのではありません。これは、波動関数を古典的な波のように考えようとして、私たちが失敗するところです。一つの音波が、最終的には合流する二つの異なる経路に沿って進むように分割されたら、干渉効果を観測できます（一方の音波の周波数がわずかに変化すれば、二つの波の位相がずれる「うなり」を聞くことができます）。しかしこの場合の音波は、実際に物理的に二つに分かれています。二つのアームが最終的に別個の場所に音波を運ぶなら、ふたりの観察者がそれぞれの音を聞きます。原子の場合は違います。観察者が原子を見るとき、常に観察者のうちのひとりだけがその原子を見るのだということを思い出してください。形式的には、アームがどれほど遠く離れていようと原子の波動関数はただ一つだけです。そのただ一つの波動関数が二つの部分を持ち、それらの二つの部分がそれぞれのアームを通ってどのように移動するのかを表しているのです。波動関数は空間全体に広がっていますが、二つのアームの外側ではその値はゼロです。私たちが観測すると、それまで空間全体に広がっていた波動関数は、どちらかのアームの中にある一個の実在する粒子へと「収縮」します。

粒子干渉計

一個の粒子が干渉計の中に入ると、二つの経路を同時に進み、再び一緒になって、干渉縞などのパターンが現れます。干渉計とはそのようにして干渉を起こさせる装置のことです。そうした干渉縞ができるということは、何かが両方の経路に沿って進んだことを明確に示すものなのです。

干渉計は光子にも、電子にも、中性子にも使えます。粒子が装置に入るときその粒子に対応する波をどのようにして「分岐させる」かは、粒子の種類によって違います。[5] 光子の場合には、半透明鏡のように働く光学ビーム分割器に送り出されます。光子は45度の角度でその経路に設置された鏡にあたります。光子が鏡をまっすぐに通り抜けて、最初の方角へそのまま進む確率は50パーセントで、光子がそれまで進んできた方向に対して直角の経路に反射する確率も50パーセントです。これはスクリーンの二つのスリットに遭遇し、同時に両方の経路をとるのと同じことです。どちらの経路にも別の鏡が置かれていて、二つの経路をいったんはお互いから遠ざけて、その後再び一緒にするように導きます。ビームの強度を十分に弱めると、干渉計の

5 最近では、物理学者は原子や分子の干渉計まで使って実験しています。

中にある光子の数を常に一個だけにすることができるので、一個の光子が、ロバート・フロストの詩の中の二つの道のように、二つの経路を同時にとる重ね合わせの状態にすることができます。干渉計の二つのアームはいくらでも遠く離すことができますが、実際には数メートル離します。こうすると、光子を波のようなものと思い描くことが難しくなります。その波動関数は実際に二つの分離した部分に分かれたように思えます。

その光子はどちらか一方の経路を進み、同時に両方の経路をとるのではないと認めるほかないと思うかもしれません。そうではないのです！　干渉計の二つのアームはその後再び一緒になります。そして、干渉計に現れる信号は、干渉する二つの波の結果です。ちょうど二重スリットの実験のように、干渉は二つの異なる長さの経路をずっとたどった一個の光子によるものです。観測結果を説明するには、光子が同時に両方の経路をとり、自分自身と干渉するというしかありません！　もちろん、アームのうちの一つに検出器を置いて光子がどちらの経路をとるかを確かめれば、二回に一回は検出できます。そして干渉効果は消えます。こうするとどちらか一方の経路しか通らないからです。

別の言い方をすれば、光子がどちらの経路をとったのか区別できないときに干渉縞が現れるということです。しかし私たちがアームのうちの一つにそのアーム中の光子波の偏光を90度回転させる装置を挿入すれば、光子を区別することができ、干渉縞は消えます。今度は光子が現れたら、その光子が「どちらの道」をとったのかという情報が得られるからです。

実験で「遅延選択」が行われるというのは、光子がその二つのコンポーネントに（ビーム分割器や半透明鏡によって）分けられるまで、偏光回転装置のスイッチを入れる必要はないということを意味します。光子が最初垂直方向に偏光している場合、この装置は上のアームを通るコンポーネントの偏光を水平方向に回転させます。したがって、垂直方向に偏光した光子を検出すれば、それが下のアームを通ったにちがいないことがわかります。一方、もしも水平方向に偏光していたら、それは上のアームの偏光回転装置を通過したはずです。これは、光子が最初から最後まで一方の経路だけを進んだということなのでしょうか？　また、もしも偏光回転装置があると一方の経路だけをとるのだとすると、偏光回転装置のスイッチが入るのは光子が干渉計で二つに分かれた後なのに、光子はいったいどうやって回転装置があるのがわかったのでしょう？　装置のスイッチを切っておきさえすれば、結局干渉縞ができるのです！

一九八二年には、物理学者マーラン・スカリーとカイ・ドゥルヘルが、このアイデアをさらに発展させた驚くべき提案をしました。彼らは、偏光回転装置のような「どちらの道を通ったか」を記録する装置を置いてスイッチを入れても、その後光子が出現する直前に、光子がどちらの経路をとったのかという情報を消去できると論じたのです。彼らは、(二個目の半透明鏡などによって)二つの経路を再び一緒にした後、「量子消去装置」というものを置くことを提案しました。どちらの経路を通ったかということが偏光方向によっていったん区別可能になったのだから、干渉作用は起こらないと考えたくなっても無理はありません。しかし、偏光回転装置をもう一個使って偏向をさらに45度回転させて、光子がどの経路をとったかが再びわからないようにすることができます。このように量子消去装置を使ってあらゆる証拠を取り除いてしまえば、干渉縞が再び現れるとも考えられます。これは驚くべきことに思えます。まるで、光子が一つのアームの中で回転装置のスイッチが入っていることを知っているように思われるだけでなく、その先には量子消去装置があって、「どちらの道を通ったか」の情報を消してしまうこともわかっているかのようです。

ついにヨン・ホー・キムと共同研究者が実験を行い、スカリーとドゥルヘルの最初のアイデアが実証されました。量子消去装置があると確かに干渉縞が再び現れたのです！

非局所性

私たちはみな、一卵性双生児がお互いにものすごく遠く離れていても、お互いの感情の状態を感じられるという、確証のない怪しげな主張を聞いたことがあります。どういうわけか双子は、科学ではまだ理解できない何らかの心理的なレベルで結びついているというのです。似たような主張として、犬が飼い主が帰って来たことを感じ取ることや、黒魔術のブードゥー教の人形が発揮する効果などがあります。私は、量子力学と何らかの関係のある現象としてこれらの例を挙げているのではありません。そのことを強調しておきます。そもそも私は、それらが本当に起こるとはまるで信じていません。それらは非局所性と呼ばれる現象の風変わりな例だというだけです。ここで興味深いのは、非局所性が量子の世界に存在することにまったく疑問の余地がないということです。それは「量子からみ合い」（エンタングルメント）という効果が確認されているためです。

ひと組のさいころを考えてください。ぞろ目（両方が同じ数）が出る確率はいくつでしょうか？　これを計算するのはとても簡単です。一方のさいころでどんな数が出たとしても、6分の1の確率でもう一方のさいころでそれと同じ数が出ます。ですから連続して二回ぞろ目が出る確率は、36分の1です（6分の1と6分の1を掛けると36分の1だからです）。もちろんこれは、ひと組のさいころを36回投げれば必ず一度だけ連続してぞろ目が出るということではなく、「平均すれば」そうなるだろうというだけのことです。続けて10回ぞろ目が出る確率は、分数の掛け算をちょっとやればわかるように、6000万回のうち約1回です！[6]　これは、英国のすべての人がさいころを10回続けて振ったら、すべての回がぞろ目になるのは統計的にはただひとりしかいないということです。

常にぞろ目が出るひと組のさいころをあなたに渡したらどうなるでしょうか？　たぶん最初は6のぞろ目、

6　同様に、確率が50対50だからといって、コインを二回投げると表と裏が一回ずつ出るという保証はありません。

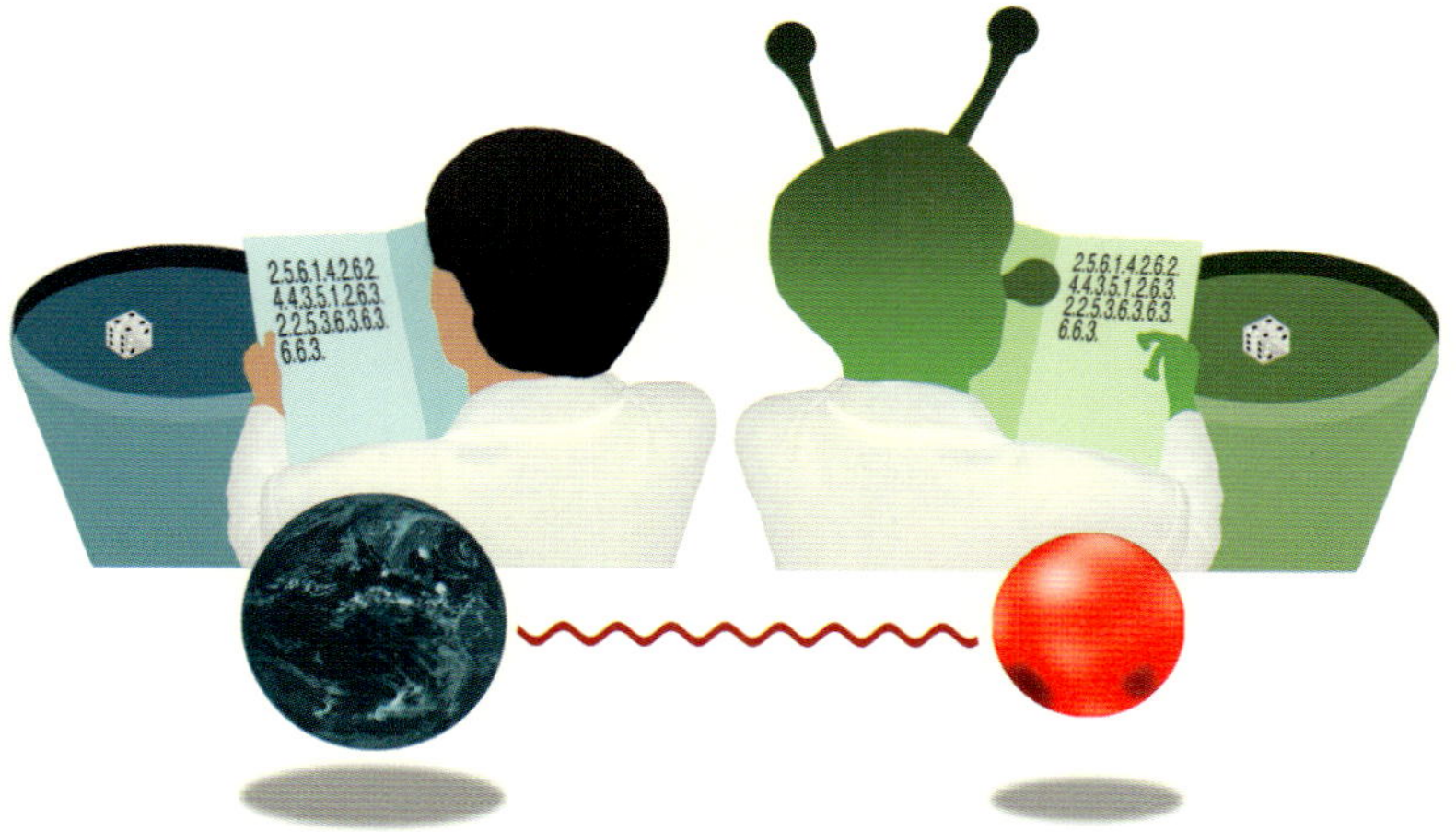

魔法のさいころの実験は、地球と冥王星で同時に行われた。あらかじめプログラムされたつながりがない場合でさえぞろ目が出続けるのだとすると、さいころの間でやりとりされる光より速い信号（非局所的なつながり）について考えざるをえない。これは本当にからみ合った量子的な粒子に起こることなのだろうか？

次は2のぞろ目と続き、実際に出る数はランダムなのに必ずぞろ目になるのです。きっと驚くはずです。そして、この手品がどんな仕掛けになっているのかを見破ろうとするでしょう。何かよくできたからくりがさいころに仕組まれていて、それによって二つのさいころの出る目をコントロールすることができ、両方のさいころで正確に同じ数が順番にでるようにあらかじめプログラムされているのかもしれません。これは、一方を置いたままもう一方のさいころを何回か振れば簡単にテストすることができます。こうすればさいころ同士を同期させてぞろ目をだすトリックはうまくいかないはずです。

こうしても同じ目がでたら、さいころを振る前の段階で遠隔信号でさいころ同士を同期させてぞろ目をだすようになっているとしか説明できません。しかし、そのような信号のやりとりは重大な条件に従います。つまりさいころがとても遠く離れていたら（たとえば一つが地球にあり、もう一方が冥王星にあるなど）、それらの間で信号が移動する時間がないので両方を事前に決められたタイミングで振らなければならないということです。

もちろん、さいころを一度だけ振り、ぞろ目が出たことが後で確認されたというだけなら、運がよかったせいかもしれません。しかし地球と冥王星の両方でその過程を何度も繰り返し、たとえば1分に一度繰り返してそれでもいつもぞろ目が出たとしたら、ある種の瞬間的な結びつきがあるということです。あらかじめプログラムされているのではないことを確認した簡単なテストと同じやり方で、二つの間を同期させる事前の信号発信がないかどうかを確かめることができます。実験開始前の最後の1分に地球のさいころを何回か振ればよいのです。光が冥王星と地球の間を移動するには数時間かかるので、さいころを振る前に物理的な信号でお互いに通信することはできません。それでもぞろ目が出たら、光より速い何らかの信号でやりとりしたということですから、これまでに知られている物理法則ではありえないものだと結論を下すしかありません。

特殊相対性理論でアインシュタインはどんな物体も、どんな信号も、光速より速く進めないことを示しました。ですから、量子的な粒子がこのようにしてお互いに実際に通信できると主張されたときの彼の不信感は想像にかたくありません。[7]

さいころを使ったこれまでの議論は、専門的には「非局所的な結びつき」といわれるものの一例です。これは、ここで起こった何かがあちらの何かに瞬間的に影響を与えることを意味します。二つのさいころが、信号をやり取りするより早く、それぞれどの目がでるかを知り続けるにはこの非局所的な結びつきが必要です。古典力学では、それは不可能です。

原因と結果という概念は、常に結果に先行する原因を必要とするだけでなく、ある厳密な条件に従います。私たちがアインシュタインの相対性理論から学んだもっとも重要な教訓の一つはこうです。すなわち、もし

7 これはアインシュタインの「神はさいころを振らない」という有名な発言とはまったく関係ありません。その発言は、量子の世界が偶然と不確定性に支配されていることに向けられていたのを思い出してください。話の中でひと組のさいころを私が使ったのは偶然の一致です。

も二つの出来事のうちの一つがもう一方の原因で、その二つの出来事が何らかの距離で離れているならば、その二つの出来事は光速の壁という制限のもとで時間的にも離れていなければならない、ということです。つまり誰かが自動車事故でけがをしたら、古典物理学の法則では、1000キロメートル離れた彼の一卵性双生児は、光がその間の距離を移動するのにかかる時間（わずか1秒の数千分の一です）よりも早くそれを知ることはできません。

物理学者は、離れた物体の間の瞬間的なコミュニケーション（すなわち非局所性）が量子の世界の一般的な特徴であり、波動関数そのものの性質にまでさかのぼることができることに、もはや疑問を持っていません。物理学者はこのことを深く悩んでいません。なぜなら、量子の世界に固有の確率的性質のために、量子の非局所性を光より速い信号伝達に使うことは不可能で、相対性理論を破ることもないからです。

非局所性が働いていることを示すためには、魔法の二つのさいころを使った架空の話を持ち出す必要はありません。非局所性は、前に出てきた干渉計の二つのアームの中に分割された波動関数が持っている特徴でした。もし二つのアームが数光年離れていても、今までどおり原子が干渉計に入った後で検出器のスイッチを入れ、原子がアームの一方の中にあることを確認できます。[8] 原子を検出したら、原子がもう一方のアームを通った確率はまったくないので、もう一方のアームを通った波動関数の部分は即座にゼロにならなければなりません。

どこかほかの場所で起こっていることをちらっと見たとき、それまで広がりを持っていた波動関数の部分が非局所的に（すなわち瞬間的に）縮むことを、「波動関数の収縮」といいます。

先ほど述べたさいころの例は、量子力学の中で起こることと重要な点で異なっていることを強調しておき

8 もちろん、それは実際には非常に長い実験になるでしょう。なぜなら、原子が巨大な装置を通過して、その波動関数の二つの部分が数光年離れるまで何年も待たなければならないからです。

ます。二つのさいころが量子力学的にからみ合ったとしたら、どちらか一方だけを振ったとしても、必ずもう一方も変化するということです。

量子からみ合い

これまでこの章では、二つの異なる非常に奇妙な概念を論じてきました。重ね合わせと非局所性です。重ね合わせは、量子的な粒子が同時に二つ以上の状態を重ね合わせたものになれるということです。非局所性は、二つの量子的な粒子（または一個の粒子の広がりを持った波動関数の二つの部分）がどれほど離れていてもまだお互いにつながっているということです。ここで二つのアイデアを組み合わせた、第三の量子的概念があります。

量子力学では、二つのさいころがどれほど遠く離れていても、依然としてお互いに（非局所的に）つながっていることを、「量子からみ合い」といいます。この言葉は量子力学の初期にシュレディンガーが初めて使用したものですが、基本概念として中心的な位置を占めるようになったのはつい最近のことです。

二つの量子的な粒子がお互いに相互作用すると、それらはどれほど遠く離れていても（それらのうちの一つが測定装置と相互作用するまで）それらの運命がいつまでもからみ合うという意味で、相関関係にあります。これを数学的に明示する方法は、一つの波動関数で両方の粒子を表すことです。その波動関数は、両方の量子状態についての、組み合わさった、共有された情報を含みます。そうすれば、二つの粒子のうちの一つが二重スリットに遭遇したときには、その粒子を重ね合わせで表すことができます。このことが起こると、二番目の粒子も異なる状態の重ね合わせへ入ることが強制されます。その重ね合わせは最初の粒子がとりうる選択肢のそれぞれに依存します（専門的に言えば、最初の粒子のとりうる状態と二番の目の粒子のとりうる状態が「相関」します）。このような波動関数は今では「からみ合い状態」を表しているといわれます。

からみ合い状態のもっとも有名な例が、アインシュタインとふたりの同僚ボリス・ポドルスキーとネーサン・ローゼンによる論文で最初に指摘されました。アインシュタインが当時もっとも頭を悩ませていたのは、もちろん不確定性の概念でした。それは、量子力学は量子的な粒子に関するすべてのことを同時に知ることができないというものです。しかし本当の問題はからみ合いの非局所的な性質だということを見ていきましょう。

EPR実験

アインシュタインは、ドイツからアメリカへ逃れた直後の一九三五年に、ある思考実験にとりかかりました。それは、私たちが見ていなければ、一つの粒子が確定した位置にあると考えることはできないという量子力学の主張に焦点をあてたものでした。ポドルスキーとローゼンと一緒に、彼は論文の三人の著者の頭文字をとってEPRパラドックスとして知られるようになったシナリオを考え出したのです。簡単に言えば、彼らは、光子のような量子的な粒子二個の組み合わせを考えたのです。二つの粒子は共通の発生源から同時に生み出され、それぞれ反対方向へ、同じ速さで飛び出していきます。

そのとき一方の光子だけに注目すれば、それは検出されるまでは広がりを持った波に似ていると考えなければならないことはもうわかっています。私たちは、それを認めざるを得ません。なぜなら、その粒子が二つのスリットのあるスクリーンに遭遇したら、粒子がどこで検出されるかは波動関数によって示される干渉縞のパターンに従うからです（ただし、実際に干渉縞ができるのは、光子が何度もスリットを通り抜けた場合です）。光子は検出される前は波としてふるまい、検出されるときは粒子としてふるまいます。アインシュタインと彼の同僚は、興味深いのはもう一方の光子であると指摘しました。私たちが最初の光子の波としての性質、たとえば波長を測定したら、それは光子の運動量を測定することになります。[9] 二個の光子は向

9 第2章で論じた、粒子の運動量をその波長に関連づけるド・ブロイの公式を思い出してください。

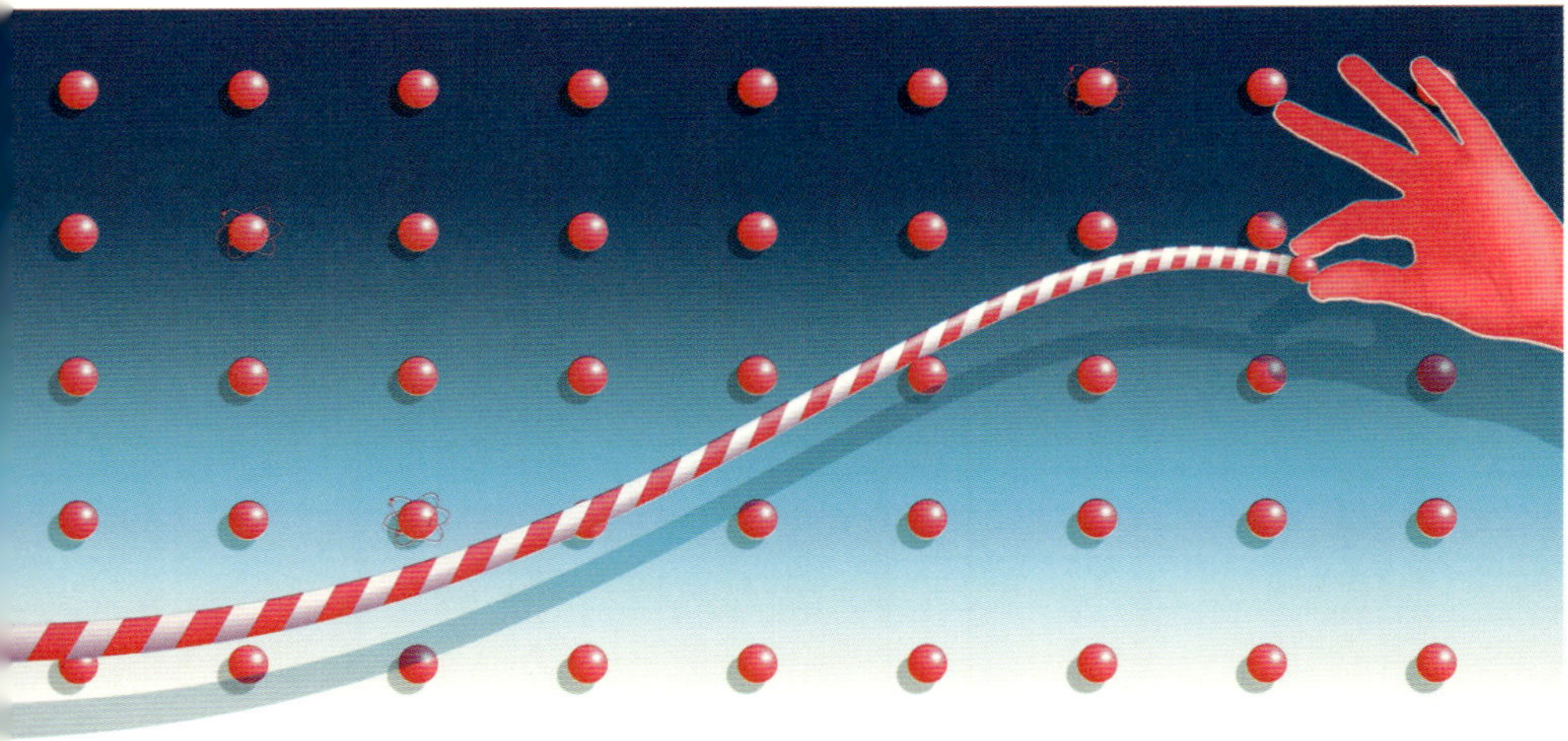

きが反対で同じ大きさの運動量を持っているので、二つめの光子の正確な運動量がわかり、それに正確な波長を割り当てることができます。このことは、二つめの光子も波としてふるまっているということになります。

しかし、ここがEPR実験のよくできているところなのですが、もしも私たちが最初の光子について波長を測定するのではなく、その正確な位置を測定したら、今度はその光子は局所的な粒子に見えたはずです。この場合、その瞬間の二つめの光子の正確な位置は、それを測定しなくてもわかります。なぜなら、生成源から反対方向に同じ距離だけ進んでいるはずだからです。このように、最初の光子に波としての性質を割り当てるのか、それとも粒子としての性質を割り当てるかということは、その粒子に対して何を測定するかによって決まるのです。そのことを認めることに何の問題もありません。結局のところ、二重スリットの実験で見たように、位置を測定することによって波動関数を乱しているのです。

しかし、私たちは二つめの光子には最初から最後まで何もしません。二個の光子が非常に遠くに離れ

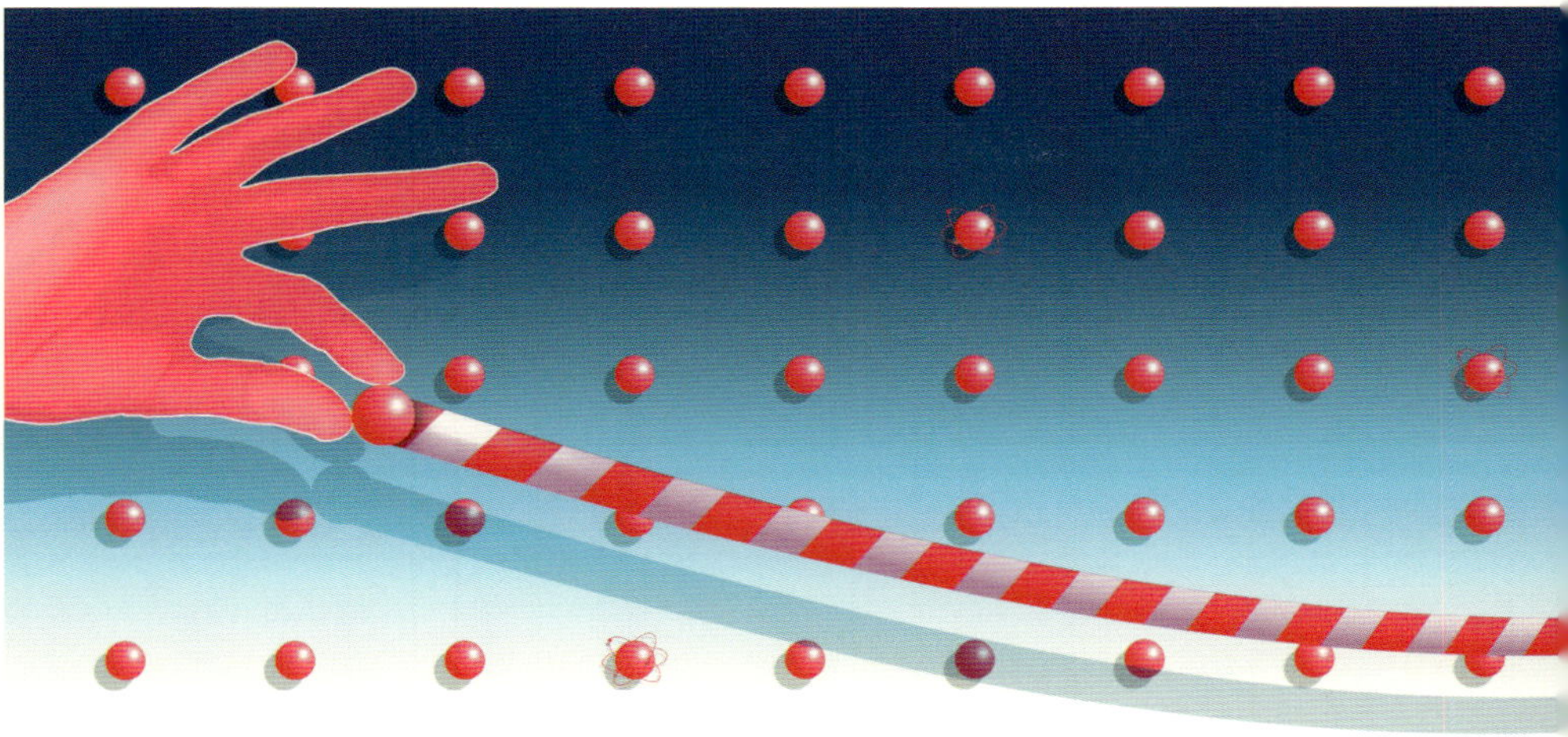

からみ合った二つの粒子をどんなに遠く離しても、それらは共通の波動関数によって「相関」し続ける。それらの運命は、一方の粒子に測定が行われて共通の波動関数が収縮するまで、からみ合い続ける。

るまで待って、最初の光子に対する測定が二つめの光子にまったく影響を及ぼさないことが絶対に確実であるようにできます。それでも結論は変わりません。測定によって乱されることのない二つめの光子について、その任意の時刻の正確な位置（粒子的な性質）か、正確な運動量（波としての性質）のどちらでも、少なくとも原理的には知ることができます。とすると、二つめの光子は（測定によって乱されていないのですから）、確定した位置と運動量を、最初からずっと持っていたはずだということです。それがこの思考実験のポイントです。そんな実験は実際には無理だ、なぜなら最初の光子に対して同時に二つの異なる測定ができたことになってしまうから、ということは問題ではありません。

第６章で「客観的実在」というものに対するアインシュタインの主張を論じるとき、この問題に戻ります。客観的実在とは、量子系の何らかの性質が、それを測定する前の段階から現実にあるという考え方です。今では、この点では彼が間違っていたことがわかっています（コラム「ＥＰＲパラドックスとベルの定理」を参照）。ほとんどの物理学者は、測定されるまでは、粒子は確定した位置も運動量を持っていないと言います。この考え方だけが可能なわけではありませんが、何らかの種類の非局所的なコミュニケーションが行われなければならないということは間違いありません。つまり、パートナーの粒子が受けた測定の種類が何であったのかが、状態を乱されていない方の粒子に即座に伝わっていることに、疑いの余地はありません。

パラドックスは次のようにして「解決」されます。すなわち、二つの粒子は相互作用したので、それらはその後「からみ合う波動関数」によって表され、その運命は二つの粒子がどんなに遠く離れてもつながっているのだ、と。一方の粒子の何らかの性質を測定すると波動関数全体が収縮し、二つめの光子は即座にそれに対応した性質を与えられます。実に簡単ではありませんか？

今日では、量子の非局所性とからみ合いはもはや哲学的な論争ではありません。それらは量子の世界の重大な特徴として受け入れられています。実際、多粒子のからみ合いは量子論の先駆者たちがまったく予想しなかったまったく新しい技術の開発につながりました。

量子宝石泥棒

量子の不思議さを応用する斬新な例はたくさんあります。しかし、相互作用なしの測定というアイデアほど巧妙なものはありません。ここで紹介する架空のシナリオは、「エリツァ-ヴァイドマンの爆弾検査実験」として知られている概念のバリエーションです。それが正しいことは実験で確認されています。

国際的な宝石泥棒が究極の強盗の準備をしています。いくつかの貴重なダイヤモンドが安全性の高いスイスの銀行の地下室の中に保管されています。地下室に入るのは決して容易ではありません。しかし腕のよい泥棒にとっては、不可能ではありません。けれども中に入ると、不可能と思われる仕事に直面します。ダイヤモンドを持ち出そうとしなければ、彼は地下室の中に数時間いられます。けれどもダイヤモンドの一つを取り外すと、それをやってのけてからドアを通り抜けて出るまでにたった30秒の猶予しかありません。そうしないと地下室に閉じ込められてしまうのです。一個のダイヤモンドを取り外すのに20秒かかるので、一個しか盗めません。問題は、安全対策上の理由から、銀行が実物とまったく同じに見える百個の偽物と本物のダイヤモンドとを一緒に保管していることです。泥棒は一個しか持ち出せないので、注意深く本物を選ぶ必要があります。見つけ出す方法は一つしかありません。それはダイヤモンドに特別な青い光をあてることです。偽物は光を反射しますが、本物は光を吸収します。

しかし、ここでも銀行は知恵を絞りました。本物のダイヤモンドが青い光の光子を一つでも吸収すると、そのダイヤモンドは破壊されます。所有者は悪人の手に宝石を渡すぐらいなら、誰の手にも入らないようにしたのです。もちろん銀行だけは、所有者が本物のダイヤモンドをどこに置いたかを知っているので、青い光のテストは必要ありません。

泥棒が成功する方法はないように思えます。彼が宝石泥棒用品店で仕入れた特別な青いトーチからの光を反射するものは偽物なので、無視できます。しかし本物を選んだとしても、それを破壊せずに本物であることを確かめることができません。また泥棒は、本物を偶然選ぶ幸運の確率がわずか10分の1ほどしかないことを知っています。

ここで、「量子非破壊テスト」という巧妙なトリックを使えます。宝石泥棒に必要なのは、マッハ−ツェンダー干渉計という装置だけです（次ページの図を参照）。最初にこの装置の原理を簡単に説明します。光子が干渉計に入ると、半透明鏡にぶつかります。これは光子波を二つの部分に分割する「ビーム分割器」の役割をします。一方は鏡を通過し、もう一方は鏡で反射します。光子波の二つの部分はもう一度鏡で反射し、二つめの半透明鏡のところで再び一緒になります。中間にある二枚の鏡を適切な位置に注意深く置くと、光子が特定の方角に必ず出現するようにできます。二つの経路の間で起こる干渉をうまく調整すれば、特定の方

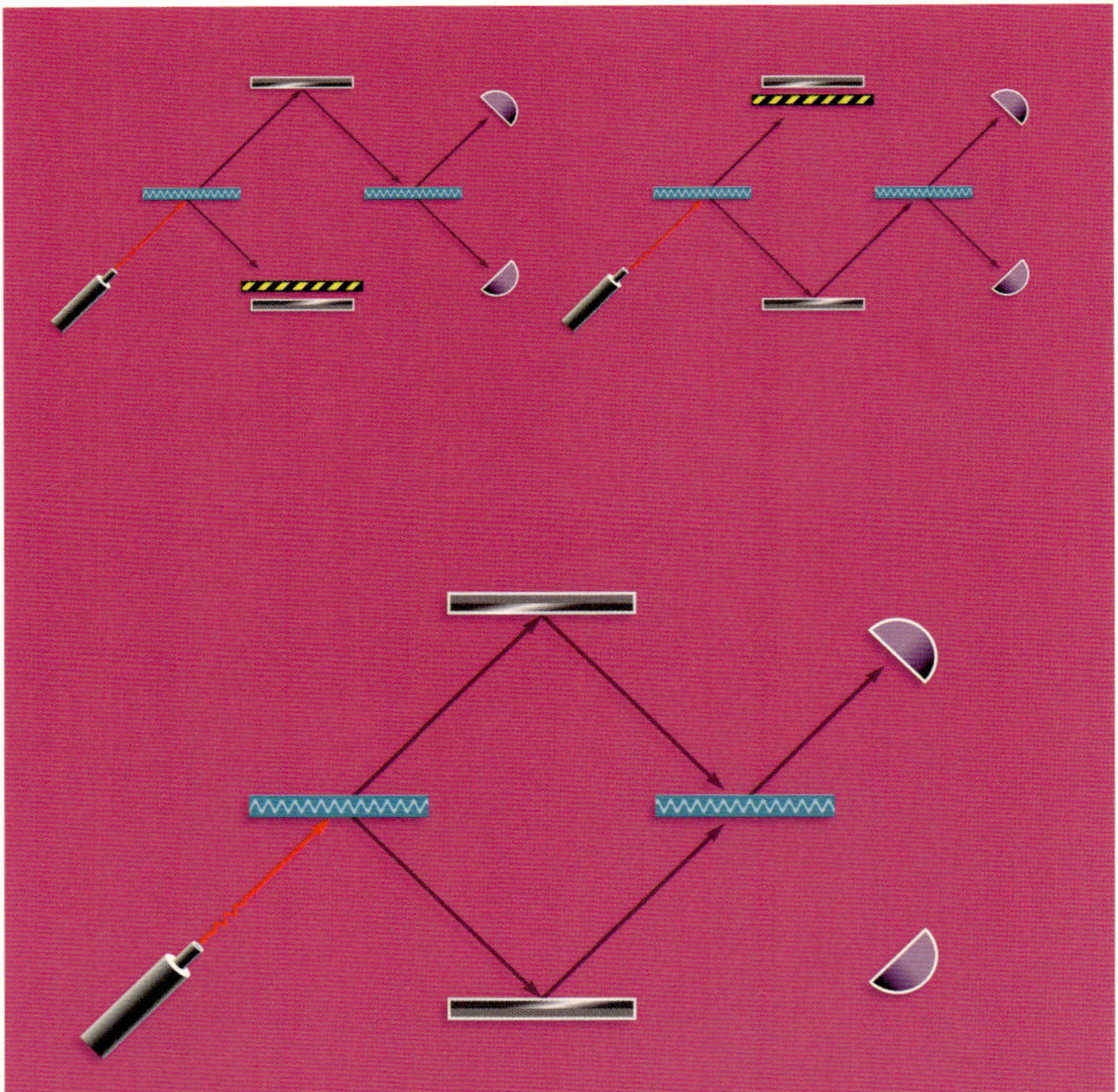

マッハ−ツェンダー干渉計は、一度に１個の光子を発射する光子源、ビームを分割してまた結びつける二つの半透明鏡、二つの完全な反射鏡、二つの光子検出器からなる。
上：二つの反射鏡のどちらかが遮断されている場合、残るのは一つの経路だけである（光子は２回に一度それを通る）。二つめの半透明鏡により、光子がどちらの検出器で検出される確率も同じになる。
下：両方の鏡が反射できる場合、二つの経路を適切に調整すると、二つめの半透明鏡の中で光子の干渉が起こり、光子が上の検出器にしか到達しないようにすることができる。

角で強めあい、それ以外の方角では打ち消しあうようにできるからです。

さて、中間にある鏡のどちらかの隣に検出器を置いて光子がどちらの経路を通ったのかを監視すると、二重スリット実験のときと同じように量子干渉が破壊されます。こうすると、光子は同時に両方の経路をとるのではなく、どちらかの経路を進みます。半数のケースで光子は、二つめの半透明鏡のおかげで、鏡が監視されていないときに必ず見つかるのと同じ方角で装置から出てきます。しかし、残りの半数のケースで光子はもう一方の経路をとります。すると、量子干渉が起きていたときには決して出現しなかった方角に置かれた外部検出器で検出音（ビープ音）が鳴ります。つまり測定をしなければその外部検出器では決して検出音が鳴らないのに、鏡のうちの一つが監視されていると、半数のケースでその検出器のビープ音が鳴るのです。なぜなら、光子がその方角へ現れないようにする打ち消しあう干渉がないからです。

宝石泥棒の装置は、下の鏡の代わりに真偽不明のダイヤモンドを使用します。偽のダイヤモンドは光を反射します。ということは、偽のダイヤモンドの場合には量子干渉が起こり、図の下側にある検出器のビープ音が鳴ることはありません。しかし、本物のダイヤモンドは測定する装置の役割をします。半数のケースで光子はダイヤモンドに達する経路を進むので、ダイヤモンドを破壊します。これは気にしないでください。残りの半数のケースで光子はもう一つの経路を進みます。このとき光子は、二つめの半透明鏡のところで選択肢に出会います。光子は半透明鏡のところで上に反射して上側の検出器に行くか、半透明鏡を通り抜けて下側の検出器に行くかです。したがって、それが本物のダイヤモンドの場合、下側の検出器のビープ音は４分の１の確率で鳴ります。下側の検出器のビープ音がすれば、それは必ず本物のダイヤモンドだという合図です。しかし、その光子は経路で測定されなかったので、ダイヤモンドは破壊されません！　ここにある微妙さを心に留めてください。偽のダイヤモンドは光子を測定をしていません。なぜなら、偽のダイヤモンドからは「どちらの道をとったのか」という情報を得られないからです。

泥棒は下側の検出器のビープ音を聞いたらすぐに、そのダイヤモンドを持ち出して、逃げださなければな

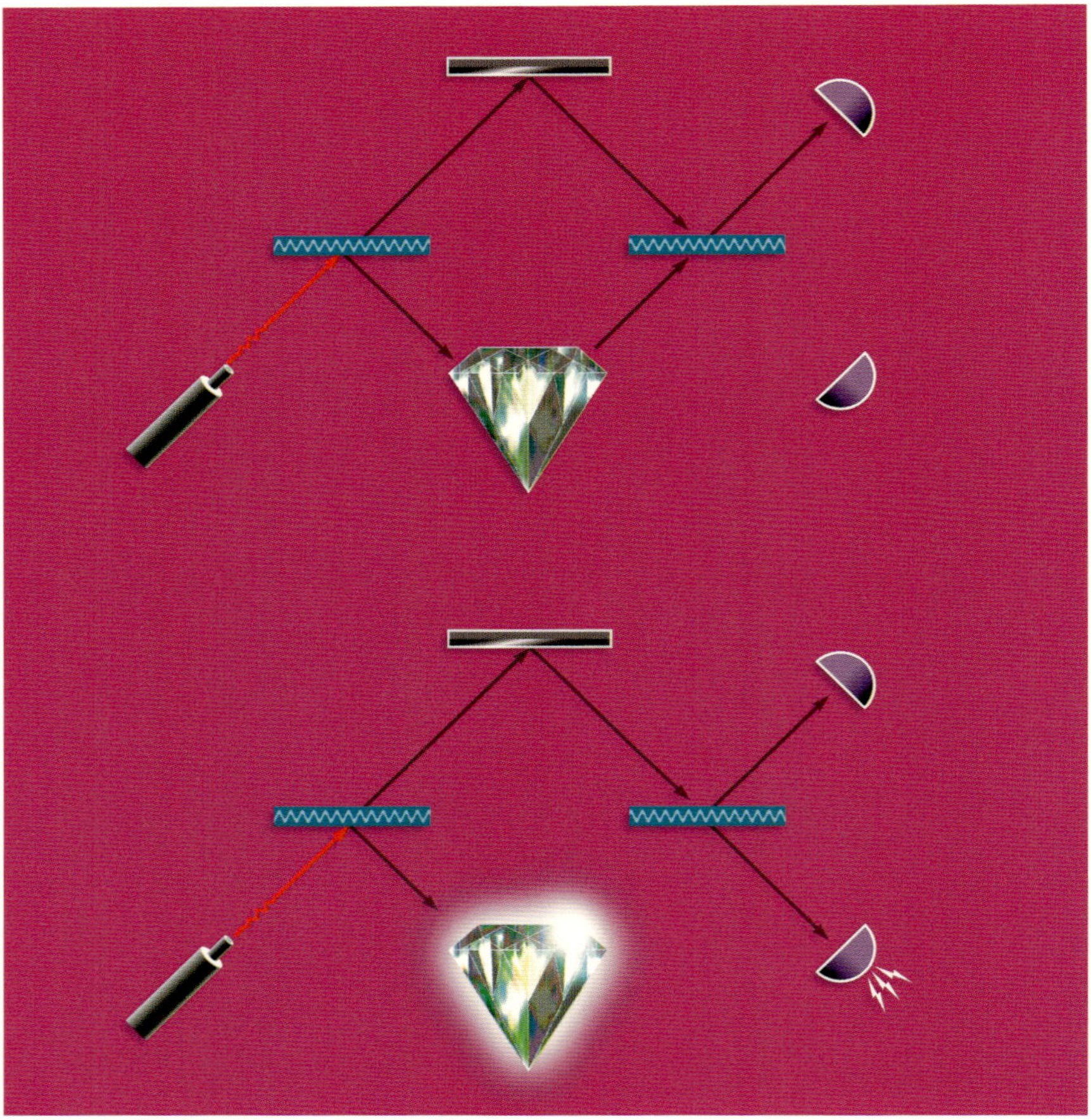

干渉計の下の鏡を今度はダイヤモンドと取り替える。
上：もとの鏡と同じように、偽のダイヤモンドは光を反射する。二つの経路は干渉し、下の検出器に光子は決して到着しない。
下：本物のダイヤモンドは光子を吸収し、破壊される。しかし今度は光子がどの経路を通るかがわかるので、測定が行われるということである。本物のダイヤモンドが設置されていると、半分のケースで光子はダイヤモンドがない方の経路をとる。こうすると干渉はまったくないので、下の検出器にも光子がときどき到着する。その場合、光子をまったく近づけなかったのに、完全な本物のダイヤモンドがあると断定できる！

りません。彼は測定している物体にまったく触れずに、量子測定をしました。私は、ハリウッドがこれをネタにした映画に興味を持つかもしれないと思います。量子物理学者出身の宝石泥棒を私自身で演じてみたいものです。もちろんブラッド・ピットとジョージ・クルーニーの共演で。

ＥＰＲパラドックスとベルの定理

アインシュタイン－ポドルスキー－ローゼン実験はもともと、量子力学の実在の表し方が不完全であることを示そうとするものでした。すなわち、量子力学が奇妙なのは、私たちが原子やそれよりも小さな世界について完全には理解できていないためだというのです。歴史的に見ると、ＥＰＲ論文の中で示された主張は、アインシュタインとボーア（二十世紀の物理学のふたりの巨人）の間で一九二〇年代と三〇年代に、長期間にわたって続けられた論争の一部でした。もちろんその当時は実際にそのような実験をする方法を誰も知らなかったので、それは哲学的な見解の違いにすぎないとみなされていました。

その後一九六四年に、ジョン・ベルというアイルランド人物理学者が、誰の言っていることが正しいのかはっきりさせるテストを提案しました。ベルの定理（ベルの不等式としても知られています）は、量子力学を完全に理解しようとするなかなかはかどらない道のりの中で、重要で画期的な出来事です。多くの人がそれを二十世紀のもっとも深遠な科学的な発見のうちの一つと考えています。量子力学には一般向けの説明がいろいろありますが、それらは数学を使わない単純な言葉でなんとかして量子力学を語ろうとしています。しかし、実際にはベルの定理を簡単に説明することはできませんし、専門家でない人がこれを理解するにはじっくりと熟慮することが必要です。

ベルの基礎的なアイデアを説明しましょう。アインシュタインは、ＥＰＲ状態にある二個の粒子を測定すると、測定された性質に相関関係があることは驚くべきことではないと主張しました。結局二個の粒子は過去に結びつきがありました（それらは同じ発信源から発射されたからです）。仮に二個の粒子の性質が最初から定まっていたとすると、光より速い信号伝達は必要ありません。これらのはっきりと定まった性質は「隠れた変数」として知られているもので、いかなる非局所性も必要としません。これに対して量子力学では、測定をしない限り、そのようにはっきりと定まった性質というものは出てきません。アインシュタインが非局所性という考え方に神経質になっていたのは無理もないことでした。しかし、アインシュタインは正しかったのでしょうか？　そのような隠れた変数は量子の不思議さを説明できたのでしょうか？

ベルの定理は、量子的な実在の本質についての議論を哲学の領域から実験物理学へと移すものでした[10]。彼は、二個の粒子間で持ちうる相関の度合いとして、アインシュタインが正しい場合の最大値を示す公式を導き出しました。すなわち、二個の粒子のそれぞれにどんな種類の測定が行われるのかわからないので、二個の粒子が高い相関を示すように、たくさんの準備が両方の粒子に組み込まれているとします。このように両方の粒子の性質をあらかじめ定める隠れた変数があっても、二個の粒子の測定結果の相関関係の大きさには限界があるということです。一方、もしも量子力学が正しく、二個の粒子がからみ合った状態を表すただ一つの波動関数の概念が正しければ、その最大値より大きな相関性がありえます。

私は、ベルの定理をテストするためにどんな実験が必要なのかということにまでは立ち入らないことにします。実験の仕組みが技術的すぎるからではなく、それから導かれるデータを分析して驚くべき意味を説明するのに何ページも必要だからです。しかしそれはほかの本でとてもわかりやすく、明確に、たいへん詳し

10 ベルの定理の専門的ではないけれども詳しい説明として、私はダン・スタイヤーの『量子力学の奇妙な世界』(*Cambridge University Press*, 2000) を勧めます。実際には、ベルは二つめの定理を持っていました。それは最近では「ベル–コッヘン–スペッカー定理」と呼ばれています。これをかた苦しい数学抜きに説明するのは、最初のベルの定理よりもはるかに困難です。勇敢な読者は、デヴィッド・マーミン（*Reviews of Modern Physics*, Vol.65, 1993, page 803）の論評でさらに詳しいことがわかります。

く書かれています。

一九八二年に、アラン・アスペ率いるパリの物理学者チームがEPR実験とベルの定理のテストについに成功しました。チームは、カルシウム原子から放出された二個の光子を使用しました。二個の光子はお互いの偏光の向きが直角になるように相関関係を持っていました。その実験結果からほとんどの物理学者が、ベルの不等式は破られていること、したがって量子力学のたいへん奇妙な点を含めて自然は本当に量子力学のとおりにふるまうのだということを確信しました。アインシュタインが生きていたら、間違いなく敗北を認めたでしょう。量子力学は本当に非局所的なのです。つまり、それはアインシュタインが好んで言ったように、「幽霊のように不気味な遠隔作用」を含んでいます。

多くの物理学者はもちろん、そのような非局所性について話さないようにしようとします。彼らは、実験の結果を説明する物理的なメカニズムを探すことを主張する場合にのみ、これが必要だというでしょう。彼らはこう言います。私たちにいえるのは、粒子を測定することで、以前にはわからなかったその粒子の性質のある面が明らかになるということだけだ、と。私たちは、粒子が測定前にどんな性質を持っていたかを測定から推論できないばかりか、粒子のその性質は測定前は確定した値すら持ってはいなかったのです。もっと正確に言えば、粒子はあらゆる可能性の重ね合わせの中でじっと待っていて、測定が行われるとその粒子はそれらの可能性のうちのどれかをとるように決心し、その結果からみ合いによって離れたパートナーも態度を決めたのです！　しかしそのようにプラグマティックな見方をしたところで、非局所性は消えません。多くの人は粒子間で瞬間的に起こる物理的な相関関係を否定し、それを抽象的な数学に追いやろうとしています。この見方は、コーネル大学の物理学者N・デヴィッド・マーミンがもっともうまく説明しています。

「こう言っても差し支えないと思うが、ほとんどの物理学者は、ベルの不等式の破れが実験で確認されたことに悩んでいない。少数派は、この問題について考えるのを多数派が単に拒否しているのだと言うかもしれない。しかし、アインシュタイン、ポドルスキー、ローゼンが考え出して以来半世紀にわたって、この難問から生まれようとしたあらゆる新しい物理学がずっと失敗していることを考えると、多数派の態度を非難するのは難しい。［EPR実験の］謎は、それがまったく説明しがたいひと組の相関性を示すことである。多数派は量子論がそれを説明するといって、きっと謎があることすら否定するだろう。しかし量子論による説明は、どのような相関性があるのかということを計算する処方箋なのだ。この計算アルゴリズムはとても美しく、とても強力なので、完全な説明が持つ説得力という特質をそれ自身で持ちうるのである」

量子カオス理論

マイケル・ベリー卿（ブリストル大学英国学士院研究教授）

量子の世界は古典物理学の世界とは非常に異なっています。量子のエネルギー準位や波動関数や確率は、明確に定まった軌道に沿って動くニュートン力学の粒子とはまったく相容れないように見えます。しかし、二つの理論は緊密に関連づけられるはずです。月でさえ量子的な粒子とみなすことができます。したがって、量子的予測と古典的予測が一致する状況があるにちがいありません（それはおおまかに言って、大きくて重い粒子の場合です）。しかし、量子系の「古典的限界」は捉えにくいもので、現在たくさんの研究がそれを理解することを目指しています。

ニュートン力学の軌道が無秩序な場合、古典的限界に関する困難は非常に大きくなります。カオスとは不安定性が続くことです。その結果、運動が厳密に決定されていても、外部の影響に非常に敏感なので予測は事実上不可能です。カオスには規則性も、厳密な反復もまったくありません。天候はよく知られているカオスの例です。もう一つは、土星の衛星の一つであるハイペリオン（ニューヨーク市ほどの大きさのじゃがいもの形の岩）の不安定な回転です。

カオスが問題になるのは、量子波の時間的な発展のしかたが、その粒子波のエネルギー準位によって決定されるからです。エネルギー準位が存在することの数学的な帰結として、量子の時間的な発展は、いくつかの特定の周波数による周期的な運動だけしか含みません。カオスの反対です。したがって量子力学にカオスはなく、単に規則性しかありません。では、どうして世界の中にカオスが存在するのでしょうか？

答えは二つあります。一つは、古典的限界に近づくにつれて、すなわち物体がより大きく重くなるにつれて、量子力学によってカオスが抑えられるのに必要な時間がますます長くなり、厳密な意味でカオスが抑えられるのに無限の時間がかかるというものです。しかし実はこれでは説明がつきません。なぜなら、「カオスが抑制されるのに必要な時間」は多くの場合驚くほど短いからです。ハイペリオンの場合でもわずか数十年間で、天文学の規模ではわずかな時間です。

カオスが出てくる本当の理由は、大規模な量子系はまわりの環境から分離するのが難しいということです。太陽から「ぱらぱらやってくる光子」（その反射による光でハイペリオンが見えます）でさえ、量子の規則性の基礎となる微妙な干渉を壊します。このように、大きな量子系が、制御されていない外部の環境の影響を非常に敏感に受けることを「デコヒーレンス」といいます。古典的限界では、カオスを抑制する量子的な規則性はデコヒーレンスによって抑えられ、大スケールの世界のよく知られている特徴であるカオスが現れます。

強い磁場の中の原子や、電子を小さな空間に閉じ込める「量子ドット」の中の電子のような、もっと小さな量子系の場合には、実質的に孤立させることができます。環境から切り離されているのなら、デコヒーレンスとは縁がなく、量子カオスはありません。たとえ対応する古典的な系がカオス的でも、そうなのです。ところがそれにもかかわらず、これらの量子系はいくつかの点で古典的カオスを反映します。その体系的な研究が量子カオス理論です。

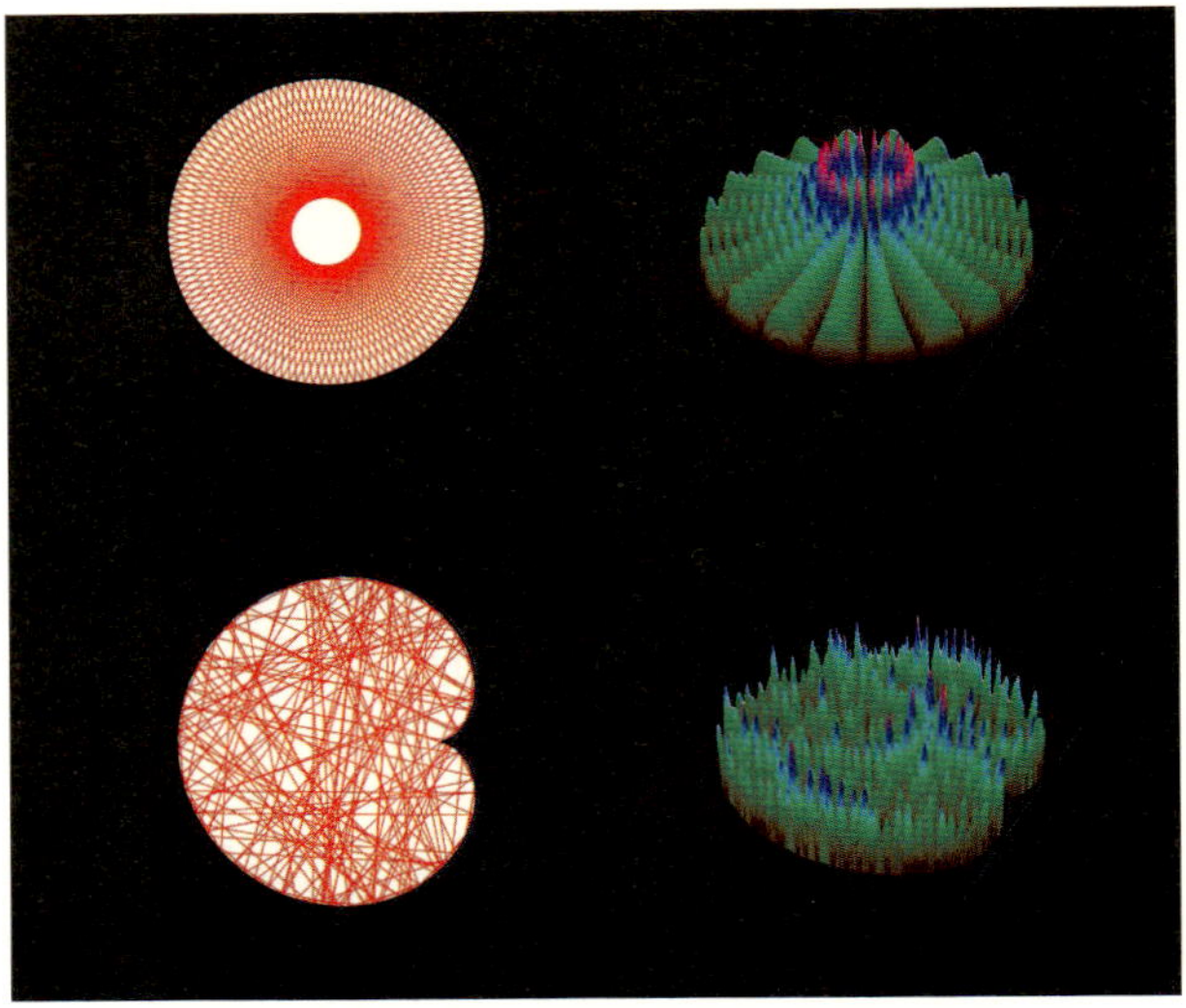

古典的なビリヤードと量子ビリヤード。
左：壁から弾む電子の古典的軌道。
右：対応する量子波。電子が見つかる確率を示す。
上：円形のビリヤード。軌道と波が規則的なパターンをつくる。
下：ハート型のビリヤード。軌道と波は無秩序である。

高く励起した状態のエネルギー準位は数値の集合を形成し、そうした数値の集合は統計的に研究できます。カオスがあるときと規則性があるときとでは、これらの統計（たとえばエネルギー準位間の間隔に関する確率）は異なったものになります。同様に、量子の状態を表す量子波のパターンも異なったものになります。驚くべき、謎めいたことがわかっています。それは、量子カオス理論の中のエネルギー準位の分布が、数学のもっとも深い問題のうちの一つと関係があり、素数の出現パターンに密接に関連しているということです。

The Watchers and the Watched

第5章
見るものと見られるもの

これまで概説した量子力学の基本はわかりにくく、信じがたいようにすら思えるかもしれません。けれども事実を言えば、数学的、論理的に見て、量子の規則にあいまいなところはなく、きちんと定義されています。波動関数の奇妙で抽象的な特性を日常の世界の言葉で言いかえることに居心地の悪い思いをしている量子物理学者はたくさんいます。しかし、量子力学の数学的な枠組みと形式はきちんと成功し、あまりにも正確なので、量子力学が根本的な真実を反映していることに疑問はほとんどありません。しかし量子物理学者が十分に説明できずにいる、最終的な難問が残っています。多くの人がその問題はもっとも重要で、もっとも謎めいていると論じています。すなわち、私たちが見るとき、なぜ進行中の波動関数が見えないのでしょうか？　つまり波動関数が表している物理的実在が見えないのはなぜなのか、ということです。別の言い方をすれば、原子がどちらのスリットを通り抜けるのかを私たちが調べようとすると、なぜ干渉縞が消えるのでしょうか？　これらの問いは量子力学によって答えが出ないままになっていて、量子測定問題と呼ばれています。

私たちは波動関数の効果や影響を知っていて、その確率的な性質、非局所性、重ね合わせの状態やからみ合った状態になれるといったこともわかっています。実際、物質の固体性とか、太陽はどのように輝くかとか、さらには私たちの体をつくり上げている原子がどのようにできているかということを説明するために、まさに波動関数のこうした性質が必要です。しかし基本的な問題が残ります。つまり、私たちがそれを観察しようとするやいなや、広がりを持った波動関数が突然局所的な粒子になるのをどのように理解すればよいのでしょうか？

量子物理学者はこの謎めいた過程を「波動関数の収縮」と呼びます。確かに私自身が前の章でその言葉を使いました。しかし最近の発見によって、そのような用語は必要ないと考える物理学者が増えてきました。けれども、測定問題が解決されたか解決されていないかについては、本当は誰もまだ確信を持っていません。何かを「見る」というのは何を意味するかを論じるところから始めましょう。

見えているとおりのものがある

巨視的な物体からなる日常の世界では、ある物体が見えるということは、その物体が「存在する」ということです。私はそれが当然のことだと思います。私は自分の視力を信用できると思っていて、幻覚を誘発する薬は使っていませんし、照明は十分です。確かに何かを見るためには、物体が光を放出するか反射するかして、その光を目の中で捕らえる必要があります。網膜にできたイメージは、次に脳によって解釈されます。

しかし、光を何かにあてて反射させるとき、私たちはその物体を乱し、それゆえその物体をわずかながら変化させているのではないでしょうか。つまりその物体をほんのちょっと暖めたり、最初の位置からほんの少しだけ押し動かしているのではないでしょうか。もちろんテーブルや自動車を見るときや、顕微鏡で生きている細胞を見るときは、光子の衝突は測定できるようなどんな影響も生じません。しかし光子と同じ程度のスケールの量子的な物体を扱う場合、状況は異なります。学校で習った物理学とニュートンの第三法則を思い出してください。どんな作用にも、大きさが同じで向きが反対の反作用があります。電子を「見る」ためには、私たちは光子を電子にあてるしかありません。しかし、私たちが光子を捕らえるときには、電子は光をあてなければいたはずの場所にもはやいません。

量子を観察するときに起こるこの避けがたい量子的な粒子の乱れは、量子測定の問題を説明するものとして、さらにはハイゼンベルクの不確定性原理の基礎としてさえしばしば使用されます。これは非常に単純化されているだけでなく、ひどく間違ってもいます。それは互いに衝突する古典的ボールのイメージを呼び起こしてしまうのです。この見方は、第2章で光電効果や、X線と電子のコンプトン散乱の話をしたときには、光の粒子的性質を示すものとして決定的に重要でした。とはいえ、光子と電子の真の量子的な性質に関して何も明らかにしていないのです。

それでも、何かを測定すると物体を乱すことになるのは簡単に理解できます。単純な例がもう一つあります。温度計でお風呂のお湯の温度を測ります。はじめに、温度計がお風呂のお湯と同じ温度になるまで、お湯から温度計へ熱が伝わります。しかし、お湯がこのように小さな熱を失っても、お湯の温度にはたいして影響しそうにありません（結局のところ、温度計を暖める熱よりももっと多くの熱が周囲の空気へ逃げているのです）。しかし、小さな試験管の中に温度計を浸して水の温度を測定するときは、もし温度計があらかじめ水と同じ温度になっていなければ、相対的に大きな熱交換が起こります。ですからその測定値は、温度計が浸される前の水温を正確に測ったことにはなりません。

そんなわけで系に関して何かを知るためには、私たちはそれを測定しなければならないのに、測定すると必然的にそれを変化させ、その本来の性質を知ることができなくなってしまうのです。この問題は、巨視的な世界では通常回避できますが、量子の世界では回避できません。

ハイゼンベルクのガンマ線顕微鏡

コンプトン散乱では、X線の光を固体の目標に照射し、反射したX線を調べます（最初の実験では、黒鉛の板が使用されました）。X線の周波数は反射の後に多少低くなることがわかりました。アーサー・コンプトンは（プランクの周波数とエネルギーの関係を使用して）、これを粒子が互いに衝突していると解釈することに成功しました。つまり、目標物の中の電子が叩き出され、入射X線の光子のエネルギーのいくぶんかを運び去るのです。

この状況は、原子による二重スリット実験の反対です。二重スリットの場合、一個の原子が最初は粒子として現れ、スリットを通り抜ける際は波のようにふるまい、最後にスクリーンで粒子となります。コンプトン散乱では、光子は、（ある周波数を備えた）波として現れ、電子にあたる際に粒子のようにふるまい、最後にその周波数が測定されるとき再び波として検出されます。どちらの実験でも、私たちは原子と光の波と粒子の二重性という概念を利用します。

しかし、波と粒子の二重性について話しても、その過程がどのように起こるかを理解するのには役に立ち

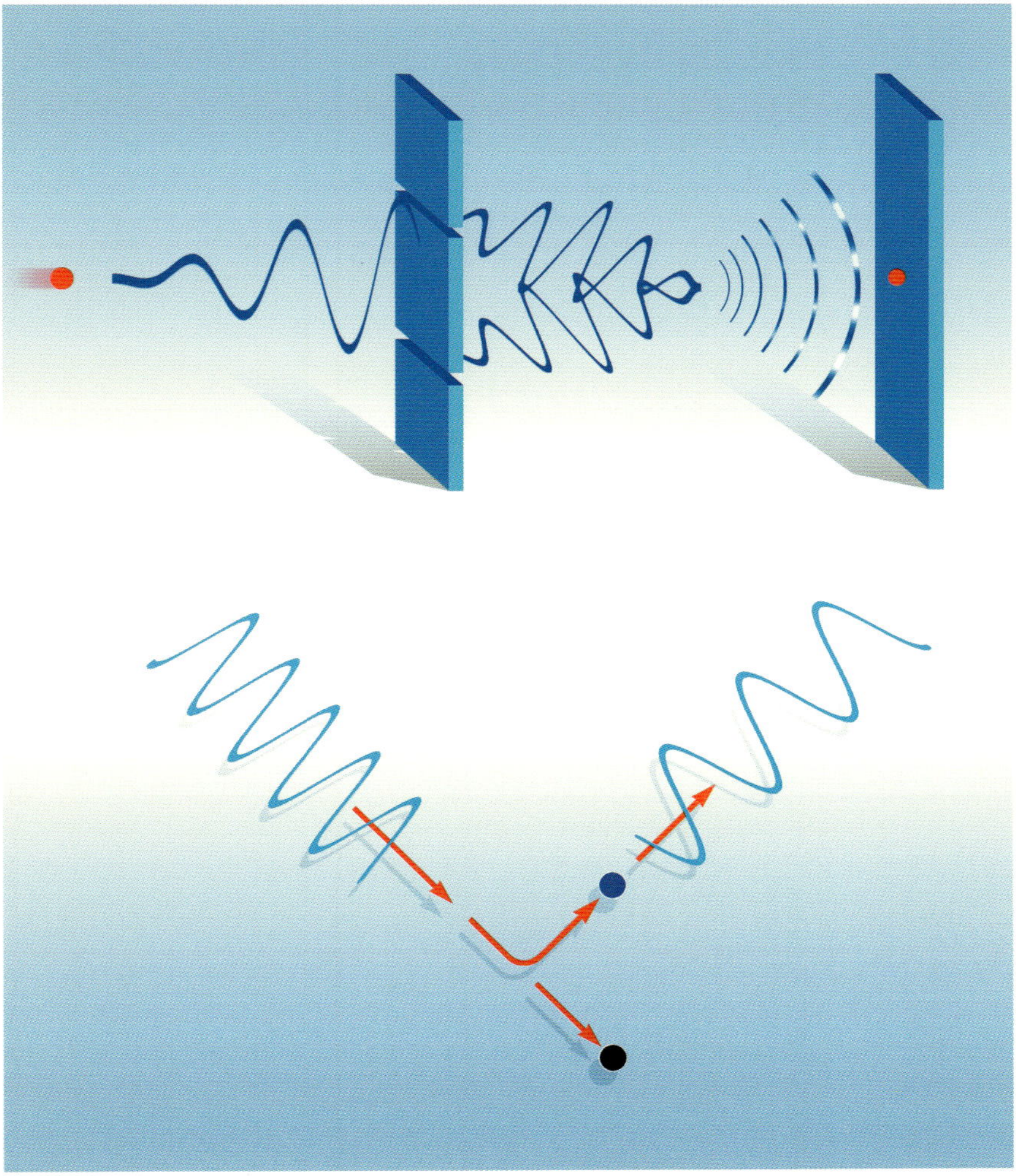

光子が粒子と波のどちらとしてふるまうように見えるかは、行う実験の種類によって決まる。二重スリット実験（上）では、光子は局所的な粒子として出発して、両方のスリットを通り抜けるときは波としてふるまい、向こう側で干渉し、最後に再び局所的な粒子として検出される。コンプトン散乱（下）では、光子は確定した大きさの波長を持つ波として出発して、粒子としてふるまって電子に衝突し、衝突のせいで運動量をいくらか失う。最後は、最初のときより波長がわずかに長くなった波として再び検出される。

ません。実際、この言葉を使うのは量子論の初期の時代まで逆行することになるので、量子力学を教えるときにこの言葉をいまだに使うのは恥ずかしいことなのです。

私がコンプトン散乱をここで再び持ち出す理由は、一九二〇年代中頃にヴェルナー・ハイゼンベルクが考え出した思考実験にとてもよく似ているからです。その思考実験によって、彼は量子的な粒子を観測するという行為が粒子の当初の経路をどのように乱すかを強調し、有名な不確定性原理の公式を導き出すことができました。残念ながら、ハイゼンベルクほどの天才でも、この点では的外れなことをしたのです。ニールス・ボーアは、当時彼に率直にそう言いました。あるときなど、ハイゼンベルクを泣かせてしまったほどでした。彼らは自分たちの研究に本当に真剣に打ち込んでいたのです。しかし今日にいたるまでハイゼンベルクの思考実験は混乱を招き、役に立たないままです。

そのアイデアとは、彼がガンマ線顕微鏡と呼ぶものです。通常の顕微鏡で何かを見るためには、対象に可視光線をあてます。その後、光線は顕微鏡のレンズへ反射します。しかし、これは光そのものの波長（1ミリメートルの数万分の一）より小さな物体を見るのには役に立ちません。なぜなら、そのような物体は光を反射できないからです。しかし、X線とガンマ線ははるかに短い波長を備えた電磁放射なので、もっと短いスケールで「見る」のに使用できます。

ハイゼンベルクのガンマ線顕微鏡はハイゼンベルクが考えた仮説の装置です。彼はコンプトン散乱のアイデアを利用して、電子を「見る」ためにそれを使えると提案したのです。ハイゼンベルクは、電子の位置を正確に示すには、ガンマ線の光子がそれにあたってはね返り、顕微鏡のレンズを通ってこなければならないとしました。これは正しい主張です。しかし、そうすると光子は電子に「キック」を与え、電子の運動量を変化させます。顕微鏡の分解能と光子の波長などを考慮することで、彼はいわゆる不確定性関係を導き出すことができました。不確定性関係とは、電子の位置の不確定性を表す数と、運動量の不確定性を表す数の積が常にプランク定数の値より大きくなるということです。プランク定数は信じられないほどに小さな数であるとはいえ、不確定性関係は二つの数の積が決してゼロにはならないということを意味します。したがって、粒子の位置とその運動量のどちらか（あるいは両方）は常に不確定です。これらの量のどちらか一方だけは正確に測定できますが、そうするともう一方を知ることはできなくなります。

ガンマ線光子に関する問題は、ガンマ線の非常に短い波長がド・ブロイの公式から非常に大きな運動量を持つということです。そのため電子の位置を正確に知るほど、必然的に電子に与える運動量は大きくなります。電子をもっと低いエネルギーのもっとおだやかな光で「見よう」とするのは、必然的にもっと長い波長の光を使うということです。しかしそうすると、もはや前ほど正確に電子の位置を確定できません。

しかし私たちは、不確定性関係が粒子の「位置の波動関数」と「運動量の波動関数」の関係から生じることを見てきました。ハイゼンベルクの例は波動関数の話よりはるかに単純で、より直観的に見えるかもしれませんが、彼は重大なポイントを無視しました。彼が導き出した議論は光子の波と粒子の二重性に依存していますが、電子を常にまるでそれが点粒子であるかのように扱っているのです！　電子と光子の両方を対等に扱う必要があります。

そうすると、どう考えればよいでしょうか？　私はこのように説明できます。電子のようなものを見ようとするとき、私たちはどうしてもそれを乱すことになります。しかし、それは不確定性原理の起源ではありません。それは不確定性原理への追加なのです。不確定性原理はハイゼンベルクが示した例よりも量子の世界の特徴としてはるかに基本的なものであり、波動関数の性質を理解しなければ理解できません。ですから不確定性原理は、私たちが電子を見ようとするときに、電子を固定しようとしてそれがうまくできないことの結果ではありません。結局のところ、アイザック・ニュートン自身でさえ、光の粒子をあてれば、電子と同じくらい小さな何かの状態を乱すと認めることに何の問題も感じなかったにちがいないのです。[1]

1 ニュートンが、光は粒子からできているとすでに考えていたことを思い出してください。

さてこれで、測定という行為に関する唯一の問題は古典力学で説明がつくという途方もない誤解を片付けました。ですから、本当の問題に関してもっと考えることができます。それは波と粒子の二重性の概念よりはるかに基本的なものであることがわかっていて、その話をするのに不確定性原理は必要ありません。

「そのときほかのことが起こっている」

第3章で運命の概念と未来の予測というものについて話したとき、量子力学が私たちを決定論的で時計仕掛けの宇宙というニュートンの考え方から解き放つと述べました。ニュートンの決定論的な宇宙では、将来起こることはすべて決まってしまっていて、原理的にはすべてのことがあらかじめわかっているのです。しかし量子力学では、ニュートンの運動方程式を解いて確実な未来を予言するといったことはできず、起こりうるさまざまな結果の確率を予測することしかできません。

これが量子の世界の非決定性の本質です。しかし、量子の世界でニュートンの方程式の代わりに私たちが使用するシュレディンガーの方程式は、本当にこの非決定性の起源なのでしょうか？　答えは意外なことにノーなのです。シュレディンガーの方程式は実は完全に決定論的です。ある時刻の波動関数が与えられれば、シュレディンガー方程式を解き、未来の任意の時刻に対する値を計算できます。確率という概念が現れるのは、私たちがペンと紙を置き、コンピューターのスイッチを切って、測定時の波動関数からわかることに基づいて、測定の結果に関して実際の予測をしたいときだけなのです。

量子力学は大いに成功しましたし、数学的な力を持っています。しかし研究対象の量子的な系に何らかの測定をするとき、シュレディンガー方程式から私たちが見るものへ移行することをどのように考えるべきなのかということについては、量子力学の形式的な体系は何も語っていません。この理由のために、量子力学の創設の父たちはひと揃いの「仮定」を考え出しました。それは量子力学の形式的な体系に加える追加の規則であり、波動関数を解釈してはっきりした答を出すための処方箋なのです。つまり波動関数に基づいて、

シュレディンガー方程式は波動関数を作る数学的な機械だと考えることができる。最初に粒子の質量、位置、粒子に作用する力のようなすべての原材料を放り込む。その後、（数学的な意味で）ハンドルをぐるぐる回すと、あらゆる未来の時刻の量子状態を表す波動関数を作れる。

ある時刻の電子の位置、運動量、エネルギーといった、私たちがはっきりと観測できる量（「オブザーバブル」と呼ばれます）について何かを言うための処方箋なのです。

このような仮定の一つにすでに出会っています。それは、「一つの粒子をある場所で発見する確率は、その粒子の位置の波動関数の値を定める二つの数の2乗を足し合わせることで得られる」というものです。この規則は数学的な理由から出てくるものではありませんが、うまく機能します。そのほかの仮定としては、どのような種類の測定をすることができるかということと、特定の種類の測定をしたときにいかなるものが予測の対象になるかということに関係します。それらの仮定は、「決定論的な」シュレディンガー方程式から離れて、その予測と観測を比較しなければならないとき、どのような手続きをとるかについての補足的《アドホック》な一連の指示を与えてくれます。

量子力学の測定の概念は少し漠然としたところがあります。そのため、ボーアによって生み出された実用的な考え方を採用することに物理学者は満足しています。ボーアは、測定には量子系が測定する装置と相互作用するときに起こる「不可逆的な増幅の行為」と呼ばれる謎めいた過程を含んでいると考えました。決定的に重要なのは、ここで言う測定装置は古典物理学によって表されなければならず、したがって量子的な物体ではないということです。しかしこの測定の過程は、どのように、なぜ、いつ起こるのでしょうか？　あらゆる測定装置は、二重スリット実験のスクリーンであれ、電圧計であれ、ガイガー計数管[2]であれ、多くのつまみとダイヤルのある精巧なマシンであれ、さらにはたとえ人間の実験者であっても、最終的には原子からできています。そうすると、量子の規則に従う量子系と、測定装置とみなされる古典的な系をどこで区別すればよいのでしょうか？

シュレディンガーの猫

アインシュタイン、ポドルスキー、ローゼンが量子力学の不合理な特徴だと考えたもの（非決定論と非局所性）に焦点をあてた有名な論文を公表したのと同じ年に、エルヴィン・シュレディンガーも量子の奇妙さを深く追求しました。彼は物理学全体でもっとも有名な思考実験の一つを提案して、測定問題に取り組みました。シュレディンガーが提示したパラドックスを強調したり、あるいはまた解き明かそうとして、どれほど多くの物理学者が取り組んだことでしょう。長年にわたって、たくさんの人が突拍子もないまったく新しい解決を考えてきました。まるで、量子力学はシュレディンガーの猫の問題に取り組めるほどしっかりと出来あがってはいないといわんばかりです。

シュレディンガーは、致死性の毒と放射性原子核が入った装置を箱に入れて、その箱の中に猫を閉じ込めたら、何が起こるか考えました。原子核が崩壊するときに放出される粒子は、箱の中に毒を振りまく仕組みを起動し、猫は即座に死にます（動物を愛護する人に安心してほしいのですが、こんな実験は実際には一度も行われていません。生きた子猫がいなくても目的は果たせます）。

放射性原子核がいつ崩壊するかは、原理的にさえ正確に予言できないことの一つです。わかっているのは、

2 これは一種の粒子検出器で、素粒子を捕らえるたびにクリック音が鳴ります。ガイガー計数管は放射能のレベルを測定するために使用されます。

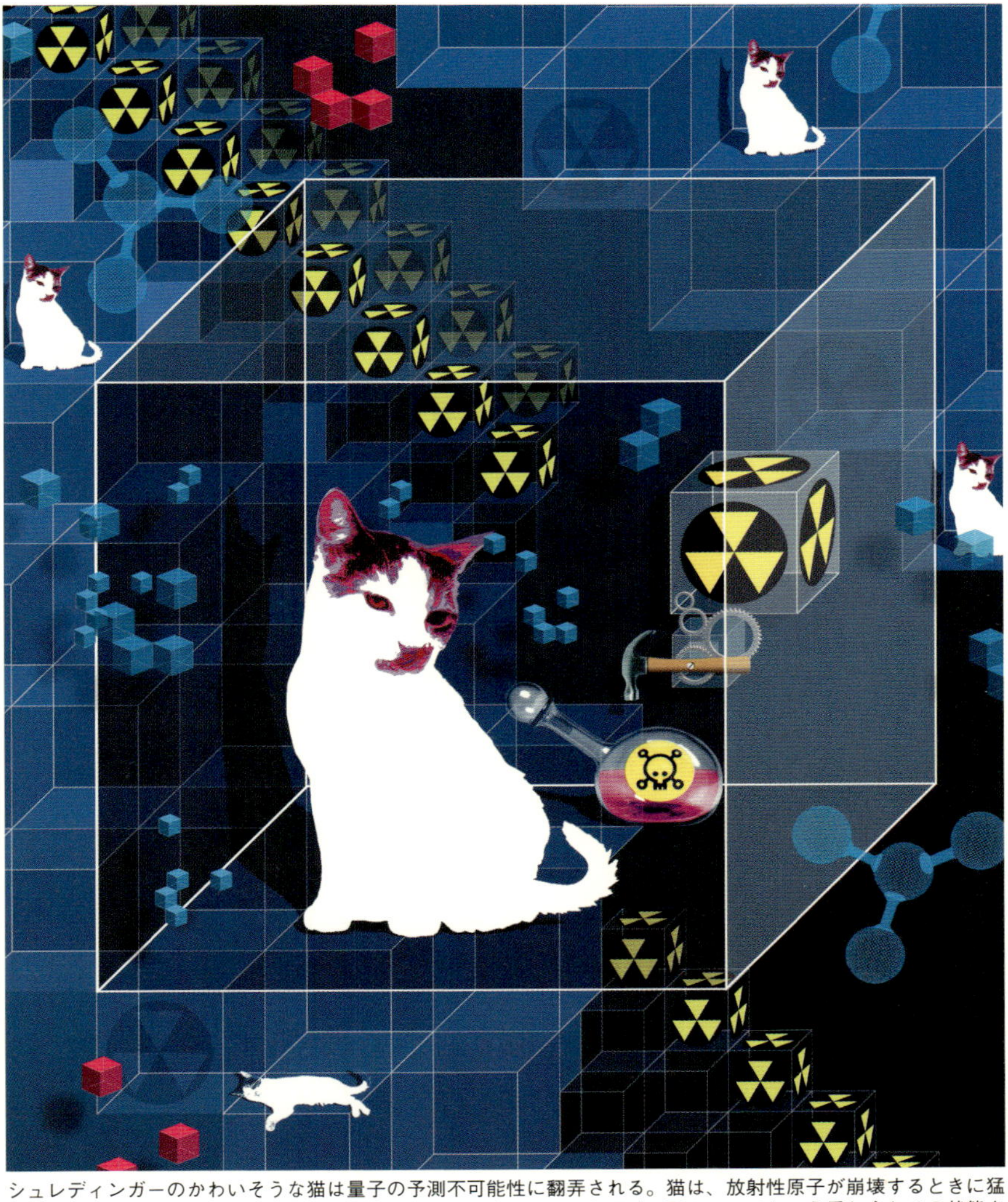

シュレディンガーのかわいそうな猫は量子の予測不可能性に翻弄される。猫は、放射性原子が崩壊するときに猛毒が出るようになっている箱の中に閉じ込められて、生きていると同時に死んでいるという重ね合わせの状態を量子力学によって強いられる！　未解決のパラドックスだろうか？　ところで誰か猫の意見を求めただろうか？　注意書きを読んだとしたら、猫ははたして志願しただろうか？

特定の原子核がある時間の後に崩壊している確率だけです。しかし生きている猫を入れてふたをした瞬間には、原子核はまだ崩壊していないと断言できます。その後、箱の中の状態は量子の重ね合わせによって表されます。すなわちその波動関数は、崩壊している原子核と崩壊していない原子核を表す二つの部分から構成されているはずです。もちろん、どちらの状態の原子核を見つけるかという確率は時間とともに変わります。長い時間が経つと、波動関数の崩壊していない原子核を表す部分はほんの小さなものになってしまい、核が崩壊していることを発見する確率はほぼ100パーセントに等しくなります。予測されるとおりのことです。

ここまではうまく行きました。しかしここでシュレディンガーは、量子の法則に従いました。猫も原子でできているので、それも一つの波動関数で表されるはずです。とても複雑なものでしょうが、確かに波動関数です。そして猫の運命は放射性原子核の運命と強く相関しているので、その二つをからみ合った状態として表さなければなりません。したがって、猫の波動関数は必然的に二つの状態の重ね合わせとなります。一つは生きている猫を表し、もう一方は死んだ猫を表します!

二重スリットの実験をもう一度思い出してください。もしも原子がどこにあるか確かめなければ、原子はどちらか一方を通り抜けたのではなく、両方を同時に通り抜けたと考えざるをえません。これは単なる数学的なトリックではなく、観測される現実の干渉縞を説明するにはそう考えるしかないのです。シュレディンガーの猫にも同じ問題があります。猫の状態を調べるために箱を開くまで、猫が死んでいるか、生きているかわかりません（それは原子が右のスリットを通ったのか、それとも左のスリットを通ったのかわからないのと同じことです）。猫は同時に両方の状態になっているはずです! 確かにこれはばかげています。猫は死んでいるか生きているかどちらかのはずです。また、箱を開けることが結果に影響を与えるはずはありません。それはただ単に、すでに起こった（あるいはまだ起こっていない）ことがわからないというだけの問題ではないでしょうか? そう、それがまさにシュレディンガーの論点でした。

読者のみなさんがシュレディンガーの味方をしたいと思ったら、どこが間違っているか考えてみてくださ

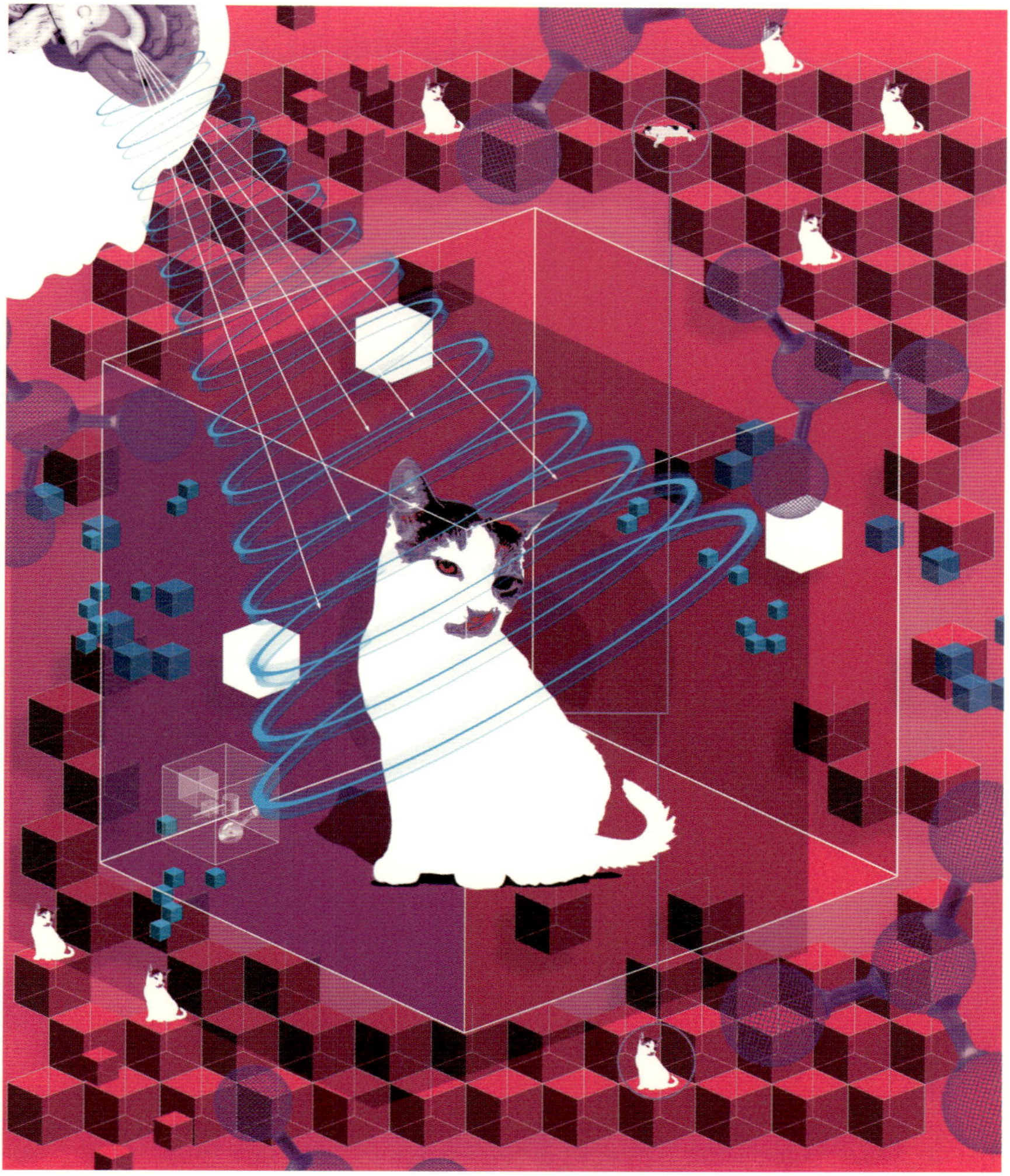

い。なぜ「量子的な粒子の複雑な集合体」というべき猫が、放射性原子核の重ね合わせ状態とからみ合った、重ね合わせ状態になってしまうのでしょうか？

ボーアとハイゼンベルクは、猫が実際に死んでいると同時に生きているとは言いませんでした。彼らはこう主張しました。箱を開けて調べるまで、独立した実在としての猫について話すことはできない！　そしてこれはそれ以来ほとんどの物理学者に受け入れられている考えなのです。彼らの議論は次のようなものです。箱が閉まっている間は、猫の「実際の」状態について何も言うことはできない。われわれが頼りにしなければならないのは波動関数しかない。波動関数は単なる数の集合だ。測定しなければ実在を表せないのだから、われわれはそんなことをやってみようとすらしないのだ。箱を開く準備ができているときに限り、われわれは猫がたぶんもう死んでいるのか、それともまだ生きていそうなのかを予測するのに波動関数を使用できる。（コインの表と裏が出る確率が50対50であることを確認するにはコインを何度も弾く必要があるのと同じように、）そのような実験を何回も繰り返せば、予測の正しいことが示されるのだ、と。

けれども、もしも猫の代わりに人間のボランティアを箱の中に置いたら、どうなるでしょうか。もちろん毒は致命的ではなく、ボランティアに単に意識を失わせるだけです[3]。箱を開いたとき、ボランティアを外に出すまでの間、彼は意識があると同時に意識のない状態になっていたと彼に信じさせることなどもちろんできません。彼に意識があれば、ちょっとどきどきしていることを除けばぴんぴんしていると言うでしょう。彼がそのとき意識がない状態で発見されたら、意識を取り戻したとき、箱が閉じられた後10分経ったら突然装置が動き出して、すぐに気分が悪くなったと言うでしょう。気がつくと、彼は気付け薬で意識を取り戻したということです。

間違いはいったいどこにあるでしょうか？　シュレディンガーは理論の矛盾をはっきり示すことができた

3 確かに、猫にも同じように毒性の低いものを使用できます。しかし私はシュレディンガーのオリジナルのアイデアについて話していました。

でしょうか？　実は量子力学は、箱を開く前に猫の波動関数に生きている猫の部分と死んでいる猫の部分があるというような単純な主張より、もっと重大なジレンマを提示します。箱の中を見るまでは、可能な結果に確率を割り当てることしかできません。また、猫の生の状態と死の状態が重ね合わさっているために、猫が生きているのを見つける確率と、それが死んでいるのを見つける別の確率と、そしてとても奇妙なことに、猫が死んでいると同時生きているのを見つける確率があります。これは量子の確率の技術的な定義によるものです[4]。しかし、量子の規則はこれを排除します。量子の規則は、ありがたいことにたいへん正確に、生きている猫かまたは死んでいる猫のどちらかだけが見つかり、幽霊のような中間の状態の猫は決して見つからないと述べています。

あなたはどうか知りませんが、私は死んでいるという結果の確率と、生きているという結果の確率にしか対処できません。そのほかの確率についてはそのことにして、そのことはクリスマス・プレゼントがどんなものか包みを開けるまでわからないという状況と同じ程度の重大さしかないというふりをすることができます。さらに無意味な形而上的なことをあれこれ考えず、死んでいると同時に生きている猫の問題を放り出してしまうことだってできます。しかし、その三つめの選択肢、つまり猫が死んでいると同時に生きているというなんとも当惑させられる状態で見つかるという確率に対して、どのようなことが起こるでしょうか？　その点で量子力学の形式はとても明白なのです。量子力学は、意味のある測定結果だけが許容されるという仮定を採用して、矛盾を回避します。もちろん、このようなことはもっと適切な専門用語で表現されます。それでもごく最近まで、これらの「シュレディンガーの猫の中間状態」（と呼ばれるようになっています）に実際に何が起こるか、誰も理解できませんでした。

4　波動関数は二つの部分から構成されるので、それらの和の2乗はそれらの2乗の和と同じではなく、「干渉の項」と呼ばれている項の分だけ常に大きくなります。これを確かめるには、たとえば次の計算を見てください。$(2+3)^2=25$ ですが、$2^2+3^2=13$ です。

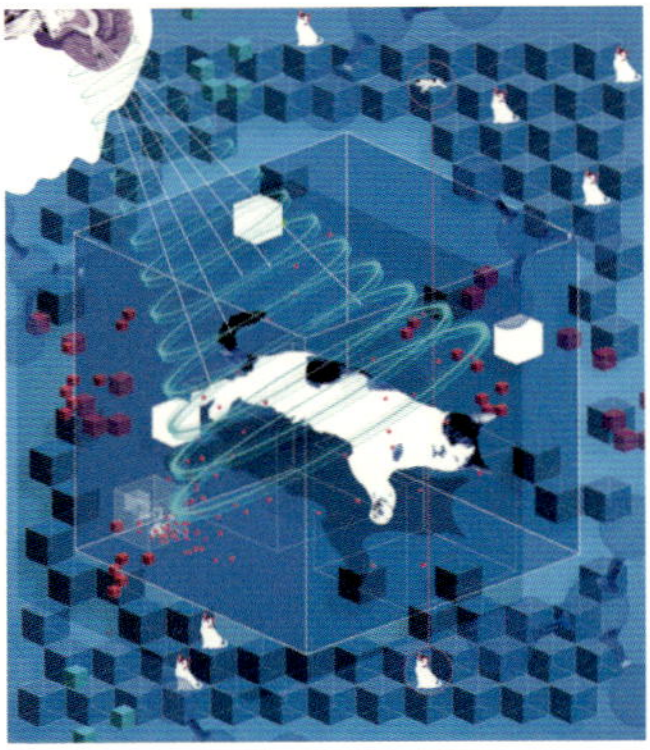

測定の行為のときに、量子の重ね合わせを収縮させてただ一つの結果だけを残すには、人間の意識が必要だと信じた物理学者もいる。測定をする人間が物理学の博士号を必要とするかどうかは明確にされなかった。

現代の量子測定の議論でさえ、シュレディンガーの猫のパラドックスが最終的に解決したとは認識していません。それらの議論では、箱を開くという行為が「測定」の瞬間であると述べています。その行為が重ね合わせを収縮させ、確定的な結果に結びつくというのです。一時、知的で意識のある観測者を必要とする測定について語るのが流行になったこともあります。結局のところ、波動関数と重ね合わせの量子的な領域と、測定をしたときの確定的な結果という古典的な領域の境界線をどこで引けばいいのか誰もわからなかったので、境界線は引かなければならない場合にだけ引くべきなのかもしれません。測定装置（検出器、スクリーン、猫）さえ、大きなものであるとはいっても単なる原子の集合であり、ほかのすべての量子系と同じようにふるまうはずなのですから、量子的な表し方を放棄せざるえないのは、測定結果が私たちの意識のある頭脳にまで伝わったときだけだというわけです（猫にも確かに意識があることはわかっていますが、この考え方の支持者は、猫は博士号を持っていないので観測者としての資格がないと主張しました！）。主として物理学以外の世界で比較的広く支持されている考え方もあります。それは、私たちは量子力学を完全に理解していないし、意識がどこから生じるかも理解していないので、この二つは関係しているにちがいないというのです。

傑出した物理学者の中に次のような見解を持っている人がたく

さんいることに、私はいつも驚かされます。量子力学の根本的な教義の一つは、測定結果は研究対象の量子系の性質のみによって定まるのでなく、測定という行為そのものを含めて定まるということだ、という見解です。議論に測定装置も含めないで量子系に関して何か述べるのは無意味だとまで言う人もたくさんいます。測定されるものと測定するものの区別を人間の意識のレベルで行うことは、結局哲学者が唯我論と呼ぶものになります。これは、観察者が宇宙の中心にいて、ほかのものはすべて観察者の単なる想像上の作りごとであるという考えです。

この考え方に立てば、ふたが開かれる前に箱の中のボランティアが何を感じたかということは重要ではありません。重要なのは、箱の外にいるあなたにとって、あなた自身が箱を開くまでは彼は量子の重ね合わせのままだということであって、箱を開けることによってあなたの意識が波動関数をどちらかの結果に収縮させるというのです。

スコアを教えないで

この前、弟と量子力学とサッカーについてしゃべっていたとき（ほかに話すことがあるでしょうか？）、弟は私たちの誰もがよく知っているある感情について話しました。それは、量子力学における観測者の役割にとてもよく似ています。私たちはふたりとも生まれてこの方リーズ・ユナイテッド[5]を応援しているのですが、弟は自分がリーズの試合をビデオに録画して、スコアを知らないまま録画を見ているとき、試合がまだ終わっていないような気がするのはなぜだろうと言いました。量子力学の標準的な解釈を進めて論理的な結論を導き出すなら、それは単に彼が最終のスコアを知らないということではありません。それはもっと複雑で、こういうことです。スコアは「すでにあって」、何百万人の人が知っている情報です。彼にとっては、

5 リーズ・ユナイテッドが英国のトップクラスのサッカー・クラブであることを読者にお伝えしておきます。もちろんこれは私の見方です。

この単純な錯視は、測定という行為が量子系にどのように影響するかをおおまかに示している。白い円のうちのどれか一つをじっと見ると、周囲の円のうちのいくつかに黒い点が現れたり消えたりする。しかし、あなたが視点を切り替えて、これらの黒い点のうちの一つをじっと見ると、それはすぐさま再び白くなり、白いままである。黒い点があるところを突き止めることはできない。もちろんこのトリックの働き方と量子力学はまったく関係ない。しかしこのたとえはわりあい気が利いていると私は思う。

すべての可能な結果の重ね合わせが、彼が測定する一つの結果、すなわち彼が見る結果へと収縮するのは、彼が試合を最後まで見てからだということなのです。

しかし、弟が私に、私がそれをまだ知らないと思ってスコアを伝えるために電話するまで、弟は私にとって可能なあらゆるスコアについての知識を持っている重ね合わせの中にいます。彼からのニュースを聞くことで、私は実際に彼の量子状態を測定し、喜びと失望のさまざまなバージョンの重ね合わせを一つに収縮させます。

これを書きながら、ジュリーの言葉が再び耳の中によみがえります。彼女の言うとおり、これは本当に「ばかげて」います。私は、自分が見ていても、見ていなくても存在する「客観的実在」がそこにあると考えるほうが好きです。もっと具体的な例を挙げてみましょう。地球に埋まっている放射性ウラン原子核はアルファ粒子を放出し、それは岩の中に結晶欠陥の目に見える痕跡を残します。私たちがその岩を今日見るか、百年後に見るか、絶対に見ないかは問題ではありません。痕跡はそこにあります。そ

私たちが見ていないとき、月は存在するか？　月も結局は原子でできているので、非常に大きな量子的な物体のようにふるまうにちがいない。月に背中を向けると、もしかすると最後に見たときからその波動関数があらゆる場所に広がり、月はどこにあるのかはっきりしない、ぼんやりとかすんだような重ね合わせの状態になるかもしれない。

の岩が火星にあって、意識のある観測者に絶対に発見されなかったら、どうでしょうか？　その構造に痕跡を刻んでいると同時に刻んでいないまま忘れ去られてそのままでいるのでしょうか？　明らかに、測定は何らかの形で常に行われているはずで、意識のある観測者は、白衣を着ていても着ていなくても、何の役割も果たしません。正確な定義は、測定は「出来事」あるいは「現象」が記録される場合に行われたと認められるということです。それは、私たちが後でそれを知覚したいと望んだときに知覚できる何かです。

今述べたことはとても理にかなっていて、はっきりしているように聞こえるので、量子物理学者が反対の意見を持つなんて、何て愚かなのだろうと思うかもしれません。そう思ったとしても無理のないことです。しかし繰り返しますが、私たちが量子力学量子力学について何かしら学んだなら、合理的な説明を追い求めるのは不毛な努力だということがわかります。多くの考え深い人が量子測定に関連する問題に取り組んでいます。そして彼らが最終的に持つようになった考え方はいろいろあるのですが、それらに反論するのはそれほど簡単ではありません。

私は理論物理学者仲間のレイ・マッキントッシュと長年たくさんの議論をしてきました。彼とは必ずしもいつも意見が一致するとは限りませんが、たいていの場合、彼が指摘することはとても意味があります。私たちのいちばん愉快な「議論」は、一緒に核物理学会議に出かけたとき夜のバーですることが多いのです（実験物理学者のような夜勤の楽しみがない理論物理学者が突っ込んだ議論をするのはたいていこういう場所です）。測定で波動関数が収縮するまでは何も存在しないという考え方に対して、マッキントッシュは次のように反論しました。言うまでもなく、電子も原子も月も測定する前から存在する。すべての物体は微視的か巨視的かにかかわらず、質量や電荷のようにはっきりと定まった性質、すなわち二つ以上の値の重ね合わせではない性質を持っている。これらはどんな不確定性にも従わない。だから、測定に先立って私たちの手にあるのは波動関数だけだからといって、波動関数が表す物体が実在していないということにはならない。もちろん、正確な位置やエネルギーの大きさといったものは、確定した値を持つとは言えない。しかし、そのことはまさに量子的な物体の特徴だ。その物体が実際にどのようなものかを心の中に思い描けないからといって、その物体が存在しないとしりぞけるべきではないのだ、と。

測定問題の二つの段階

それでは、測定を構成しているのは何でしょうか？「測定」とは何を意味するのでしょうか？ 波動関数から実在へと魔法のように変わるのは、どこで起こるのでしょうか？ 私たちにはこういうことがわかっています。つまり、測定はまず測定する装置と量子系の間のある種の相互作用を含んでいるはずです（なお、測定装置についてこれまで何も限定していません）。量子系は、測定の瞬間までは、さまざまな起こりうる結果に対応する、いろいろな状態の重ね合わせであることができます。この相互作用は必然的に系と外部の測定装置がからみ合った状態にし、測定装置は測定値としてありうるさまざまな値を同時に持つ重ね合わせの状態になります。それからどうなるでしょうか？

　前の章の粒子干渉計の設置方法をもう少し注意深く分析してみましょう。一個の原子の波動関数が装置に入ると二つのコンポーネントに分岐し、それらはそれぞれのアームを進むことを思い出してください。原子は波動関数で表すしかないのですが、実際に干渉のしるしが見られるので、何か奇妙なことが起こったにちがいないことがわかります。さらに、干渉計のアームの一つののぞき窓を見て、原子がそのときそちらの経路を進んでいるかどうかを確かめたら、原子の半分を検出することがわかっています。しかしそうすると、もちろん干渉縞は消えます。

　問題をすっきりさせるために、原子を検出する方法は、アームの中の小さなのぞき窓を開いて、通過する原子から反射する小さなフラッシュを見ることだと仮定しましょう。それでは、もし私が目を閉じることにしようと決めたら、何が起こるでしょうか？　こうすると、原子がどちらの道を行ったのかわかりません。これは、干渉縞が再び現れることを意味するでしょうか？　これは、私のまぶたを動かすという物理的な行為が実験の結果を左右していることになります。とても説得力のある主張ではありません。

　ここで明らかになるのは次のことです。すなわち、私がのぞき窓を開いて光が中に入って原子と相互作用することを可能にした以上、何らかの形で測定が行われたにちがいないということです。私の目が開いていても開いていなくても、その干渉は消えます。もちろん、目をつぶっているのなら最終的な干渉パターンは依然として一つの可能性としてあると主張することはできるかもしれません（実際はそれは次の三つの可能性のうちの一つです。（１）原子がそのアームの中で検出された。（２）検出されずにもう一方のアームを通った。（３）検出されたことと検出されなかったことの両方が同時に起こった）。このうちの三つめは、シュレディンガーの猫の状態（つまり死んでいると同時に生きているという状態）で、干渉計の中で干渉パターンが生じます。もちろん、目を開いていたらこの可能性を見ることは決してありません。そして、意識のある観測者の役割を支持する人たちはそれでもまだ、私が原子を見るあるいは見ないという行為によって、

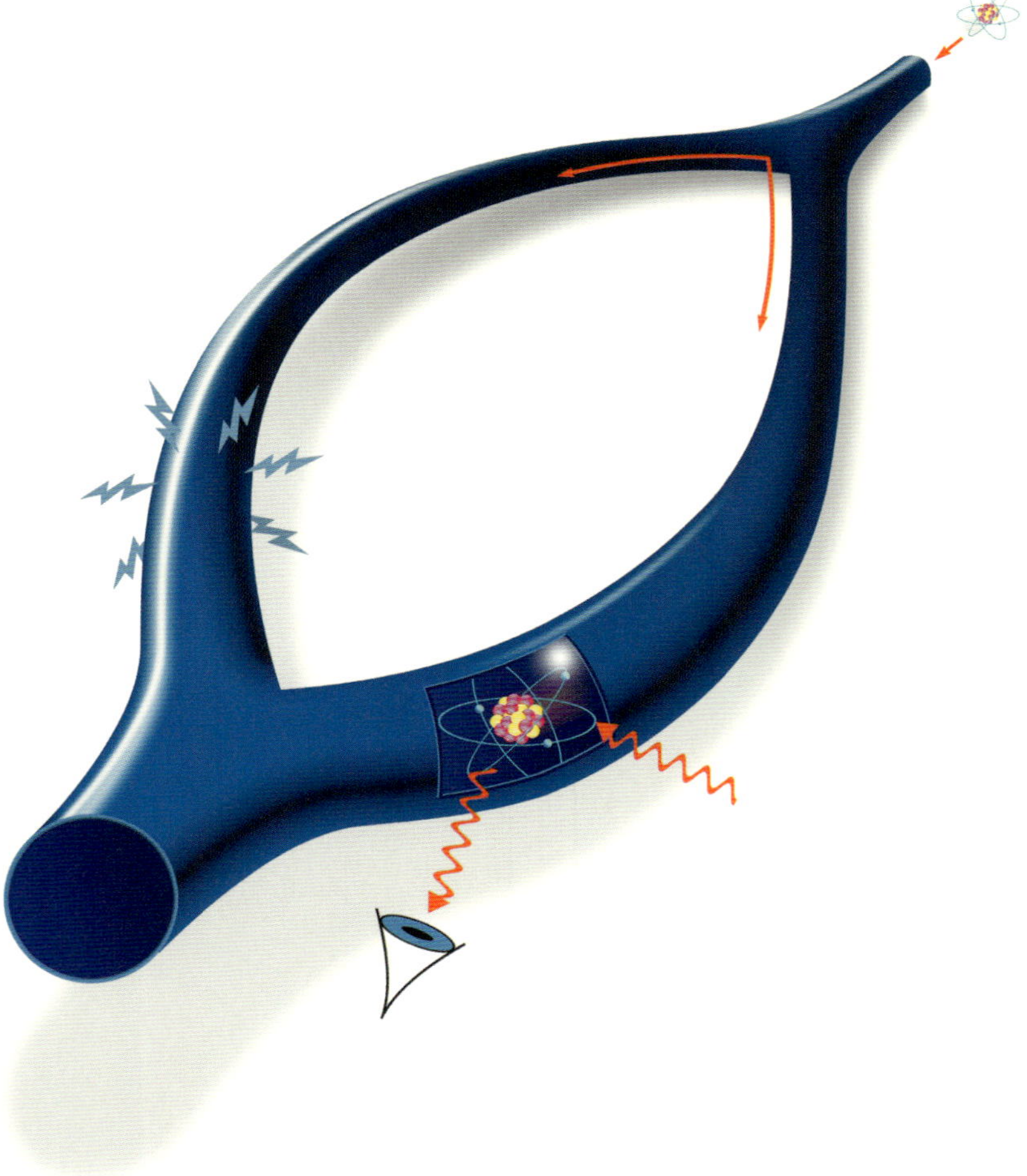

原子干渉計に原子を入れると、原子の波動関数は両方の経路を同時に進む重ね合わせにさせられる。しかし、原子がどちらの経路を進んだかをチェックするためにのぞき窓を開けると、原子の態度を決めさせることになる。原子を観測するやいなや、波動関数のもう一方のアームの中のコンポーネントをたちまちゼロに縮ませる。原子を検出しなかったときでさえ、原子が量子的な世界にとどまることを許さず、もう一方のアームを旅する明確な粒子となるように強いる。

干渉が起こる可能性が最終的に除外されるのだと主張するでしょう。

のぞき窓を通り過ぎる原子による光のフラッシュが、干渉計の外部に置かれた装置に永久的な記録を残すようにすれば、この問題はもっと明確になります。今度は外部の装置が箱の中のシュレディンガーの猫と同じ役割を果たします。この装置は、フラッシュを記録することと記録しないことの重ね合わせとして存在することができるでしょうか？

結局、測定問題には、相互に関係のある二つの問題があることがわかります。

（i）死んでいると同時に生きている猫や、信号を記録すると同時に記録しない機器といった、巨視的に識別可能な状態の重ね合わせを決して見ることがないのはなぜか？　結局、のぞき窓が閉まっていると干渉計にそのような重ね合わせの効果が実際に見える。二重スリットの実験の場合は言うまでもない。しかし二重スリットの場合、重ね合わせに含まれる状態は一個一個の原子を含む微視的なものだった。

（ii）たとえこのようなシュレディンガーの猫の状態を私たちが見る前に取り除く方法があったとしても、実際に観測された状態以外のあらゆる可能性を除外するさらなる波動関数の収縮はないのではないか？　つまりこういうことである。シュレディンガーの猫は死んでいるかもしれないし、生きているかもしれないし、その両方であるかもしれない。「その両方」という可能性を取り除くことができたとしても、箱を開けたときにほかの二つの可能性のうちの一つがどのようにして除外されるのか依然としてわからない。

デコヒーレンス

一九八〇年代と一九九〇年代に、この問題の前半の部分は解決されました。最初は孤立していた量子系、たとえば重ね合わせの状態にある一個の原子のような量子系が巨視的な物体とからみ合うときに起こることを、物理学者は認識するようになりました。無数の原子からなる複雑な系の異なる状態の重ね合わせは持続せず、たちまち消えてしまうことがわかりました。たちまちデコヒーレンスが起こるということです。これは次のように理解できます。巨視的な系のすべての原子間の相互作用のさまざまな可能な組み合わせのために、微妙な重ね合わせが、途方もなくたくさんある可能な重ね合わせの中に、回復できないほど紛れ込み、失われてしまうというものです。最初の重ね合わせを回復することは、トランプを混ぜて同じ数のダイヤ・ハート・スペード・クローバーの四枚のカードが常に続くようにするようなものですが、それよりもはるかに信じがたいほど、ありそうもないことです。

デコヒーレンスはいつもあらゆるところで起こっている実際の物理的な過程です。それは、量子系がそのまわりの巨視的な環境からもはや分離されなくなり、その波動関数が周囲の環境の複雑な状態とからみ合うときに必ず起こります。周囲の環境として、感光性のスクリーンや電子装置から、まわりの空気の分子まで、あらゆるものがあります。この外部の「環境」との結びつきがとても強いと、最初の微妙な重ね合わせはたちまち失われます。実際、デコヒーレンスはあらゆる物理的過程の中でもっとも速く、もっとも効率的に進行する過程の一つです。デコヒーレンスが発見されるまでにこれほど時間がかかった理由は、この驚くべき効率性の高さです。物理学者は今ようやくデコヒーレンスを制御し研究する方法を学んでいるところです。私は第10章で、過去数年に行われたすばらしい実験のことを話すつもりです。その実験で、デコヒーレンスが実際に起こっているのを見ることができます。

専門的には、「環境の波動関数」は最初の段階では二つのからみ合った部分に相関関係を持っていたが、そうした相関関係をすべて失うといいます。もっとわかりやすく言えば、量子の重ね合わせが外部の世界とからみ合うと、量子の奇妙さがすべて外に漏れてしまってたいへん迅速に失われるので、その奇妙なふるまいが顔を出すことはもはや決してないということです。

　デコヒーレンスの過程は今でも盛んに研究されている領域で、まだ完全には理解できていません。しかし私たちは、少なくとも測定問題の最初の部分の意味を理解し始めています。シュレディンガーの猫が死んでいると同時に生きているのが見えない理由は、箱を開くずっと前にデコヒーレンスが箱の中で起こるからです。これは、猫を含まない、放射性の原子核と毒が入った装置によって、とても早い段階で起こります。これによって、放射性原子核を直接取り囲む「巨視的な」環境が形成されるのです。

　デコヒーレンスという考えを適用できる例がもう一つあります。それは、一個の原子が干渉計の一つのアームにあるかどうかを検出器で記録するケースや、一個の原子が二つのスリットのうちのどちらを通り抜けているかを検出器で記録するケースです。この場合には、もっと簡単に説明できます。検出器は、原子の位置に関する情報を得るために、原子の波動関数と関連を持たなければならず、そのからみ合いにはすぐさまデコヒーレンスが起こります。私が「原子」と言わずに「原子の波動関数」と言ったことに注意してください。というのは、検出器が原子を記録しなかったということは、原子が別の経路を進んだことを意味するからです。すなわち、原子を記録しなかったということも、干渉縞を破壊する「測定」なのです。このため、たとえ検出器と原子が古典的な意味では決して物理的に接触しなくても、それでもなお、検出器と波動関数とのからみ合いがあるのです。

　二つのスリットの一つの後ろに検出器を設置しない場合、デコヒーレンスを引き起こすのは後ろのスクリーンです。確かに、今度は干渉縞ができるのを止めるには遅すぎます。原子の波動関数の二つの部分は、お互いに干渉するのに十分なほど長い間、外部の環境から切り離されていました。もちろん、二重スリットの実験全体は真空の中で行う必要があります。そうでないと、原子が空気の分子にはね返って位置が狂ってしまいます。これは、空気がそれ自身デコヒーレンスを引き起こすということです。しかしもう一度言いますが、私はちょっと不注意な言い方をしました。「はね返る」という言葉を使ったために、原子がまるであらかじめ確定した位置にある古典的粒子のように聞こえたでしょう。デコヒーレンスと測定が行われる前は、原子は波動関数で表すしかないことが今ではわかっています。

デコヒーレンスは測定問題を解決するか?

できないと言う人もいます。それは二つめの問題、すなわち測定においてたくさんの可能性(すべての可能な結果です)の中からただ一つの結果だけをどうやって選び出すかという問題には役にたたないからです。デコヒーレンスは、生きていると同時に死んでいる猫を絶対に見ることができない理由を明らかにしてくれます。しかしデコヒーレンスは、どのようにしてどちらかが選択されたかは示しません。量子力学は確率的なままです。そして一回ごとの測定の予測不可能性は消えていません。

重ね合わせの除去というレベルにおいてさえ、デコヒーレンスが測定問題の議論にあまり役に立たないと考える物理学者もいます。重ね合わせは量子系と巨視的な測定装置とのからみ合った波動関数の複雑さの中に埋もれているだけであって、原理的にはそこに存在すると彼らは主張します。私たちは重ね合わせを回復することが決してできません。シュレディンガーの猫のような量子の奇妙な状態を決して見ることがないのはそのためだと言うのです。

デコヒーレンスを理解することでもたらされた測定問題の解明についてもっと楽観的に感じている人びとは、違った角度から物事を見ています。量子力学の確率的な性質のために、猫が見つかったときに死んでいるか生きているかを確実に言うことは原理的にさえ不可能だが、これはよくある統計確率と同じだと彼らは言います。私たちに与えられているのは波動関数だけなので、どちらの選択肢が選ばれたのかは私たちにはわからない。それだけのことだと言うのです。しかし猫はすでに死んでいるか、それとも生きているかどちらかです!

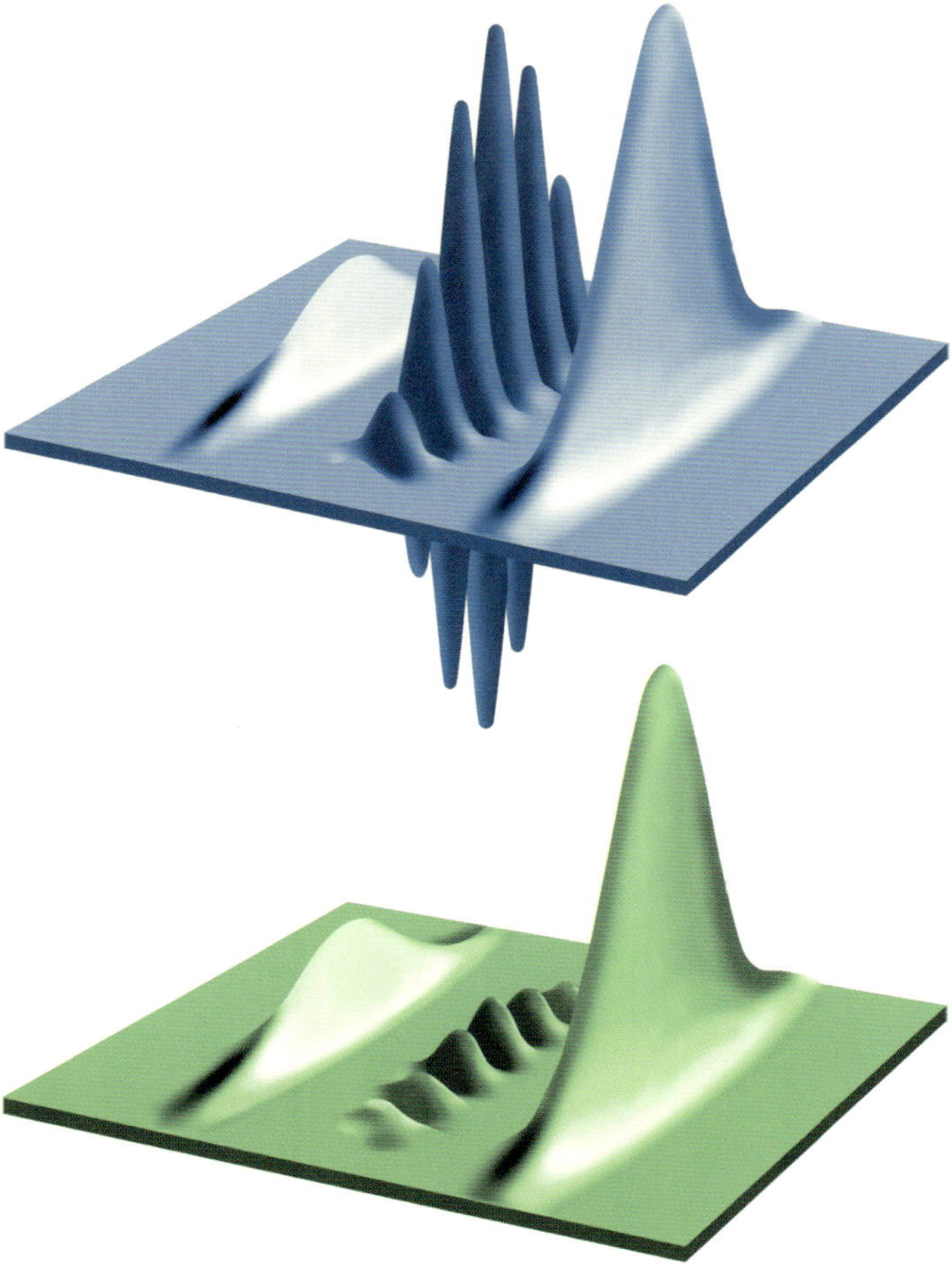

量子の奇妙さを消滅させるデコヒーレンスの過程が進む様子は、「ウィグナーの分布」という3Dプロットで示せる。二つの水平の軸は位置と運動量を示す。でこぼこの表面のそれぞれの点は量子的な粒子の位置と運動量を表す。二つの幅広い山は、量子的な粒子の位置を探したときに粒子が見つかる二つの可能な位置を表している。明らかに、右の山で見つかる確率は左の山で見つかる確率の2倍である。なぜなら山の高さが2倍だからである。中間の振幅は干渉の項に相当する。中間の振幅は可能な測定結果に相当しない。それらは猫が死んでいると同時に生きている状態である。
上の図は、デコヒーレンスがまだ始まっていないのでこれらの干渉の項の部分がかなり大きいことを示している。しかしそのすぐ後に、デコヒーレンスが起こってそれらは消えてしまう（下の図）。しかし二つの物理的に実現可能な選択肢の部分は、デコヒーレンスに影響を受けないままにとどまっている。

そんなわけで、量子系が孤立していると考えられなくなったとき、量子系とそれをとりまく環境とのつながりが必然的に起こり、それはからみ合いとデコヒーレンスへとつながります。これは、測定が起こったことを意味しているのでしょうか？　デコヒーレンスに加えて、残っている可能な結果のうちの一つが選ばれる場合、答えはイエスです。それで終わりです。測定が行われたということです。観測者が波動関数を収縮させる必要はありません。ただ一つの結果がそこにあって、私たちが望んだときに確認されるのを待っています。

理解しなければならないことがもっとたくさんあると私は感じています。デコヒーレンス後の選別の過程もいつか説明されるだろうと私は楽観的に考えています。ロジャー・ペンローズのような何人かの物理学者はそれが可能だと考えています。宇宙論や量子重力の分野で研究している物理学者の多くは、その問題はすでに解決されたとも考えています。

そこで次のステップ、すなわち量子力学のさまざまな解釈の問題に進みましょう。

The Great Debate

第6章 大いなる論争

形式VS解釈

波動関数とその奇妙な性質といった量子の概念や、原子以下のスケールの世界に関する情報を波動関数から引き出すときに使う仮定を正しく認識することは、理論を理解し成功させる上で不可欠です。この本の前半で、本質的には高度な数学であるものを、物理学者と物理学者でない人の両方が理解できる言葉へ翻訳するのがどれくらい難しいことかを見てきました。別の言い方をすれば、量子力学の形式的な体系は疑いのないものですが、誰もが納得する理論の十分な説明、すなわち解釈をまだ誰も見つけていないということです。

二重スリット実験については、(特定の原子がどこに到達するか予測できないにしても)スクリーンに現れる干渉縞のパターンを非常に正確に予測することができます。それにも増して印象的なのは、原子や分子やそれらを構成する粒子の性質についても、それらを結合して私たちが身のまわりで目にする構造の豊富さと多様さを生み出す力の性質についても、量子力学が非常に正確に予測することです。このような予測する力を備えていることは科学的理論として成功していることの証です。非常に驚くべきことは、なぜその結果に到達するのかということを知らなくても、こうした予測ができるということです。私たちは、原子が二つのスリットをどのように通り抜けるかを頭の中に描かなくても、完璧にうまくやっていけるようです。

現場の物理学者の多くは、なぜそれでうまくいくのかを理解していなくても、理論の使い方を身につけています。実際、現代のもっとも傑出した科学者の中にも、誰も実際に量子力学を理解していないと公然と認めている人がいるのです! これは気がかりなことではありませんか? 本章では、物理学者が解釈の問題についてかつて抱き、いまも抱いているさまざまな姿勢や見解を調べてみましょう。

私が本章の中で述べることはたくさんの物理学者を不愉快な気持ちにさせるでしょう。なぜなら、さまざまな見解に対して個人的な考えを述べるつもりだからです。この本の目的は結局、量子力学とは何であるか、またどんな意味で量子力学が非常に奇妙であるのかを説明することです。しかし、もしも私が量子の庭園はすべてばら色であるかのようなふりをしたら、それはとても不誠実で傲慢なことです。私の同僚や共同研究者を含めて、多くの物理学者がまったく問題ないと強く感じています。彼らは次のように言うでしょう。きちんと理解されていて、論理的に首尾一貫していて、成功した数学的な理論に対するいろいろな解釈の間の衝突に注意を向けるのは不必要だし、的外れなことだ、と。

けれども、私が自分の個人的な意見をはっきり示すことをしなかったら、それもまた不誠実で、この本はつまらない読み物になってしまいます。

最初に、強い言い方ですが、正しいことを述べます。量子力学の解釈の中で、ほかのものより優れていると証明されているものは、審美的な見地や個人的な好みは別として、一つもありません。そのため、さまざまな解釈の相対的な優位点や欠点を論じるのは時間の無駄だと多くの人が考えています。さらに悪いことに、多くの人が真の解釈は一つもなく、さまざまな解釈はどれも起こっていることについて考えるための等しく有効な考え方だと信じています。

この立場は、よくいわれる「黙って計算しろ」という姿勢によく現れています。これは、真の解釈を見つけるのが（少なくともこれまでのところ）不可能だとわかっているのだから、それについて議論するのは時間の浪費だということです。そのような問題について心配するのは哲学者に任せて、物理学者は量子力学の形式的な体系を使って自然を学ぶことにしようという立場です。

半世紀以上の間、もっとも真剣な物理学者が解釈の問題に悩んできました。彼らはこう論じました。量子力学は驚くべき予測の力を持っているけれども、量子力学からいえることは定義上、測定の結果についてのみであるという点で、ほかにはない科学理論である、と。私たちが関心を持つべきなのは測定の結果だけであって、進歩をするためには唯一無二の解釈が必要だなどと思い悩むには及ばない、というわけです。そのような実際的な立場、すなわち科学哲学でいう「道具主義」の立場は、量子力学が生まれたときのヨーロッパでたまたま広がっていた「論理実証主義」の哲学に基づいています。もちろん、私は物理学から哲学へ迷い込みたくありませんが、この考え方の基礎的な要点は次のとおりです。ふたりの人が異なる考えを持っていて、そのとき経験的な事実によってそれらの違いを解決できない場合、彼らの矛盾する見解は無意味だから、議論などさっさとやめてビールでも飲みに行くべきだというものです。

この問題についての私の見解はどのようなものでしょうか？　私は、「計算している間は黙っていろ」という考え方に賛成します。これは、私がギリシア文字の記号について考えたり、コンピューターのプログラムを書いたり、黒板に数式を書きなぐったりしていないときには、量子力学の異なる解釈の相対的な優劣をじっくりと考えてかまわないということです。二十年も悩んだあげく、残念ながらまだ一つの解釈に決められずにいます。数学的な意味ではよく理解されている量子力学の規則に従えば、私たちと自然の間のコミュニーションはよどみなく進みます。けれども、量子力学が述べていることの唯一無二の解釈は今も見つかっていないのです！

このように言うとき、私はほかの物理学者と同じように、ボーアと量子力学の標準的解釈とみなされるものの遺産にとらわれていると認めないわけにはいきません。それは、量子力学の教科書の中で好まれている解釈で、あたかも唯一の筋の通った説明であるかのように物理学を学ぶ大学生に教えられています。しかし、この姿勢は最近変わってきています。ボーア流の解釈の有利な点として、それがもっとも単純な解釈であるという事実があります。量子力学の計算を実行するやり方を提供するという点で、それは現実主義者の究極の道具であり、コペンハーゲン解釈として知られています。残念なことに、それはもっとも深い量子の謎について何も述べず、多くの問題を素通りしています。しかしコペンコペンハーゲン解釈とひと口にいっても、基本的な部分以外ではさまざまな考え方があります。

コペンハーゲン的な考えが量子力学の教育にどれほど深くしみ込んでいるか一例を挙げると、この本の中でこれまでに述べた命題の多くは、コペンハーゲン解釈と同じくらい有効な別の解釈には出てきません。たとえば、私は波動関数が実際の物理的な実体ではなく、単に測定の予測をするための数字の集合にすぎないことを説明するためにひと苦労しました。これはまさにコペンハーゲン的な考えによるものであり、これから話すほかの考え方には出てきません。その考え方では波動関数は物理的に実在するものを表します。さらに驚いたことに、二重スリットの実験で原子が「何らかのやり方で」同時に両方のスリットを通り抜けたと論じる必要もなかったのです。量子力学の形式的な完成という点でも、実験の観測という点でも、私たちはそのような命題を必要としないことがわかります。ド・ブロイ－ボーミアン解釈では、原子がスリットのどちらか一方だけを通り抜けると仮定して、それでも最後に干渉縞ができることが完全に理にかなっていることがわかるでしょう！

まず最初に、ボーアと彼に従う物理学者がどんな主張をしていたかを詳しく見てみましょう。

コペンハーゲン解釈

コペンハーゲン的な考え方は、科学的理論の解釈というよりむしろイデオロギーというか哲学的な立場です。物理学者全員がコペンハーゲン的な考え方に同意しているわけではありません。実際それは、次のように説明されています。[1]

「コペンハーゲン解釈は単一の、明確ではっきりと定義されたアイデアの集まりではなく、互いに関連するさまざまな見方の共通要素である」

コペンハーゲン解釈は一九二〇年代の中頃から後半にかけて、ニールス・ボーアと、彼がコペンハーゲンの新しい研究所に呼び集めた若くて輝かしい天才たちとの議論の中から生まれたものです。彼らの中でももっとも注目すべき人物が、すでに登場したヴェルナー・ハイゼンベルクでした。ハイゼンベルクの物理学

1　マックス・ヤンマー、『量子力学の哲学』

への主な貢献は、シュレディンガーの波動方程式を量子力学的に別な形で定式化にしたことでした。これは行列力学として知られています。それは数学的に非常に高度なので、私はこのアプローチについて議論するのを避けてきました。しかし量子物理学の現場の研究者の多くは、シュレディンガーのアプローチよりもエレガントでより強力な技術として、行列力学を好む傾向があります。実際、二つのアプローチの組み合わせが必要になることもよくあります。

マックス・ボルンは波動関数の確率的な解釈を最初に示唆した人ですが、彼もまたコペンハーゲン的な考え方の発展に貢献しました。後に、アメリカ人のジョン・ホイーラーのような傑出した物理学者がボーアのアイデアを拡張し、いっそう明確なものにしました。しかしコペンハーゲン解釈は全体として、ボーアその人の功績とみなされるべきです。

ボーアの考え方が最初に定式化されてから4分の3世紀経った今日でも、これほど高く評価されているのは驚くべきことです。これは物理学者ロラン・オムネスがもっとも上手に要約しています[2]（彼はデコヒーレンスというアイデアの考案者のひとりです）。

「普通は、物理学の理論は十分に正確で一貫したやり方で示されるので、その理論を最初に考えた人を引用する必要はないように思われる。彼らの精神とインスピレーションを維持することに努めるだけで十分である。この健全な習慣に反して、コペンハーゲン解釈を詳しく論じた本はみなオリジナルの論文の再掲載や、その論文への詳しい注釈でできていて、時間が経つにつれて注釈の注釈がどんどん増える。それらの本は解釈にたちはだかる難問について、終わりのない議論に多くのページをさき、その議論ではしばしば物理学そのものより科学哲学のほうが重要になっている」

2 ロラン・オムネス、『量子力学の解釈』(*Princeton University Press*, 1994) page 81

もちろん、このことはボーアの天才と洞察を少しも損なうものではありませんし、彼の著作に見られるアイデアの明快さは、強く待ち望まれていたものだったのです。それは彼の解釈のさまざまな解釈を生む結果になりました……私が何を言いたいかわかるでしょうか。

コペンハーゲン解釈にはさまざまなものがあって、場合によっては互いに両立しないのですが、しかしそうしたさまざまなバージョンに共通する主要な考え方がいくつかあります。

コペンハーゲン解釈に共通する第一の、そして最大のポイントは、測定装置と独立して量子系を表すことはできないという考え方です。測定する装置がないのに系の状態を問うのは無意味な質問です。なぜなら、量子系を見るために使用する装置とその系を組み合わせるのでなければ、系に関して何かを知ることなど決してできないからです。

第二に、観測者の果たす役割は重大なものです。どんな測定を選ぶかは観測者の自由です。つまり、粒子の位置または運動量を測定するのか、光子の偏光方向を測定するのか、電子のスピンの向きを測定するのか、といった測定の選び方は自由なので、私たちがこれを見る前は、量子的なモノはこれらの点に関して明確に定義された性質を持っているとすら言えません。私たちが何を測定したいかを決定する前に、量子的なモノは重ね合わせの中で保たれているにちがいありません。このように、量子系のある種の性質は測定の瞬間に現実のものとなります。それより前は、私たちがそれらを測定するまで明確な古典的な意味で存在すると言うことさえできません。測定の結果だけが現実なのです！

コペンハーゲン解釈のもうひとつ別な教義があります。その教義とは、測定されている（量子）系と巨視的な測定する装置（ニュートン力学すなわち古典力学の法則で表される装置）の間の明瞭な境界設定がなければならないというものです。したがって、測定装置も結局は原子からできていますが、測定装置は量子系と同じように量子の規則に従うものとして扱ってはならないのです。測定という行為は、測定される系の状態に対して、潜在的な性質の組み合わせを一つの実際の結果へと一足飛びに変化させます。測定による「波

コペンハーゲン的な説明。量子カーテンの後ろで起こっていることを知ろうとすると必ず結果に影響を与えるので、その問いをするのは時間の浪費である。私たちが話せるのは見えることについてだけである。

動関数の収縮」という概念は、一九二九年にハイゼンベルクが最初に考えたものです。

量子力学ほど直観に反した理論が意味を持つためには、死に物狂いの手段を必要とするというのは驚くことではありません。もしかしたらそれはこの問題について述べることができることのすべてであるのかもしれません。私はコペンハーゲン的な考え方に対する反論をこれから述べます。それは、ほかの多くの物理学者と同様に、私がコペンハーゲン解釈は全盛期を過ぎたと感じている理由を示すためです。

私はコペンハーゲン解釈が真の解釈だとは少しも思っていません。それは、私たちがその意味についてあれこれ思い悩まずに量子力学の形式を利用するための規則の集まりです。それゆえコペンハーゲン解釈は原子が二つのスリットをどのように通り抜けるかを説明しないだけでなく、そのような問いをすること自体がそもそも無意味であって、私たちはスクリーン上の干渉縞という測定の結果についてのみ話をすべきだというのです。コペンハーゲン解釈では、問題を測定の結果に関するものだけに制限することによって、論理的な矛盾や一貫性のなさを取り

一九二七年のブリュッセルのソルベー会議にはアインシュタイン、ボーア、プランク、キュリー、ラザフォード、シュレディンガー、ド・ブロイ、ハイゼンベルクといった人たちが参加していた。量子力学の発展にとって重要な会合だった。

除きます。

ボーアやハイゼンベルクやウォルフガンク・パウリのようなコペンハーゲン解釈の開拓者たちの多くは、量子の世界の物理的なイメージを描こうとする試みが後にたくさん現れたとき、そうしたものを軽蔑気味に眺めていました。そうしたものは、もはやとってかわられた古いニュートン的な考え方に戻ろうとする無駄な試みだとみなしたのです。実際、晩年のボーアはほかの解釈を検討することさえ拒みました。おそらく、そんなものは消え去ればいいと思っていたのでしょう。ハイゼンベルクも同じようにそのようなやり方を軽蔑していました。なぜなら、

「それらは単に別な言葉でコペンハーゲン解釈を繰り返しているだけだ。……厳密に実証主義の立場に立てば、議論されているのはコペンハーゲン解釈に対抗する提案ではなく、別な言葉でそれを正確に繰り返したものだと言うことができる[3]」

3　ヴェルナー・ハイゼンベルク、『物理学と哲学』(New York: *Haper and Row*, 1958) page 129

ハイゼンベルクは、量子力学の形式が唯一無二の解釈を定め、代替的なアプローチは異なる物理学を意味するのではなく、ただ数学の解釈のしかたにおいてのみ異なると感じていました。言うまでもなく私は反対の意見です。なぜなら、そのような考え方を持つにはまず、コペンハーゲンの実証哲学派に同意しなければならないからです！

私の二つめの批判は、波動関数の収縮の過程がどのように起こるかに関してコペンハーゲン解釈が何も言っていないということです。測定されている量子系には、測定の前と測定の後で時間の奇妙な分裂があります。私たちが見る前は、量子系はシュレディンガー方程式に従って発展します。この時間的な発展（波動関数の時間的な変化）は不確定性も確率もまったく含んでいません。しかし測定が起こるやいなや、量子的な確率を生じるまた別な規則の集まりに私たちは従わなければならないのです。普通の物理的な過程と測定のこの区別はコペンハーゲン的考え方で説明できるものではありませんし、そもそも説明しようともしません。

最後に、個人的な考えではこれがすべての中でもっとも重要なのですが、観測者にそのような特権的な地位を与えることによって、コペンハーゲン解釈は観測抜きで存在する客観的実在を否定します。

コペンハーゲン派の人たちは、量子力学の解釈を依然として探し求めている人びとを実際の物理学ではなく、形而上学にのめりこんでいるとしばしば非難します。しかし量子力学の「正しい」解釈が存在するなら、それを探究することは自然が実際はどのようにふるまうかを説明する試みです。計算を実行するために従うひと組の苦肉の策の規則に満足することは、一時的な措置でしかありえません。

そうすると、ほかに何があるでしょうか？　ほかの解釈がもっと合理的でもっと説得力のある説明をすることができるなら、なぜコペンハーゲン解釈は大多数の物理学者によって今も支持されるのでしょうか？

理論は解釈を必要とするか？

一つの科学的理論に複数の解釈があっても、それらの解釈が違う予測をしないのなら共存してもよいという考え方は、おそらく量子力学に特有のものです。二十世紀の物理学の別の大きな業績と量子力学を比較すれば、興味深い並行関係があることがわかります。

一九〇五年に、アインシュタインはノーベル賞を受賞した光電効果に関する論文の発表のわずか数か月後に、彼の業績の中でももっとも有名な研究を完成させました。つまり特殊相対性理論です。これは、互いに相対的に運動する観測者たちは二つの出来事の空間的な距離と時間間隔に関して意見が一致しないというものです。しかし誰も特権的な座標系にいないので、絶対的な長さと時間という概念はなくなります。このことは空間と時間の概念の統一によってしか理解できません。こうして、互いに相対的に高速で運動するふたりの観測者は、物体の長さについても意見が一致しません。このことは、観測者の時計によって測定される二つの出来事の時間的な間隔についても意見が一致しないという事実によって、つりあいがとれるのです。いろいろな観測者によって測定される二点間の距離と、時計が時を刻む速さは、ローレンツ変換の方程式として知られている公式によって、互いに関係を持ちます。アインシュタインが自分の研究を公表する一年前に、最初にその方程式を書き下したオランダ人のヘンドリク・ローレンツにちなんだ名前です。実際、アインシュタイン以前に相対性理論の基礎の多くがすでに築かれていました。この方程式の初期の形式は、一八九〇年代にローレンツとアイルランドの物理学者ジョージ・フィッツジェラルドが独立に提案していました。これは光が空っぽの空間を進むことができることを明らかにする有名な実験について説明したものです。

問題は、ローレンツとフィッツジェラルドは正しい方程式と正しい答を得たとはいっても、間違った理由に基づいていたことです。彼らは、起こっていることを誤って解釈していました。空間にあまねく広がって

いる謎めいた「エーテル」の中を進むことによって、光の速度を測定する機器の長さが押し縮められると仮定したのです。アインシュタインの偉大な業績は、単純な仮定を提案し、それによって物理現象の正確な解釈を与えたことでした。水の波が水を必要とするのと同じように、光が進むためにはある種の媒体を必要とするという概念は必要ではないことを、アインシュタインは示しました。光線は空っぽの空間を進むことができるだけでなく、私たちがどれほど速く動いていても測定される光の速度は同じであるとアインシュタインが大胆に提案したとき、すべてがすっきりと収まりました。

この信じがたいけれども決定的な概念、そして、空間と時間が一体だというアイデアによって、なぜそのような実験結果になるのかということを理解できます。ローレンツ・フィッツジェラルドが示した、長さが縮むという考え方は計算結果と観測が一致したという意味では正しいのですが、彼らが示した理由は正しくありませんでした。アインシュタインは正確な解釈を与えました。このことから、科学的理論の正しい解釈がなぜ重要なのかがはっきりとわかります。正しい解釈は真実に近づく道なのです。理論が実験にどれほどよく合っても、有効な解釈がなければ私たちは依然として暗がりのなかにいることになります。

量子力学では、唯一無二で完全に満足できる解釈を誰も考えついていません。しかしだからといって、それはそのような「正しい」解釈が存在しないということなのでしょうか?

ド・ブロイ–ボーム解釈

量子力学の開拓者の中には、優勢なコペンハーゲン教義に不満を持つ人もいました。ごく初期からアインシュタイン、シュレディンガー、ド・ブロイはいずれも量子力学の別な解釈を提案しようとして懸命に努力しました。しかし彼らはコペンハーゲン・グループの才能、推進力、鋭い説得力に太刀打ちできませんでした。いろいろな文書に残されていますが、ボーアとアインシュタインは量子力学の意味をめぐって専門的な議論を何度も交わしました。最終的にその勝利を得たのはボーアであると認められています。しかしその理由は、アインシュタインが量子の奇妙さをすべて取り除く道があると主張したせいでした。それはできないことが今ではわかっています。しかし、だからといってボーアが正しかったのではありません!

コペンハーゲン的な考え方の重要な代替案を最初に考えついたのは、実はルイ・ド・ブロイでした。彼はそれを「二重性による解決の原理」と呼びました。それは、彼が提案した物質の持つ波と粒子の二つの側面を合成したものを意味します。一九二七年のブリュッセルでのソルベー会議は、量子力学の発展において画期的な出来事の一つです。これほど短い時間で、これほどわずかな人によって、これほど多くのことが明確にされた会議はないといわれています。その当時の理論物理学の主だった研究者は、アインシュタインとボーアを含めて全員出席しました。

ド・ブロイは、波動関数が実在する物理的な波を表し、その波によって実在の量子的な粒子は何らかの経路を進むように導かれているのかもしれないと仮定する論文を提出しました。彼にはアイデアのすべてを頭の中で整理する時間がありませんでした。そのため会議の出席者から鋭い批判を浴びたとき、自らのアイデアを擁護できませんでした。当時、ハイゼンベルクが彼の行列力学を公表して以来わずか二年しか経っていなかった頃です。コペンハーゲン派の人びとは、「実在論」に戻ろうとするあらゆる試みは完全に間違っているとしてきっぱりとしりぞけました。そのような試みはどれも、量子の領域においてあまりにも視覚的な理解にこだわりすぎているというのがその理由でした。

それから四半世紀も経った後、彼らの姿勢は急ぎすぎていて、独断的ですらあったことがわかりました。デービッド・ボームはマッカーシーの時代に「非アメリカ的な」活動をしたとされてプリンストンでの職を失った後、英国に移住したアメリカ人物理学者ですが、多くの人が不可能だと思っていたことに成功しました。一九五二年に、彼は本質的にド・ブロイのオリジナルのアイデアを拡張した二つの論文を発表しました。この研究で、彼はコペンハーゲン解釈がすべての実験の結果と両立できる唯一の解釈ではないことを示しました。

ボームの解釈は量子力学の方程式に何の追加もしません。そのことを強調しておきます。人びとが不快に感じていたのは理論そのものではありませんでした。すなわち量子系の物理的な性質を計算する数学的な枠組みではなく、その意味でした。そのためボームのアイデアについて立ち入る前に、私はもう一度次のことを強調しておきます。つまり、コペンハーゲン解釈とド・ブロイ-ボームの解釈（ド・ブロイは適切な評価を受けていないように思われるので、彼の名を強調しておきます）は原子以下のスケールの世界に関して、完全に同じ予測をするということです。解釈が違っても、同じ理論を使うなら違う予測は出せないのです。

二つの解釈が私たちに与えてくれるものは、二重スリットの実験で起こっていることに関する二つのまったく異なった見方です。それらは量子力学の形式的な体系を表すのに使う言葉の違いにすぎないのではありません。背後にある物理が違うのです。

ボームは、波動関数が単なる数学的なものではなく実際の物理的な存在であると論じました。彼はド・ブロイの古い考えに従って、ある種の力の場によって誘導されているはっきりとした粒子という描像に基づいて、シュレディンガー方程式を練り直したのです。

ド・ブロイ–ボーム・アプローチの支持者たちは、それがとり戻すのはまさに実在という考え方そのものであると指摘します。原子が二つのスリットに直面したとき何が実際に起こっているのか、この立場に立ってもう一度問い直すことができます。そこで得るものを気に入らないかもしれません。物理学者の中にはこれをこの解釈を攻撃する口実に利用する人もいます。なぜなら、量子の奇妙さ（以前にでてきた波動関数の非局所的性質のようなもの）がもはや便利な数学に覆い隠されずに、「目の前」にあらわになっているからです。ボームは、私たちが見ていないとき自然がどのようにふるまっているかと問うことを可能にします。多くの物理学者にとってこれは無意味な行為に思えます。なぜなら私たちは、見るまでは命題の正しさを判断できないからです。コペンハーゲン解釈は測定の結果だけを問題にする必要最低限の解釈だから、物理学者たちはそれを選ぶのです。

それでは、ド・ブロイ–ボーム解釈は二重スリットの手品をどのように種明かしするのでしょうか？　ド・ブロイ–ボーム解釈によれば、シュレディンガーの波動関数に隠された情報の一部は量子ポテンシャルと呼ばれる量子エネルギーの形式を表しているというのです。量子ポテンシャルは空間に広がり、量子的な粒子がある経路に沿って進むように誘導します。したがって、原子自身はどちらか一方のスリットしか通り抜けていませんが、量子ポテンシャルは現実に両方を通り抜けます。スクリーンにでき上がるパターンは、もう一方のスリットを通り抜けた量子ポテンシャルのふるまい方に影響を受けます。量子ポテンシャルは、それ

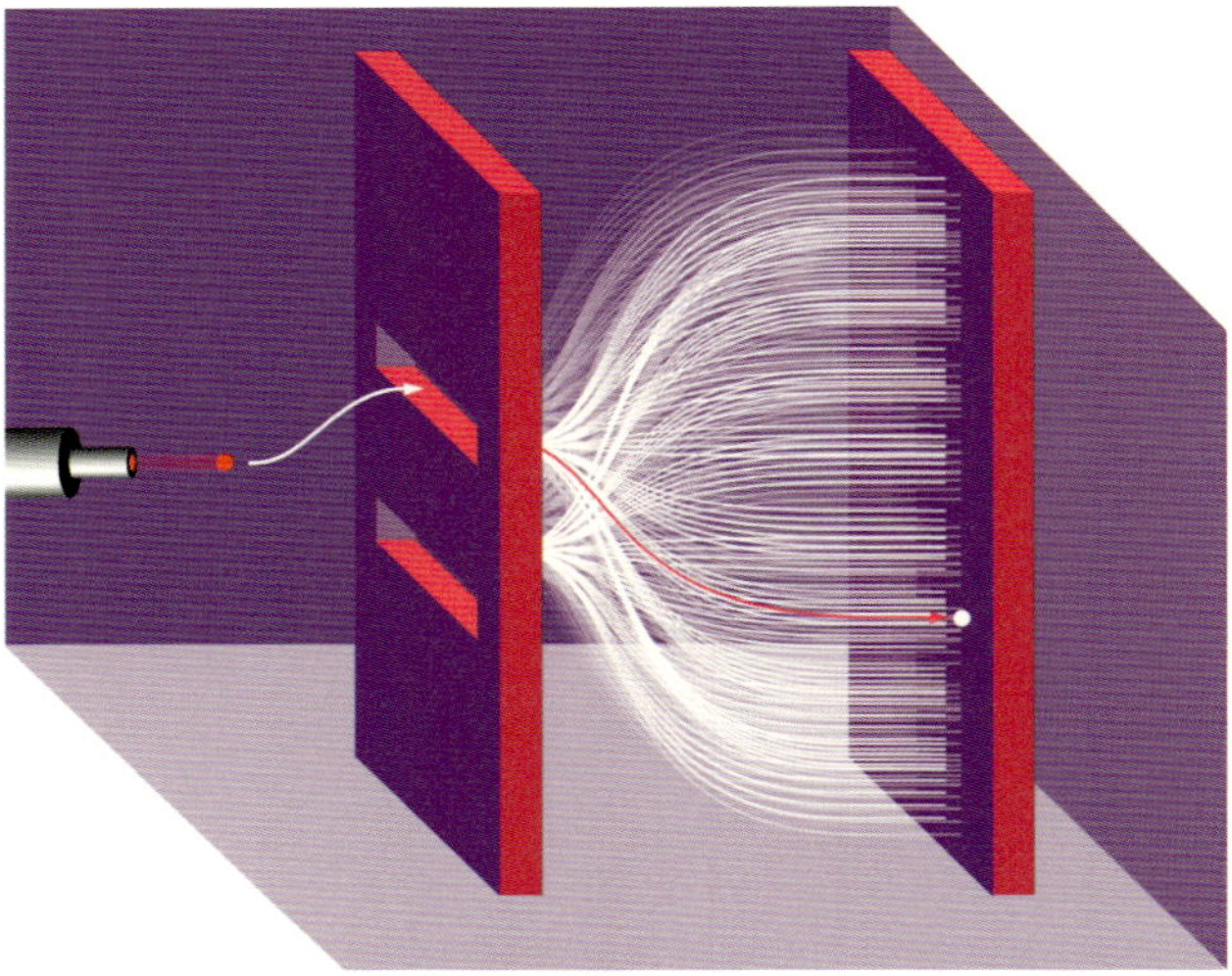

ド・ブロイ–ボームの説明。原子は常に局所的な古典的粒子として存在し、そのようなものとして二つのスリットのうちの一つだけを通り抜ける。しかし量子ポテンシャルの影響は両方のスリットに広がり、原子を誘導する。原子は量子ポテンシャルの分布に従って、確定しているけれども制御できず、予測することもできない経路に沿って、進む。

ぞれの原子に、明確に定まっているけれども予測はできない経路に沿って進ませるような形をしていると考えられます。量子ポテンシャルの真実の形がスクリーン上のパターンの中に現れるのは、たくさんの原子がスリットを通り抜けたときだけです。

原子を監視しようとすると干渉縞は消えます。それは量子ポテンシャルを妨害するからです。同じように、二つのスリットのうちの一つを閉じると、あらゆる場所の量子ポテンシャルを変化させ、その結果もう一方のスリットを通り抜ける原子の可能な軌道を変化させます。

一つの場所で量子ポテンシャルを乱すと、即座に空間の全体にわたって量子ポテンシャルを変化させるのです！　量子ポテンシャルの変化が粒子にどのように影響するかを予測できないため、この非局所性は光より速い信号伝達には使用できません。しかしこのことを多くの人が不快に感じています。

忘れてはならないのは、どんな解釈を選んでも量子力学が非局所的であるということです。

コペンハーゲン的な考えにおいては、非局所性は波動関数の数学的な特性にすぎません。ですから「現実」ではないとみなされます。その代償として、原子のある性質も現実ではないということになります（もちろん測定されるまでは、ということです）。物理学者のジョン・ベルはボームのアイデアの熱烈な支持者でした。ベルは、実在という考えを放棄するくらいなら局所性を放棄したいと常に述べていました！

ド・ブロイ–ボーム解釈では、原子が二つのスリットを通り抜けるときに広がると考える必要はもはやありません。原子は常に明確な、局所的な粒子です。しかしある場所に原子が見つかる確率を計算するには、前と同じやり方で波動関数を使わなければできません。これは重要なことです。ですから、決定論に従う自然という古い考え方を回復するとはいっても、それはニュートンの時計仕掛けの宇宙へ戻ることではありません。明確な軌道を予測できるように粒子の初期条件をコントロールすることは基本的に不可能です。なぜなら、そのような試みは量子ポテンシャルの変化を引き起こすからです。別の言い方をすれば、原子がどちらのスリットを通り抜けるかをあらかじめ知ることはできません。

さらに、ド・ブロイ–ボーム解釈は一個一個の粒子が現実の明確な軌道をたどると仮定していますが、これを証明することは不可能です。

では、なぜド・ブロイ–ボーム解釈は人気がないのでしょうか？　その支持者は、物理学者の中では今でも少数派です。その理由としてよくいわれるのは、ド・ブロイ–ボーム解釈はコペンハーゲン解釈と同じ数学的な理論に基づいているからこそ成功するのだ、というものです。それ以上のこと、つまりド・ブロイ–ボーム解釈に独特のものはどれも観測上は無意味で、古典的偏見に基づいているというのです。しかしハイゼンベルク自身でさえ、ド・ブロイ–ボーム解釈が「形而上的」だの「イデオロギー的」だのというのよりも強い批判を思いつくことができませんでした。

ほかの物理学者は、量子ポテンシャルの存在に関する仮定の追加は不必要だと考え、非局所性が非常に現実的なものになるのを嫌っています。たとえば、第4章で論じたEPR実験では、二つの粒子のうちの一つは、それらの量子ポテンシャルの結びついたものによって離れたパートナーに瞬間的に影響を及ぼすことになります。しかし、アインシュタインが光より速い通信は不可能であると教えました。ということは、量子ポテンシャルが実在するなら量子力学は相対性理論と矛盾するはずです。しかし前にも述べたように、実際には事態はそれほど悪くありません。量子ポテンシャルがあっても、そのような粒子間の光より速い信号伝達はメッセージを送るために利用することができません。それは、それぞれの量子の測定には確率的な性質、すなわち予測不可能な性質が組み込まれているためです。

量子力学のこのバージョンが標準にならなかった本当の理由はもしかすると、単に歴史的な偶然のせいかもしれません。これはアメリカの物理学者ジム・クッシングの見方です。彼はコペンハーゲン解釈が今でも標準とみなされる理由は、それが最初に登場し、有力な人物によって擁護されたからだと言います。アインシュタイン、シュレディンガー、ド・ブロイなど一九二〇年代にコペンハーゲン解釈に反対した人たちは、その批判において互いに手を組みませんでした。それゆえ、クッシングはこんなふうに言っています。[4]

「コペンハーゲン解釈は最初に丘の頂上に到着した。そして多くの現場の科学者にとって、それを押しのける理由はないように思われる」

ボームのやり方は、実際には「隠れた変数」の理論として総称される解釈に属します。そしてボームのやり方はこれらのアプローチのうちでもっとも高度なものです。このような隠れた変数は、より深いレベルの物理的な実在を表します。それは私たちには隠されていますが、量子の不確定性とあいまいさの起源であるとされます。ド・ブロイ-ボーム解釈では、隠れた変数は粒子の確定した位置です。したがって、それはコ

4 ジェームズ・T・クッシング、『量子力学　歴史的な偶然とコペンハーゲンの覇権』(*University of Chicago Press*, 1994)

ペンハーゲン的な考え方とは異なり、量子的な粒子は測定の前に確定した位置と運動量を持っているが、私たちはそれらにアクセスできないというものです。不確定性原理は今や、単に「私たちには知る術がないこと」に関する命題だということになります。

数学者ジョン・フォン・ノイマンが一九三二年に隠れた変数という解釈の可能性を否定する数学的な証明を提供したように見えました。それは、量子的な物体のある種の性質はそれらを測定するまで存在できないというコペンハーゲン的な考え方を支持するものでした。フォン・ノイマンの「証明」が間違っていることを物理学者が発見したのは何年も経ってからでした。[5] 非局所性を考慮に入れたとしても、ボームの見解のような客観的実在に基づく解釈を否定する理由はまったくなかったのです。隠れた変数という解釈をすべて除外する試みは「不可能性の証明」として知られています。ジョン・ベルは次のように述べました。「不可能性の証明なるものによって証明されるものは想像力の欠如である」。しかしもっと最近になって、ベルのアイデアを発展させるのに非常に貢献した物理学者デヴィッド・マーミンが、「可能性の証明によって証明されるものは想像力の過剰だ」と反撃しました。

多世界解釈

ボームの研究の数年後、ヒュー・エヴェレット三世というアメリカ人が「相対状態解釈」（とても無味乾燥に聞こえませんか?）と呼ぶものを提案しました。これはそれ以来、どちらの立場に立つかによって違うのですが、量子力学のもっとも風変わりでもっとも途方もない解釈であるとも、もっともわかりやすい解釈であるとも、みなされているのです。実際、私自身この二つの両極で揺れ動いています。ある日はこんなも

5 実際ちょうど三年後にグレーテ・ヘルマンがフォン・ノイマンの誤りを示しました。しかしコペンハーゲン的な考えが非常に広く行き渡っていたので、彼女の証明は完全に無視されたように思われます。

ます。

のに時間を費やすなんてばかげていると思い、別の日にはこれ以外どうやっても考えられないと思ったりし

エヴェレットの解釈は、ド・ブロイ-ボームの解釈と同じようにコペンハーゲン解釈を悩ませる測定問題がありません。また、ボームの物理的な非局所性を必要としません。そして、デコヒーレンスは最初の二つの解釈でうまくいきますが、それはエヴェレットのアプローチやその現代的な変種のうちにもっとも適切な場所が見つかるように思えます（私にとってはですが）。そう、ここまでは問題ありません。しかし、量子の奇妙さが姿を変えて現れることを忘れないでください。それは、私たちが無数の並行宇宙のうちの一つにいるのでなければならないというとてつもない要求として現れるのです！

いったいどうしてそのような結論が出てくるのでしょうか？　それはまるで、量子力学の有効な解釈の確かな基準とはただ一つ、それが奇妙なものでなければならないと言っているかのようです。もしかしたら、（時間をさかのぼる信号を必要とすることのほかには）奇妙なところをきれいさっぱり消しさる別の解釈があるのかもしれません。でも、ちょっと待ってください、実はそれはすでに発見されているのです！　それはトランザクション的解釈と呼ばれています。私はこの章の終わりでトランザクション的解釈のことも説明します。しかし、私が何を目指しているかはわかるはずです。微小なスケールでの自然のふるまい方についてのこれらのさまざまな、真剣な見方に比べれば、水晶とピラミッドの神秘的な力だのという「新しい時代《ニュー・エージ》」の似非科学的なお話はだいぶ色あせてしまいます。

エヴェレットへ戻ります。彼の解釈はそれ以来、たくさんの変種を生み出しました。彼のオリジナルのアイデアは現在では多世界解釈として知られています。さらにマルチバース解釈、多歴史解釈、そして多精神解釈があり、私はその中では一つめの解釈が特に好きで、二つめはよく理解していません。三つめは興味がありません。

基本的なアイデアは次のようなものです。量子系が二つ以上のスリットのうちの一つを通り抜けるときの

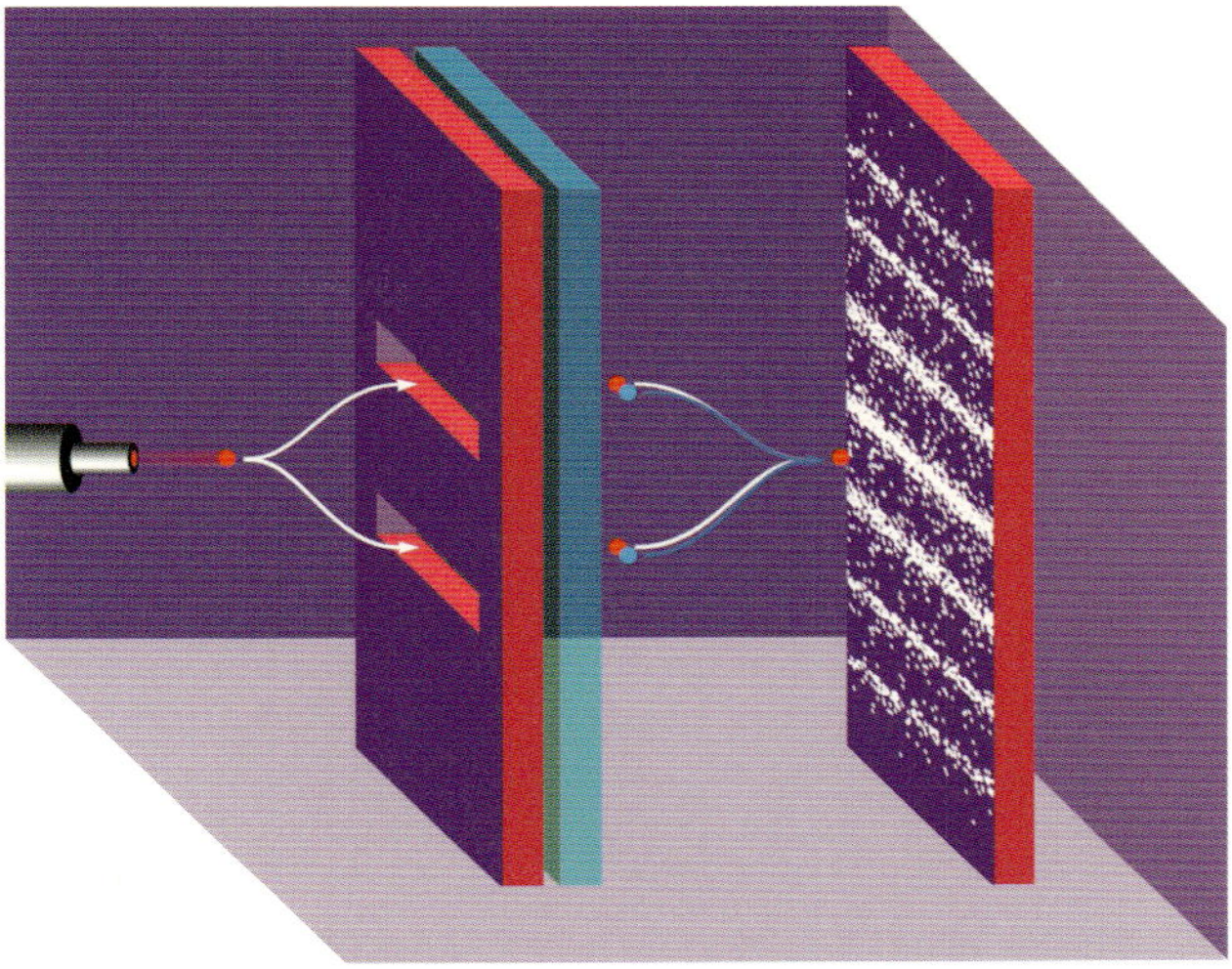

多世界的な説明。可能なあらゆるものが実在し共存する。原子はそれぞれの宇宙で別なスリットを通り抜け、二つの宇宙は１個の原子のレベルでのみ重なり合う。それぞれの宇宙で原子は別のスリットを通り抜けた、並行する自己の存在を感じ取る。重ね合わせとそれによる干渉は、宇宙の重ね合わせの結果である。

ように、複数の可能性のうちの一つを選ぶ状況では、波動関数が重ね合わせの状態に入るのではなく、その量子系と宇宙全体とが、量子系の可能性の数と同じ個数の実在に分裂すると考えるのです。これらの異なる世界／宇宙／分岐は、粒子が複数の可能性のうちのどれを選んだのかということを別にすれば、互いにまったく同じです。一つの宇宙では粒子は上側のスリットを通り抜け、別の宇宙では下側のスリットを通り抜けたのです。デコヒーレンスが起こるまでの間、この宇宙たちは干渉が起こっているその領域でのみ重ね合わさります。その後、デコヒーレンスによってこの宇宙たちは相互作用しない独立した実在に分かれます。そういうことです。測定の過程はもはやありません。波動関数が「収縮」する必要もありません。シュレディンガーの猫は、一つの宇宙では死んでいて、別の宇宙では生きています。観測者としての私たちもまた分裂し、自分たちがいる分岐の結果だけを見るのです。しかし私たちのほかのコピーが並行宇宙にいて、彼らには私たちとは別の結果が現実のものとなっています。

ヒュー・エヴェレットは、ほかの物理学者が彼の見解を支持してくれないことに幻滅を感じて落胆しました。実際、エヴェレットがコペンハーゲンにボーアを訪ねたとき、ボーアは彼を拒絶したといいます。彼は物理学をやめて最初は国防アナリストになり、それから民間人の立場でアメリカの防衛産業と契約して働き、核戦争で死傷者の割合を最大にするやり方を考えて一財産をこしらえました。エヴェレットの研究への関心は、「多世界解釈」という言葉を作ったブライス・デウィットによって一九六〇年代の終わりに復活しました。

量子コンピューターの開拓者のひとりであるオクスフォード大学の物理学者デイヴィッド・ドイッチュは、エヴェレットのアイデアのバリエーションを提案しました。それは、あらゆる可能な宇宙はすでに存在し、量子が分岐するのを待つ必要はないというものです。ドイッチュは自分の解釈をテストすることを提案しました。それには人工知能の開発が必要です。そのテストは波動関数の収縮が起こるかどうかを確かめるものになるでしょう。多世界解釈ではそれは起こらないからです。

ほかに何があるか?

過去数年の間にいろいろな解釈がすたれたり、しりぞけられたりしてきました。あまりにもありそうでないとか、新しい実験の結果によって除外されたりしたためです。たとえば、「局所的実在（ローカル・リアリズム）の理論」として知られているド・ブロイ-ボーム・アプローチの類似物は、ベルの不等式が破れているのを確認した、一九八〇年代の初めのアラン・アスペの実験結果に基づいて、候補のリストから削除されました。同様に、波動関数の収縮の要件としての意識という概念を真剣に受けとめている人はほとんどいません。

初期のアプローチのうちの一つとして、「統計的解釈」というものがあります。興味深いことに、アインシュタインが好んだのはこの解釈です。統計的解釈とは、量子力学は一回の測定に対して何かを述べているのではなく、同一条件にある複数の量子系の測定の集まり全体にのみ何かを述べているとみなすのです。つまり量子力学とは全体的な「統計」について述べているとみなすということです。現在では、一つ一つの量子系、一個の原子に対してさえ実験ができるので、この解釈が生き残るには、この解釈を支持する人たちは大きな解明作業に取り組む必要があります。支持者の数は大きくはありません。

二つのものが最近リストに追加されました。トランザクション的解釈と、一貫した歴史解釈です。トランザクション的解釈はジョン・クレイマーによるもので、明示的に非局所的であるという点でド・ブロイ-ボームの考え方に似ています。実際、非局所性はここではいっそう重大なものになっています。要求されるのは空間を横切る瞬間的なつながりではなく、時間を横切るつながりなのです！　この解釈によれば、シュレディンガーの箱を開くという行為は、放射性原子核が崩壊しているかそれとも崩壊していないかということを伝える信号を、過去に向かって送るのです。

一貫した歴史解釈というアプローチは主として、素粒子物理学者でノーベル賞受賞者のマレー・ゲルマンと、彼の共同研究者ジェームズ・ハートルが提唱したものです。大人気というほどではありませんが、支持する人たちは増えています。それは測定の行為というものを要求せずに、波動関数と確率を一貫性のあるやり方で組み合わせます。この解釈は一九八四年にロバート・グリフィスが最初に提案し、数年後にロラン・オムネスがさらに発展させました。この考え方によれば、「歴史」は継続する時間において起こる量子事象のつながりとして定義されます。このアプローチのよい点は、放射性原子がいつ崩壊するのかといった、異なる事象に確率を割り当てることができて、しかもその放射性原子が測定装置から遠く離れた星間空間にあったとしても、それが可能だという点です。

さらに、力学的な縮小理論に基づいた解釈がいくつかあることにも触れておくべきでしょう。[6]　これらのアプローチは、測定なしで波動関数の自発的な収縮を絶えず引き起こす余分な何かを追加する必要があります。あらゆる既知の観測結果と一致するようにこの理論を作ることは可能ですが、収縮を引き起こす本当の物理

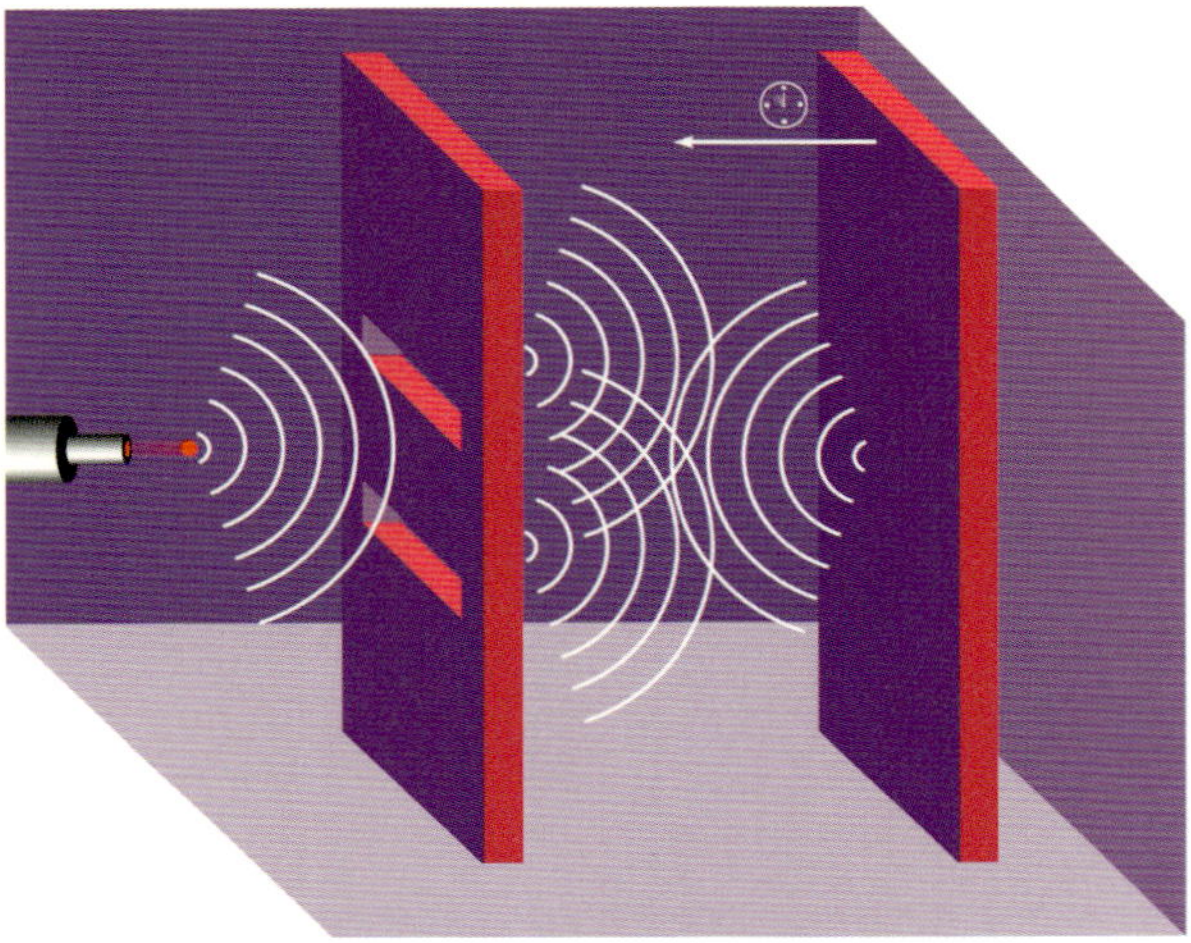

トランザクション的な説明。この解釈は、原子が両方のスリットをどのようにして同時に通り抜けるかという中心的な謎を説明するのには役に立たない。この解釈は、原子がスリットを通り抜ける前に、自分が見られているかどうかをいかにして知るのかということを説明しようとするものである。スクリーンに到達するか、スリットの一つの近くにある検出器に到着すると、原子は時間をさかのぼって信号を送り、進んで行く波にどのようにふるまうかを知らせる。すなわち、両方のスリットを通り抜けて干渉するか、それともスリットのうちの一つだけを通り抜けるかのどちらかを伝える。

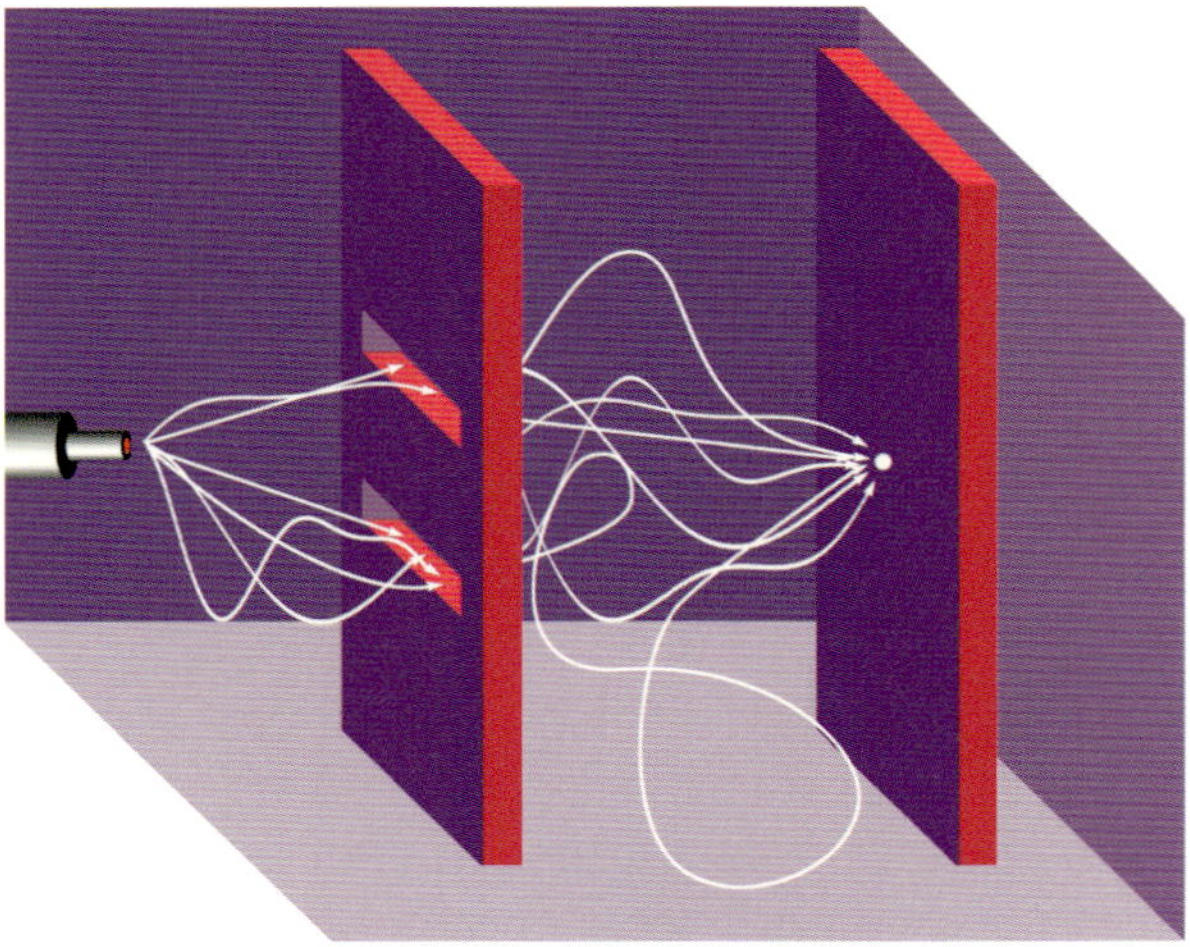

歴史の総和という考え方による説明。原子は粒子のままだが、どれほど可能性が低い経路であってもあらゆる経路を同時に探る。すべての経路が足しあわされて、原子がたどる物理的な経路以外のすべての経路が相殺される（打ち消しあう干渉のために原子が到達できない地点にいたる経路は、相殺されてしまう）。しかし経路の相殺のしかたは、どんな選択肢が可能なのかによって決まる。両方のスリットが開いていると、より多くの経路が利用でき、相殺のしかたは異なったものになる。

的なメカニズムはわからないままです。近い将来の実験で、それが実際に起こっているのかどうかを確認できるにちがいありません。もしそんなことが起こっているなら、量子力学に修正が必要になります。ほとんどの物理学者はこの可能性はとても低いと考えています。

私たちの立場

解釈の問題が本格的に研究されるようになったのは、わずかここ二十年のことです。これは原子物理学と光学で信じられないほど精巧で斬新な実験が行われる新しい時代になったことと、量子暗号や量子コンピューターという新しい分野ですばらしい研究が行われるようになったことにも一因があります。これらの研究の多くで、物理学者は一個一個の原子を操作しているのです！

学生だった頃の私は解釈の問題についてまったく注意を向けませんでした。本章のトピックは学生たちを混乱させますし、これを学んでも役に立つ計算や測定ができるようになるわけではありません。このような問題に関連する議論は最近までタブーとみなされていました。マレー・ゲルマンはこんなふうに言っています。

「ニールス・ボーアは、その問題が解決されたと信じるよう物理学者のあらゆる世代を洗脳した」

ボーア自身の言葉でさえこうです。

6 もっともよく知られているのは、ギラルディ、リミニ、ヴェーバーの三人のイタリアの物理学者によるものです。一九八六年に提案されたもので、GRWアプローチと呼ばれました。もう一つはロジャー・ペンローズが提案したもので、彼は重力が波動関数を収縮させる働きをすると示唆しました。

「量子の世界というものはない。量子物理の抽象的な表し方があるだけだ。物理学の仕事は自然がどのようなものであるかを見つけ出すことだと考えるのは間違っている。物理学は私たちが自然に関していえること（だけ）に関係する」

私は反対です。少なくともこの点では、私はアインシュタインが正しかったと感じています。物理学理論の仕事とは、「物理的な実在の真実にできる限り近づく」ことだとアインシュタインは信じていました。私は、テレビ番組『Xファイル』に息づいているスピリットの意味で、「真実はそこにある」と考えたいのです。いつかそこに到達できるかどうか、私にはわかりません。けれども、それが空しい探究に終わることはないと信じています。量子力学の形式な体系に対して、今はまだ選択しかねる解釈があれこれ存在することを許しているということは、正しい解釈がないということではありません。いつまで経っても私たちはそれを見つけることができないということだってあるかもしれません。しかし、私たちが選ぶことができないから、自然もそれができないと主張するのは傲慢すぎます。

ド・ブロイとボームの量子的実在

クリス・デュードニー（ポーツマス大学環境・地球科学部）

ド・ブロイ–ボーム解釈は物理学者の間でもっとも人気のあるものではありませんが、それにはいろいろなバージョンがあります。いろいろなド・ブロイ–ボーム解釈に基本的に共通していることは、決定論的な運動方程式に従って時間的に変化する明確な位置を粒子が持っていることです。ある量子系に含まれるすべての粒子の最初の位置が与えられて、波動関数が時間とともにどう変化するかがわかっていれば、それらの粒子がどのように動くかを正確に推定することができます（ただし、系に含まれる粒子の最初の位置をコントロールできないことに注意してください。本文を参照のこと）。そのため量子系の未来全体（と過去）は、測定の結果を含めて予測可能です。この点で、古典力学に謎がないように、量子力学にも謎はありません。いろいろなアプローチの違いは、軌道がどのようにして生じるのかという見方の違いから来ているのです。

ボームは最初、量子ポテンシャルに基づく新しい力の立場から理論を示しました。その力は粒子を適切な場所に押しやり、量子的なふるまいと古典的なふるまいの違いを説明します。ボームは量子と古典的世界の間の本質的な違いを明らかにしたいと考えました。ほかの物理学者はジョン・ベルのバージョンを支持し、必要なのは軌道を決める方程式を決定することだと考えました。その方程式はそれ自身、本質的に自然の新しい法則とみなされるべきものです。そして私たちは、ニュートン力学の形式のみにくい姿をまとった量子ポテンシャルと量子的な力についてあらゆる余計なおしゃべりを慎むべきだというのです。過去においてド・ブロイ-ボーム解釈を受け入れることを妨げた問題の一つは、もっとも単純で面白くないケースを除いて、軌道を手で計算できないということです。しかし一九七〇年代後半の二重スリットの実験以来、明示的な計算がたくさん実行され、このアプローチがどれほど正確に機能するかが明らかにされました。

ド・ブロイ-ボーム解釈の興味深い特徴は、一九五二年にボームが指摘しているように、基礎となる理論は予期された結果をすべて再現するにもかかわらず、バリエーションを作れるということです。それは、解釈の仮定のうちのいくつかを緩めることから出てくるもので、新しい観測可能な効果を導き入れます。そのような効果を検出する可能性についての研究が現在進んでいます。

ド・ブロイ-ボーム解釈が際立たせる、量子力学のもっとも基本的な特徴の一つは非局所性です。非局所性はある状況のもとで別々な量子系が結合することです。相対論によって、二つの系の間のいかなる物理的な相互作用も不可能とされる状況のもとでの量子系の結合なのです。相対論によれば、すべての影響は光速以下で伝播するはずです。しかし非局所性はこの教えに従いません。今日ド・ブロイ-ボーム理論でもっとも興味深い問いの一つは、ド・ブロイ–ボーム理論の明示的な非局所性が相対性理論の条件とどのように調和できるかです。量子系に対してどんな測定をしても、超光速の影響があらわになるようにして相対論と矛盾することを示すことはできない、ということが認められています。量子力学を使って光速より速く信号を伝達することはできません。量子力学のどんな実在論的な解釈にも、非局所的な過程があるにちがいないことも認められています。

ボームは、自分の解釈が量子力学の統計的な結果のレベルでは相対論との矛盾を生じないとしても、基礎的な一つ一つの過程という根本的なレベルでは相対論の精神を破ると論じました。一つ一つの過程が集まって統計的な結果となるのです。超光速の影響が許容され、基礎的な相対性原理にも反する特別な座標系、もしくはそのような都合のよい座標系があり、その座標系では影響が瞬時に伝わるとボームは言います。多くの物理学者は、隠れた過程のレベルであっても、相対論からのそのような逸脱を受け入れることができず、ボームのアプローチに対する不満の理由としてこれを挙げます。実際、影響が瞬時に伝わる都合のよい座標系という問題を解決しようとして、複数の実験が進められています。しかし、ボームのアプローチだけが唯一の選択肢ではありません。

もっと最近では、ド・ブロイ–ボーム・アプローチを拡張する提案がされています。それは、徹底的に相対論的なド・ブロイ・ボーム解釈に非局所性を埋め込むことによって、都合のよい座標系というものを排除する提案です。この研究は、ド・ブロイ–ボーム解釈が相対論に抵触するという主要な反対意見を克服できることを示しています。もちろん、やるべきことはまだ多くあります。相対論的な量子場の理論によって表される過程に関する部分などがとくにそうです。しかし、ド・ブロイ–ボーム解釈を完全に否定できる議論はないというのが本当のところです。このアプローチに対する反対は結局のところすべて、ある種のアイデアを別のアイデアよりも好むということに基づいているのです。

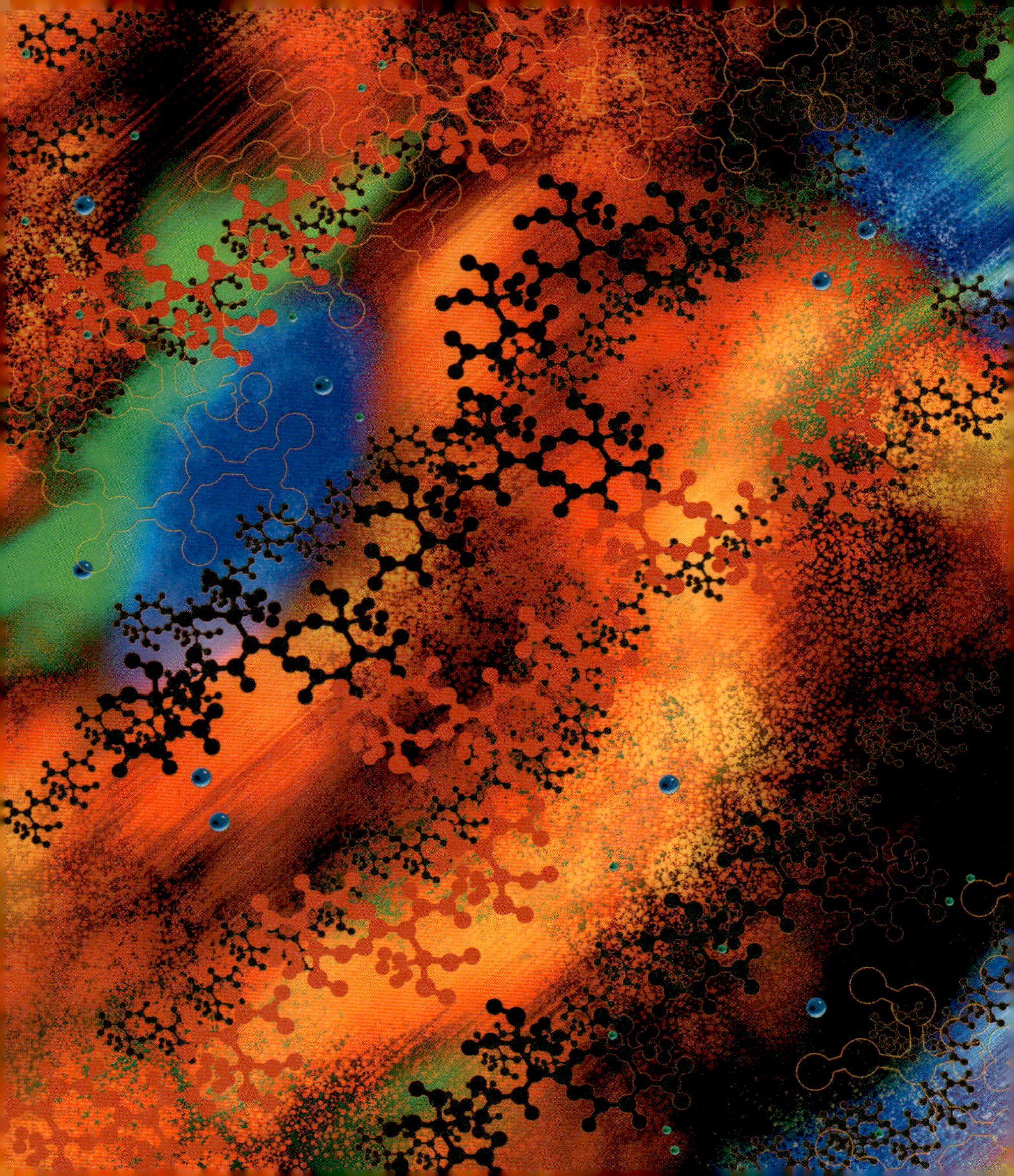

The Subatomic World

第７章
原子よりも小さな世界

ここまで読み進んできて、こんな印象を持ったのではないでしょうか。物理学者は実在とは何かを論じたり、「事象」とか「現象」といった言葉の意味や、何かを測定するとはどういうことかといった深遠な事柄について意見を戦わせ、私たちが見ていないときに微視的な世界で何が起こっていて何が起こっていないのかを表す方法を考えるために時間を費やしているらしい、と。これは真実とは大違いです。ほとんどの物理学者は量子力学の解釈にまつわる問題にそれほど関心を持っていません。それは無理のないことなのです。物理学者は理論を使って原子よりも小さなスケールの世界の構造や性質を理解するのに大忙しなのです。

実際、「黙って計算しろ」という姿勢がなかったら、過去半世紀にわたる科学と技術の大きな進歩は実現していなかったでしょう。これについては第9章で論じます。

二重スリット実験の謎をどのように解くかという議論は語り尽くしたので、今度は物質の究極の基本構造を探す科学的な研究の新しい分野が生まれる上で量子力学がどのように役立ったか、そしてこれらの基本構造がどのように相互作用し、結合して、私たちを取り巻く美しい複雑な世界を生むかについて考えることにしましょう。前世紀の間に、物理学者はよりいっそう深く、よりいっそう小さなものを調べるようになりました。最初は原子の内部、その後は原子核の内部、さらには原子核を構成する粒子の内部をのぞきこむことになったのです。物質の究極的な基本構造の探究は玉ねぎの皮をむくのにたとえられています。玉ねぎの皮をむくと、よりいっそう基本的な構造がすぐ下に現れました。そこで本章では原子物理学、核物理学、そして素粒子物理学の発展の物語と、量子力学が長い探究の冒険の中でどのように誘導灯となってきたかについて述べます。もちろんたった一章でこれらの分野の歴史を語りつくすことはできません。私たちの旅は、その冒険の物語のハイライトを間近からゆっくりと眺め、二十世紀の物理学を形作った人物の姿を見ていく各駅停車の旅になるでしょう。

もっと重要なのは、量子の奇妙さのリストがまだ完成していないことです。量子トンネル効果、スピン、パウリの排他原理といったすばらしく面白いものが私たちを待ち受けています。

いたるところで発見された謎の放射線

一八九五年から一八九七年の間がどのような意味で現代物理学の誕生となっているのかを第2章で説明しました。今日ふり返って見ると、最初の心躍るような数年は、「謎の放射線の時期」と呼ぶのが適切かもしれません。それらはいたるところで発見されていました。新しい世紀への助走期間にX線、放射線、そして電子の発見があり、それぞれが科学界にとって大きな驚きでした[1]。次の十年間にそれらは発見者にノーベル賞をもたらすことになりました。それぞれの受賞者はヴィルヘルム・レントゲン（X線）、アンリ・ベクレル（放射線）、J・J・トムソン（電子）です。第2章で、二十世紀初めのプランクの革命的な考えと、それに続く量子論の誕生と発展をたどりました。しかしその当時、プランクの研究は物理学の研究でもっとも心踊るもっとも面白い領域というわけではありませんでした。むしろ、科学界の想像力を捕らえたのはX線の発見でした。固体の物質を透過してその向こうにある写真のフィルム上に画像を形成する、目には見えない光線がありました。この驚くべき性質は世界中の人たちにたちまち広く受け入れられ、医学と産業の分野でのすばらしい利点がすぐに明らかになりました。

この発見の直後に、X線の起源にも興味を持っていたアンリ・ベクレルがウラン化合物を研究しました。それは蛍光を発し、レントゲンがX線の実験で発見したのと似た結果に結びつきました。ベクレルは、ウランからの放射が写真のフィルムを日光から保護するために彼が使用していた黒い包装紙のような固体の物質を通り抜け、未現像のフィルム上にその痕跡を残すことを発見しました。ベクレルが最初に考えたのは、ウランが日光にさらされたために蛍光の一部としてX線を放出したということでした。しかし、ウランから出ているのは日光ともX線ともまったく関係がないことを彼はすぐに発見しました。二年後に、夫ピエールと一緒に謎の放射線を研究していたマリー・キュリーが、放射能という言葉を考案しました。

1　しかし電子は非常に大きな驚きではありませんでした。

研究所で働くキュリー夫妻（ピエールとマリー）を描いた1904年のフランスの雑誌の表紙。

その間、実験物理学界の大御所のひとりである英国人J・J・トムソンが別の種類の放射線を発見しました。真空管の内部の帯電した金属板が陰極線というものを放出することは何年も前から知られていました。しかしそれが何でできているのか、誰にもわかりませんでした。トムソンは、それが原子よりはるかに小さい、負に帯電した荷電粒子からできていることを示しました。

プランクのエネルギー量子の考えを連想させる考え方が、量子化の考えに先立つこと十年前に出ていました。アイルランド人のジョージ・ストーニーが、電気は連続的ではなく、彼が「電子」と呼ぶ小さな分割不可能な粒でできているのかもしれないと示唆したのです。トムソンの発見のすぐ後に、ローレンツがそれらはきっとストーニーの電子にちがいないと述べました。当初はその考えに反対したにもかかわらず、電子という最初の素粒子の発見でノーベル賞を受けたのはトムソンでした。発見の功労者がこのようにして決まることは科学ではよくあります。トムソンは陰極線を発見したわけでもなく、電子の命名をしたわけでもありません。しかし、彼は電子とは何であるかを示す実験をしたことでノーベル賞を受賞しました。それは原子よりも小さなスケールの物理学の誕生を告げる発見でした。

原子へ

それでは前世紀の最初はどういう状況だったのでしょうか？　トムソンは、電子が原子の内部構造の一部であると示唆しました。しかし、それらは負に帯電し、原子は電気的に中性なので、電子の電荷を相殺する正の帯電が原子にあるはずです。そこでトムソンは最初の仮説的な原子模型を提案しました。その模型では、正に帯電した原子の中身が球の形をなしていて、その球全体にわたって電子が分布しています。球の大きさはその当時知られていた量から確実に計算できました。この模型はトムソンの原子の「プラムプディング」模型として知られるようになりました。この模型では電子はプラムでした。同じ頃ベクレルとキュリー夫妻は、ある種の原子の内部からも放射線が出ていると確信していました。そんなわけで、原子の存在すら信じなかった物理学者や化学者がまだいる一方で、原子の内部にあるものをすでに垣間見ている人もいました。

ニュージーランドのボルン生まれのアーネスト・ラザフォードには、二十世紀の科学でもっとも影響力のある人物のひとりになるという運命が待っていました。彼がトムソンと仕事をするためにケンブリッジに着くと、放射能という新しいトピックにたちまち魅了されました。彼は三種類の放射能があることを発見しました。一つは彼がベータ線と呼んだもので、トムソンの電子そのものであることがわかりました。アルファ線と呼ばれる別の種類のものは、もっと重く正に帯電した粒子でできているようでした。これは後にヘリウム・イオン、つまり電子が取り去られたヘリウム原子であることをラザフォードが示しています。さらに彼は、電気的に中性な第三の放射能がX線と同じように単に電磁放射の一種であることを発見し[2]、それをガンマ線と名づけました。もともとはポール・ヴィラードが一九〇〇年に発見したものです。今日ではもちろん、

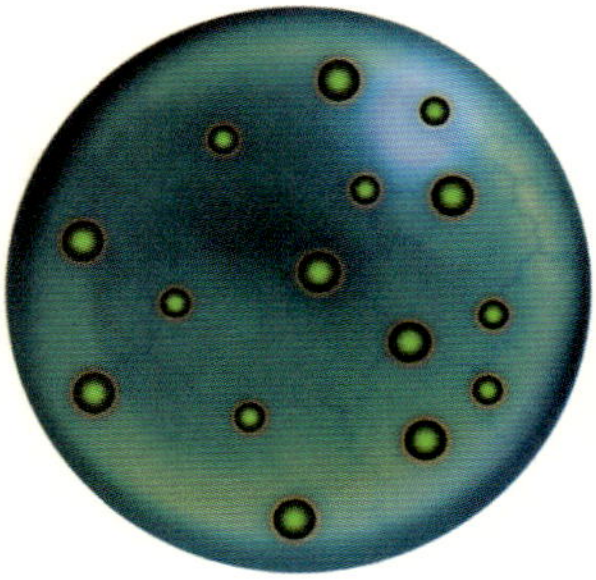

原子の「プラムプディング」モデルでは、電子はプディングの中のプラムのように原子の体積全体に散らばっていて、そのプディングの中には正の電荷を持った原子「物質」が均等に広がっていると考えられていた。

私たちはアルファとベータの種類の放射線を光線とは呼ばずに、アルファ粒子、ベータ粒子と呼びます。

その世紀の最初の十年間にラザフォードは、地球の殻が何十億年もの古さであることを示しました。岩のサンプルのなかに閉じ込められたヘリウムの量を測定することによって、彼はそのことを示したのです。サンプルの岩が形成されて以来、その中の微量のウラン鉱石がアルファ粒子をゆっくりと放出していました。それぞれのアルファ粒子は岩に捕らえられ、すぐさま二個の電子を引きつけてヘリウム原子になります。私たちの惑星の年齢が十億歳以上であるという単純で疑いようのない証明が、このようにして今から百年も前に出されたのです。それは創造説という考えを信奉する人びとが真実味のある反論をすることができないものでした。

数年後にラザフォードが一つの元素を別の元素に変える実験をしたとき、彼は錬金術師の夢を達成するまさに最初の科学者になろうとしていました。彼はフレデリック・ソディーと一緒に、放射性崩壊のときに核変換が起こっていることをすでに確認していたので、これは驚くことではありませんでした。

アルファ粒子を発見したことで、ラザフォードはそこに原子構造を研究するための道具があることを即座に理解しました。一九一一年に、彼の助

2 X線が実際は光と同じように電磁放射だということの確認は一九一二年まで待たなければなりませんでした。

手のハンス・ガイガーとアーネスト・マースデンが一連の精密な実験をしました。その実験では、放射線の発生源から放出されたアルファ粒子のビームを非常に薄い金箔の膜にあてました。散乱したアルファ粒子は、感光性のスクリーンにあたったときの小さな光のフラッシュとして検出されました。金の膜は原子数千個分の厚さがあるのに、ほとんどのアルファ粒子はまっすぐにそのまま通過することがわかりました。明らかに原子はほとんど空っぽの空間になっているにちがいありません。それよりもはるかに信じられなかったのは、約8000個に1個の割合でアルファ粒子が真後ろにはね返ってきたことでした。トムソンのプラムプディング模型の原子では、こんなことはありえません。

ラザフォードはこの結果の重要性を認識し、原子がどのようなものであるかを表すのにずっとよいモデルを思いつきました。彼はまず第一に、電子がアルファ粒子の数千分の一の重さしかないので、アルファ粒子の経路をそらすことができないことがわかっていました。原子の中に正の電荷があって、その電気的な反発力によって正に帯電したアルファ粒子がそらされているようでした。観測結果を説明する唯一の方法は、正の電荷が非常に小さな領域に集中し、そのために電気的な効果が最大限に強く出るというものでした。ほとんどのアルファ粒子はそこから完全にはずれるでしょう。しかし、ごく少数のアルファ粒子はそれにとても接近するので、それらのアルファ粒子は金の原子の正の電荷の力を十分に強く感じて、真後ろにはね返されます。

ラザフォードは、この正の電荷が非常に小さく集中したものを原子の「核」と名づけて、原子の新しい模型を提案しました。それは、ほとんど空っぽの空間でできていて、原子の質量のほとんどすべてを含み正の電荷を持った小さな核があり、核よりもさらに小さな電子が核のまわりの軌道を旋回しているというものでした。

一九一二年になって、若いニールス・ボーアがラザフォードと一緒に働くためにやって来て、プランクの量子論をラザフォードの原子の惑星模型に最初に適用し、原子の安定性を説明しました（第2章で述べたも

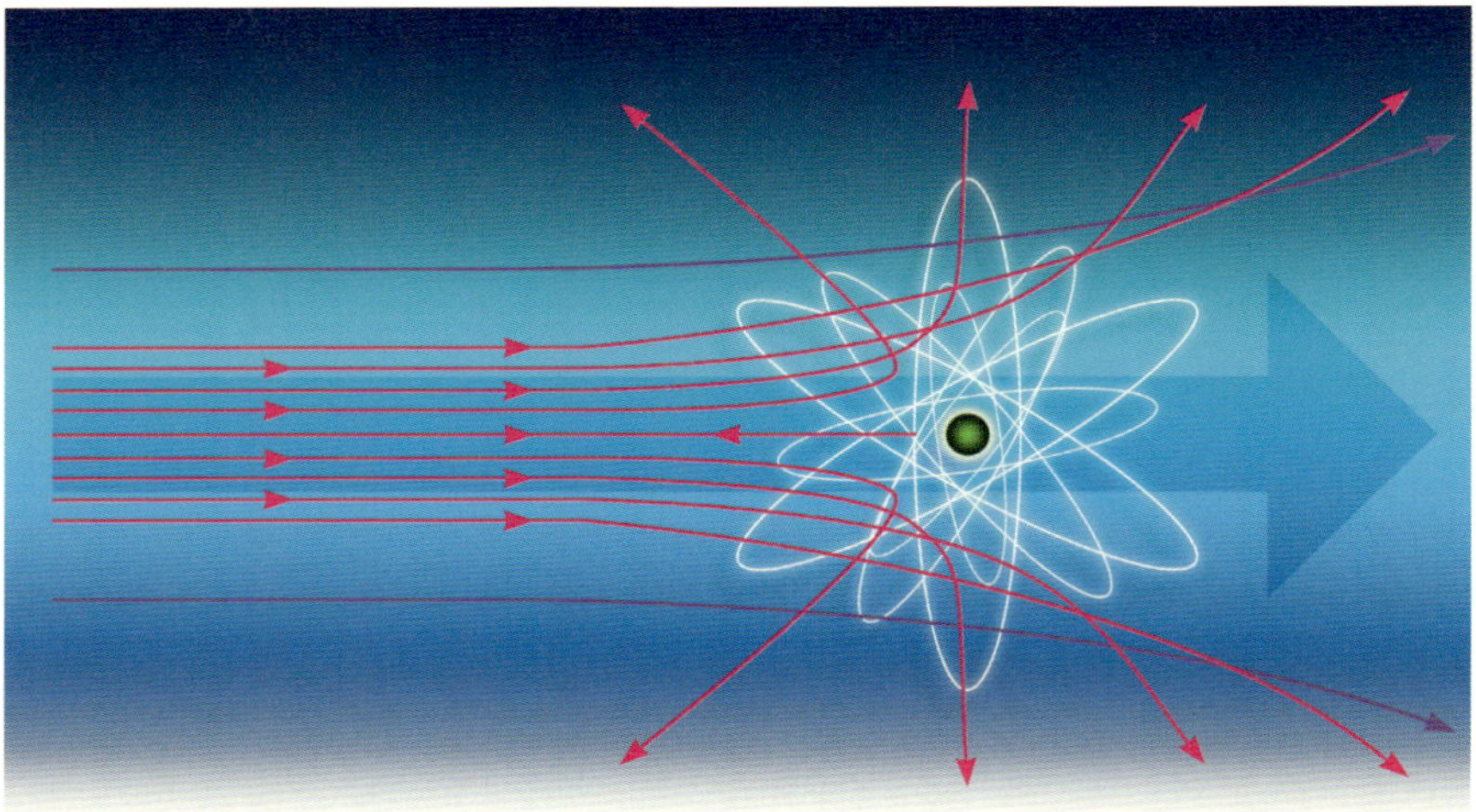

ラザフォードの理論によれば、アルファ粒子と小さな原子核の衝突が正面衝突に近いほど、散乱の角度が大きくなる。ガイガーとマースデンの実験の結果はこの見方の正しさを見事に確認した。

のです)。しかし完全な量子力学が開発されるまでに、それからさらに十年かかったことを思い出してください。ボーアのモデルでは、電子はまだ固定した軌道に沿って核のまわりをくるくるまわる小さな「古典的」粒子とみなされていました。ハイゼンベルクとシュレディンガーなどが一九二〇年代に量子力学を進歩させ、原子のそのような見方が単に素朴なだけでなく、多くの点で間違っていることがわかりました。

ボーアが電子は量子の規則に従わなければならないと主張したのに対して、彼らはもっと正確に、量子の規則は電子の波動関数に関係しているのだということを示したのです。シュレディンガーの方程式を解くことによって、物理学者は、電子が原子の中でどのようにあるかを説明できました。ボーアの苦肉の策の公式を量子力学から導き出せることがわかったのも、後になってからでした。

惑星模型との違いは次の点にあります。すなわち、それぞれの電子を原子核の周囲をまわる局所的な粒子とみなすことはできず、電子のエネルギーと原子のまわりの電子の運動を定める波動関数で電子を表

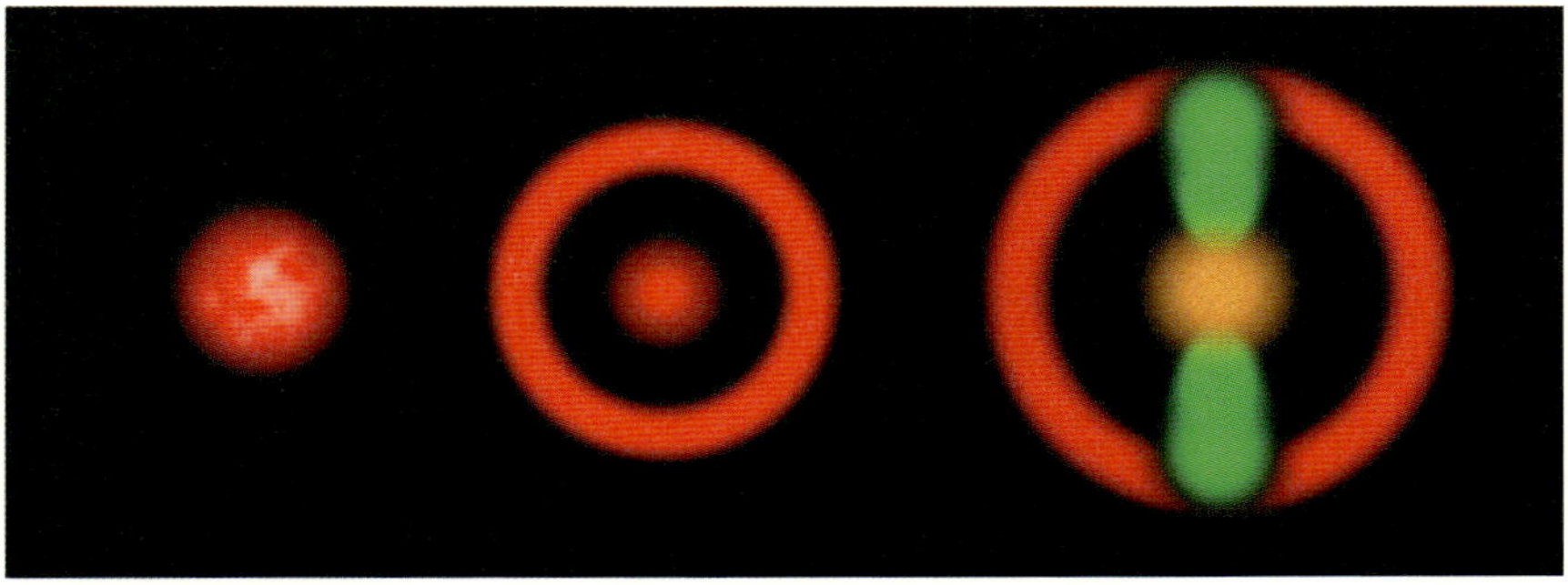

電子の確率の雲の断面図。
左：水素原子の電子が最低のエネルギー状態にあって、原子の中心付近にある確率が高いということが示されている。
中：水素の中の電子が励起して次のエネルギー準位になると、確率の雲は急激に変化する。このときは中心で見つかる確率は小さくなり、少し離れた球状の殻の中にある確率が高くなる。中心と殻の間で電子が見つかる確率はゼロである。
右：６個の電子を含んでいる炭素原子。そのうちの４個は軌道角運動量を持っていなくて、その確率分布は対称的である。残りの２個は小さな軌道角運動量を持っている。それは、それぞれの確率分布には可能な向きが三つあり、そのうちのどれか一つをとれるということである。一つだけを示してある。

さなくてはならないこと、そしてそれぞれの電子の波動関数は「量子数」というもので区別されるということです。電子の波動関数は原子の体積全体を占めていて、私たちが「そこを見よう」としたときに電子が見つかりそうなところを示す確率分布を示してくれます。「電子雲」とか電子の「確率密度」のような言い方を聞いたことがあるかもしれません。これはまさしくこの３次元の確率分布のパターンのことです。それは、電子が量子的なエネルギーや量子的な角運動量を得たり失ったりして、ある量子状態から別の量子状態に変化しないかぎり（古い言い方をすれば電子が一つの固定した軌道から別の軌道に「ジャンプ」しないかぎり）、時間とともに変化しません。[3] 電子がエネルギーや角運動量を得たり失ったりすれば必ず波動関数が変化し、それにともなってその確率分布の形も変化します。

ですから、原子が両方のスリットを通ると述べるしかなかったのとちょうど同じように、どんな電子もその原子の体積全体に広がっているとみなすしかありま

3　ここでいう「量子」が、エネルギーのようにマクロな世界では連続的なものと私たちが考える量の最小の単位を意味することを思い出してください。

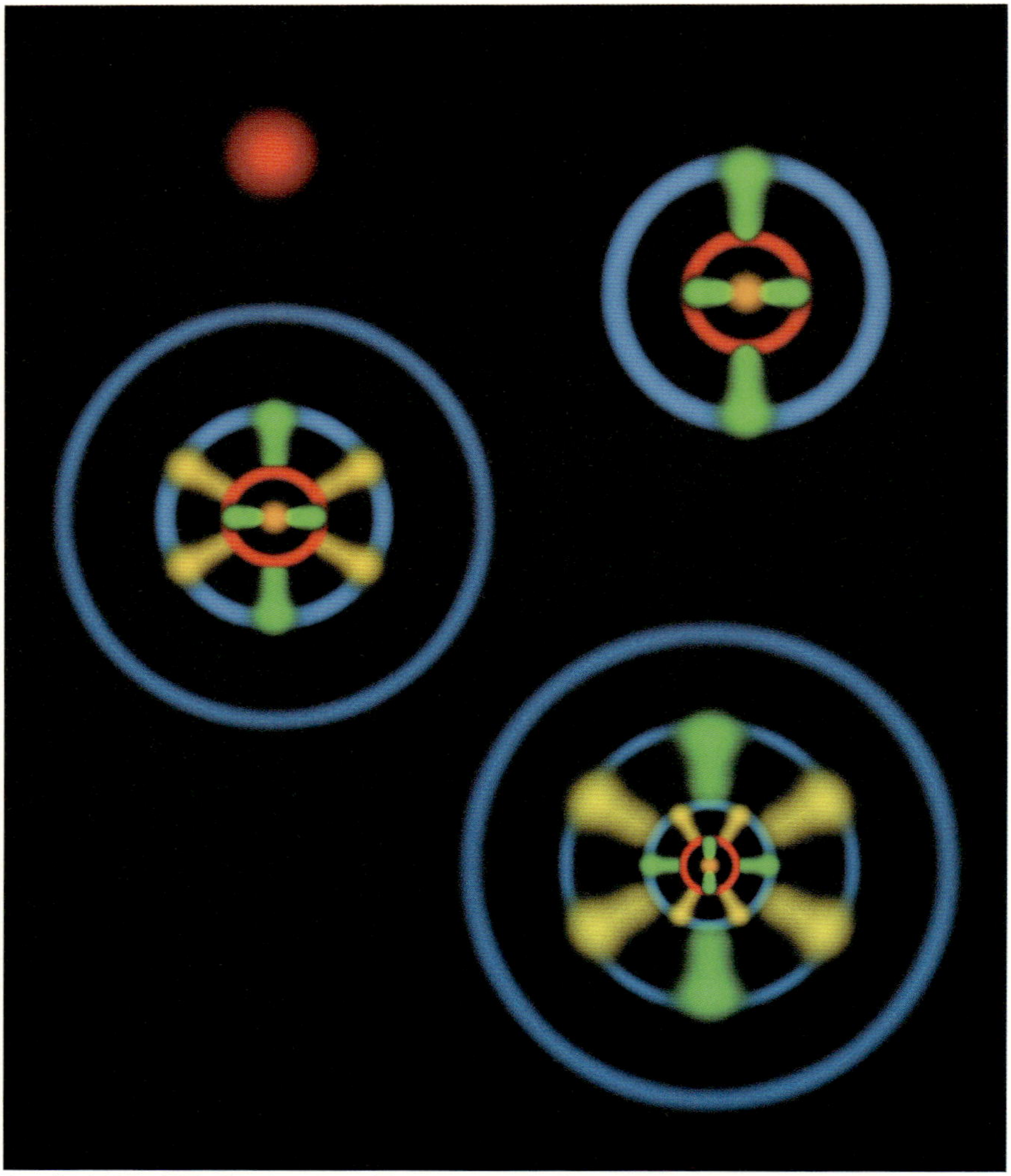

さまざまな原子の電子の雲。上から下へ水素、シリコン、鉄、銀という順に電子の数が増えていく。一つの軌道が占められると、次の電子はもっと高いエネルギーの軌道を占めるしかない。

放電管の内部の水素ガスに電流を通すと、ガスが暖められ光を発する。その後、光はプリズムによって構成要素の色に分かれる。しかし、太陽光をプリズムに通すと滑らかな虹のスペクトルを示すのに対して、このとき見えるのは「線スペクトル」と呼ばれる分離した色の帯である。赤色の帯、青色の帯、それにたくさんの紫色の帯がある。紫色の帯は外側に向かって次第に密集し可視領域を越えると消えていく。

せん。これは量子力学で許容しうる原子の姿として唯一正しいものです。原子の中のそれぞれの電子が存在しようとする領域は異なっていて、その電子の波動関数の形によって決まります。

そしてその波動関数の形を決めるものはというと、電子の量子数なのです。それはすべて非常に数学的な議論から出てくることで、直観には反しています。そのために、原子のラザフォード／ボーアの惑星の模型から離れない方が簡単なのです。惑星模型は正しくありませんが、少なくとも視覚化することができます。しかし現代の化学全体と物理学の大部分は、惑星模型ではなくて原子のこうした量子的な構造に基づいているのです。電子の量子数は、「量子軌道」または「エネルギー準位」と呼ばれるもののどこに電子が配置されるのかを定めます。量子軌道というのは奇妙な形をしたファジーな軌道[4]のようなものです。量子軌道やエネルギー

4　電子の軌道の形は、私たちが相変わらず波動関数から算出できるもの、すなわち原子のまわりの電子のありそうな場所を示す確率の雲です。

準位によって、あらゆる元素を化学的な性質に従って分類できて、周期律表の配列をすっきりと説明できます。

量子力学は、原子の中の電子のありかた以上のことを予測します。それは異なるエネルギー準位間の電子の遷移に関しても予測を出します。電子の遷移は、原子が光と相互作用したときなどに起こります。もし光子のエネルギーが異なる準位間のエネルギーの差に相当すれば、電子は光子を吸収できます。これが起こると光子は消滅します。なぜなら、光子は電子をより高いエネルギー準位に「励起させる」ために、純粋にエネルギーとして完全に吸収されるからです。電子はしばしばこの余分なエネルギーをありがたく思わず、すぐにまったく同じエネルギーの光子を放出して、最初の準位に落下します。

量子力学は、励起した原子の電子が放出するこの光の周波数と強度を予測します。原子の種類ごとにとりうる電子エネルギーの固有の準位があり、電子が低いエネルギーに落ちるときに原子が放出する光のパターンを線スペクトルといいます。それを使うことによって、天文学者は光の性質だけから星や遠方の銀河の中にどんな元素が存在するかがわかるのです。このような技術は「分光学」と呼ばれ、今日では幅広く応用されています。

量子スピン

量子力学についての一般向けの本はたいてい、「スピン」の概念を使用して量子の奇妙さの根本を説明しようとします。スピンはおそらくあらゆる量子的な性質のなかでもっとも「量子的」なのかもしれませんが、私はこれまでスピンに触れないようにしてきました。量子スピンは、私たちが日常の言葉を使って思い描くものからとてもかけ離れています。

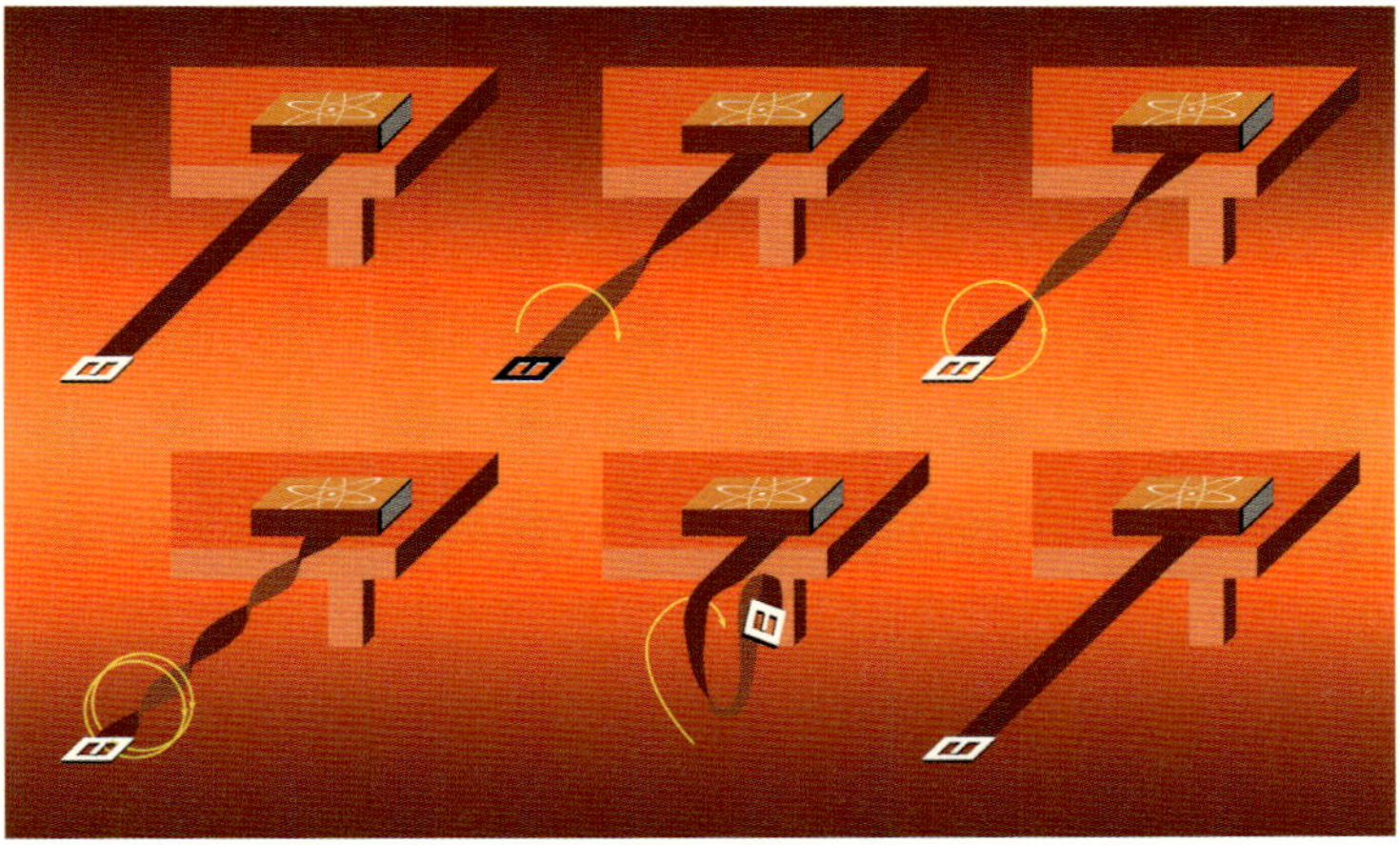

ベルトのトリック。これは手品のトリックとしてはたいして印象的ではない。しかし量子スピンの性質のわかりやすい例として役に立つ。電子のようなフェルミオンの粒子は２分の１という半整数スピンを持つという特徴がある。これは、電子をまるまる360度回転させても、もとの状態に戻らないということである。もとの状態に戻すには、さらに360度回転させる必要がある。私は、ロジャー・ペンローズが講義の中で次のように説明しているのを見たことがある*)。テーブルの端に置いた重い本の下にベルトの一方の端を固定する。このアイデアのポイントはまずベルトをひねって、次に自由に動く端をループさせてベルトのひねりを解きほぐすことである。ベルトをひねって１回転させたものは、端を１回ループさせてやればひねりを解きほぐせると思うのではないだろうか。そうではない。しかしベルトを360度ひねることを２回したものは、端を１回ループさせてやるとひねりが解きほぐせる。このたとえをあまり深く考えないように。しかし、電子が「完全に一周する」には２回転しなければならないことを強調するには役に立つ。

（＊：このアイデアはミスナー、ソーン、ホイラーの古典的教科書『重力』（*WH Freeman & Co*, 1973）に載っている。しかしディラックやファインマンもそれぞれ1930年代と1950年代の講義の中でこの例を使用した。）

一八九六年にオランダ人のピーター・ゼーマンが発見したのですが、原子が磁場に置かれ、次に励起されたとき、スペクトル線がいくつかの部分に分裂します。スペクトル線とは、原子が放出した光によってスクリーン上に形成される狭い光の帯のことです。この分裂はローレンツの古典的（非量子）理論から理解できる場合もありますが、一般的にはこの効果はうまく理解できず、「異常ゼーマン効果」と呼ばれました。

一九二五年になってサム・ハウトシュミットとジョージ・ウーレンベックが、磁場のせいで原子の中の電子の新しい性質が顔を出しているのではないかと示唆しました。ボーアの電子軌道を含む古い量子論に基づく概念を利用して、彼らは、電子は原子核のまわりの軌道運動をしているのに加えて、自分を軸にしてスピンしているのではないかと示唆したのです。ちょうど地球が太陽の周囲をまわりながら自転しているようなものです。しかし、この「量子スピン」は、私たちが日常経験するクリケットのボールや野球のボールの回転のイメージに基づいて視覚化できるものとは違います。

問題は、電子の軌道角運動量と同じように、このスピン角運動量も量子化しなければならないということでした。第一に、あらゆる電子のスピンは正確に同じ「大きさ」を持っています。今よりもゆっくりとスピンするとか、もっと速くスピンするといったことは決してできません。電子のスピンの向きはとても奇妙です。私たちが見るまで、電子のスピンの向きは、異なる方向が同時に重ね合わせの状態になっています。しかし電子のスピンを見ようとするには、私たちはスピンのまわっている軸、つまり方向を指定する必要があります。そうやって電子のスピンを見てやると、スピンは常にその軸のまわりを右まわりか左まわりにまわっていることがわかります。しかし私たちが見る前は、それらは両方向に同時にまわる重ね合わせにあるのです！

最後に、電子を三百六十度回転しても、もとの量子状態には戻りません。もとの量子状態に戻るにはまるまる二回転する必要があります！　これが奇妙に思えるのは、私たちが電子をくるくる自転する小さなボールのようにしか思い描けないからです。量子スピンは非常に抽象的で、決して視覚化できません。

電子、陽子、中性子のように物質を形づくる粒子や、陽子や中性子を構成するクォークは2分の1のスピンを持つとされます（スピンはプランク定数の値を単位にして測定されるのです）。これらはフェルミオンという粒子に分類されます。光子はボゾンという粒子に分類されます。ボゾンはプランク定数の整数倍と等しいスピンを持つという特徴があります。フェルミオンとボゾンの間には基本的で重大な違いがあることがわかっています。それは排他原理についてのコラムで説明します。

原子核の内部へ

　ラザフォードは原子核の発見の数年後に、アルファ粒子を使って窒素原子を破壊する実験をしました。彼は、破壊の過程で窒素の原子核から水素原子核がはじき出されることを発見しました。その水素原子核は、正の電荷のもっとも小さな単位、すなわち電子の電荷と大きさが等しくて正負反対の電荷を運び去ります。彼はこれらの水素原子核を陽子と呼び、英国の化学者による古い考えを復活させたのです。ウィリアム・プラウトは一八一五年に、すべての元素の原子がもっとも軽い水素の複合物ではないかと述べました。ラザフォードは、結局これが真実からそれほどかけ離れていなかったのかもしれないと言っています。おそらく、そうした特性を持つのは原子ではなく原子核の方だったのです。異なる元素の原子核は、水素原子核の複合物であるようでした。水素原子核は陽子が一個です。ヘリウム原子核は二個の陽子を含み、リチウムは三個を含むというように、周期律表に従って増えていきます。

　しかし、話はこれだけでは終わりませんでした。陽子は電子と同じ大きさの電荷を持つので、原子が電気的に中性であるためには、原子核の中には電子と同じ数の陽子があるはずです。しかし原子核は陽子の合計よりもはるかに重いように見えました。もしもあなたがこの謎に対する答えを知らなかったとしたら、どう考えますか？

　一九二〇年代に、科学者は妙案らしきものを提案しました。それは、原子核はもしかしたら陽子と電子からできているのかもしれないというものです。原子核の電子はもちろん、原子のまわりの軌道をとる電子とは区別されます。この妙案らしきものによると、陽子の総数は原子の質量とちょうど見合うだけあります。すると陽子の正の電荷が余分になってしまいますが、それを相殺するのにちょうど必要なだけの電子が原子核にあるとするのです。電子はとても軽いので、電子の質量は無視できるとみなされました。

　残念ながら、この考えは間違っていることが判明しました。しかしここで再び、量子力学が正しい方向を示してくれたのです。ハイゼンベルクの不確定性原理によると、電子が原子核のごく小さな領域に封じ込められているということは、その位置がかなり精密にわかるということです。これは、電子の運動量が非常に大きいことを意味し、陽子の引力ではもはや電子を原子核の中にとどめておくことができないほどなのです。要するに不確定性原理から、電子を原子核の内部にとどめておくのはできないということです。

不確定性原理は、原子核の内部に存在するという名誉を陽子にだけ与えてえこひいきしているわけではありません。陽子の質量が電子の質量よりもずっと大きいことから、同じ運動量を持つ電子よりも陽子はずっとゆっくりと運動し、それゆえに運動量のゆらぎが陽子の運動に与える影響も電子ほど大きくはないということなのです。[5]

この問題は一九三二年にジェームズ・チャドウィックが中性子というまったく新しい粒子を発見したときに解決しました。中性子は陽子とほぼ同じ質量を持ち電荷はまったくありません。するとハイゼンベルクは、原子核が陽子と中性子でできているのではないかと提案し、突然あらゆることが理屈に合うようになりました。

次はどうなったでしょうか？　核の内部で陽子と中性子をつなぎとめておく新しい種類の引力があるにちがいありません。それはこれまでの物理に登場したものとはまったく違うはずです。陽子の間で働く電気的な反発力や、陽子と電子の間の引力はよく知られている電磁気力です。[6] 電磁気力は、重力とともに、ほとんどすべての自然現象の直接的または間接的な原因となります。物質は原子間の電磁気力によって結びついています。大きなスケールで見みれば、私たちの宇宙をつなぎとめているのは重力の力です。

しかし、原子の原子核の内側にあるのは新しい種類の力です。一九三五年に日本人物理学者の湯川秀樹が、この原子核の接着剤を説明しノーベル賞を受賞することになるアイデアを出します。原子核の内部で働く力

5 運動量は質量と速度の積です。与えられた運動量に対して、質量が大きければ速度は小さいはずです。
6 磁気はこの力のもう一つの形式です。

を説明するために、湯川は後に素粒子物理学の分野の重要な一部となったアイデアを利用したのです。それは粒子の交換というアイデアです。これが何を意味するかを説明するために、今ではよく知られている二つの概念を使う必要があります。ハイゼンベルクの不確定性原理とアインシュタインの方程式 $E = mc^2$ です。

パウリの排他原理

あらゆる時代を通じてもっとも偉大な化学者であるドミトリ・メンデレーエフはシベリアの出身で、十四人とも十七人ともいわれる兄弟姉妹の末子でしたが、今ではよく知られている元素の周期律表を一八六〇年代の終わりに発表しました。それにより、彼は同じ化学的性質を持つ元素をすべて同族としてグループ化することができました。しかしオーストリアの天才ウォルフガンク・パウリが有名な「排他原理」を提案するまで、なぜこのようにグループ化できるかは半世紀以上の間謎のままでした。

パウリは、元素が異なる化学的性質を持っているのは、異なる量子軌道を電子がどのように占めるのかということに由来するのだと説明しました。原子の中のそれぞれの電子は、その電子の波動関数につけられた量子数によって表されます。量子数は、量子化されたエネルギーや、軌道角運動量や、スピンの値を定めます。パウリは、同じ原子の中の二つの電子が同じ量子数を持つことは決してないと指摘しました。特定の量子状態がすでに「占められ」ていれば、次の電子は自分が「座る」場所をどこかに見つける必要があります。

排他原理はさらに、電子が原子核につぶれこんでしまわないのはなぜなのかということや、物質が今あるように存在できるのはなぜなのかということも説明します。

このやり方で、ボーアが強調した問題も説明がつきます。原子の中の電子がすべて最低のエネルギーにまで落ちるとしたら、明らかにどの元素もすべて同じ化学的性質を持つはずです。元素の性質は原子の中の電子の総数によって決まるのではなく、もっとも外側の電子がどのように配置されるかによって決まります。電子は順番に重なっている「殻」を満たし、それぞれの殻には量子数を含むある規則に従った数の電子が収まります。一つの殻が一杯になったら、次の電子はエネルギーを上げて次の殻を占めるしかありません。原子同士がどのように結びつくのかといったことや、自然界において無限にたくさんあると思えるほどの種類の化合物がどのようにしてできているのかといったことが、もっとも外側の電子（価電子）によって説明できます。さらに、ある物質がほかの物質よりも熱や電気を伝えやすいのはなぜなのかといった、物質のさまざまな物理的な性質についても価電子によって説明できるのです。

電子や陽子や中性子などの粒子はまとめてフェルミオンといいます。フェルミオンはパウリの排他原理に従います。ボゾンという別な種類の粒子はそうではありません。たとえば光子の場合には、多数の光子が同じ量子状態になることができるし、実際そうなりたがる傾向があります。よく使われるたとえとして、フェルミオンは規則的に配列された席に全員が座っているクラシック音楽のコンサートのようで、ボゾンはというと全員がステージにできるだけ近づこうとするポップ音楽のコンサートのようだ、というものです。

粒子を無から生成する

不確定性原理とは、一般的に言えば、粒子の位置と運動量のような二つの相補的な関係にある量の正確な値を同時に定めることができない、ということです。それはコインの表と裏の両方を同時に出すように望むことにちょっと似ています。ほかにも相補的な関係にある量のペアがあります。たとえば粒子のエネルギーと、粒子がそのエネルギーを持つ継続時間のようなペアです。エネルギーの大きさを正確に知るほど、そのエネルギーをどれくらいの間持ち続けるかを正確に知ることができなくなります。同じように、短い時間間隔で知ろうとするほど、エネルギーのゆらぎは激しくなります。位置と運動量の関係からは、波動関数の性

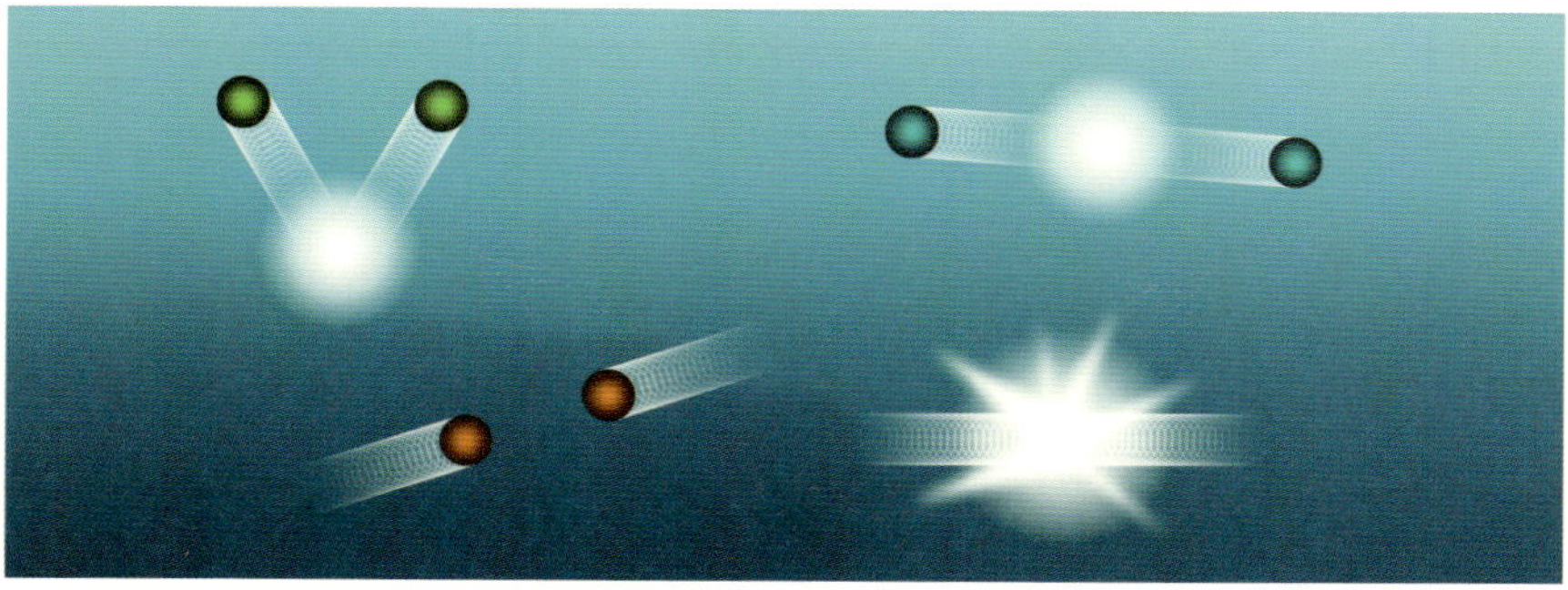

量子レベルでは、空っぽの空間さえ本当は空ではなく、活動して沸き立っている。仮想粒子は絶えずあらゆるところで現れては消えている。対生成では、粒子とその反物質パートナーが光子などの純粋なエネルギーから生成される。逆の過程は対消滅と呼ばれ、粒子と反粒子が衝突してお互いを破壊し、光の瞬きの中で永久に消滅する。

質や私たちが見ていないとき存在するものの性質についての疑問が湧いてきて、私たちは頭を悩ませました。しかし時間とエネルギーの関係からは、きわめてはっきりした美しく単純な結論が出てくるのです。すなわち、まったくの無から粒子が生じるということです！

量子の世界では、事象の時間のスケールは確かに非常に短いものです。科学者が好んで使い、ちょっとした計算を必要とする驚くべき例が一つあります。そこにはうんざりするほどの数のゼロが出てきます。一個の陽子が一秒間に原子核の一方の端から他方の端に行ったり来たりする回数は（原子核内の制限速度を守って楽に動いたとして）、ビッグバンからの経過時間を秒数で表した数の数千倍にのぼります。[7] この短い時間スケールのおかげで、陽子と中性子のような粒子は巧妙かつ決定的に重大なやり方で不確定性原理を利用できます。陽子や中性子は非常に短い時間の間だけ、文字通りどこからともなくエネルギーを借りることができます。

7 ビッグバンは４００００００００００００００００００（すなわち4×10^{17}）秒前に起こったもので、一方陽子は一秒間に１００００００００００００００００００００００（すなわち10^{22}）回原子核の中を行ったり来たりします。一回向こうに行くのに「ゼプト秒」（1秒の10億分の1の10億分の1のそのまた１０００分の1）と呼ばれる時間間隔の10分の1かかります。ゼプト秒はとてもすばらしいのに、使われる頻度が極端に少ない言葉です。これからはもっと使ったらよいと思います。たとえば、「私はゼプト秒で戻ってきます」とか「それはゼプト秒で終わった」というふうに使うのです。

ただし、不確定性原理が破られる前にエネルギーの借りを返すという条件があります。エネルギーを借りる時間が短ければ短いほど、たくさん借りることができます。

さて次に、第二段階になります。アインシュタインの方程式は、質量とエネルギーが交換可能であることを示しています。そのため、借りたエネルギーを使ってある質量の粒子を生み出すことができます。湯川は、原子核の内部でそのような粒子が生成されるという考えを提案しました。その粒子は今ではパイ中間子と呼ばれています。この粒子が陽子と中性子をつなぎとめておく引力の原因ではないかと湯川は言ったのです。

陽子と中性子を総称して核子というのですが、湯川の計算から、一個の核子から一個のパイ中間子が生成されると予測できました。その一個の核子は一個のパイ中間子を生成するのに十分なエネルギーをまわりから借り受けるのです。生成されたパイ中間子はその後、近くの核子にまでジャンプし、そこで消滅します。パイ中間子は不確定性原理によって存在が許容されるごく短い時間の間、二個の核子の間で交換され、二個の核子を引きつける引力を生じさせると考えられるのです。このようなパイ中間子はしばしば「仮想粒子」と呼ばれます。実在するものではないという意味です。なぜならそれはほんの一瞬しか存在できないからです。

同じようにして、荷電粒子間の電磁気力を仮想光子の交換とみなすことができます。仮想光子は、(原子に吸収されない限り)いくらでも長い時間エネルギーを維持できる実際の光子とは区別されます。

純粋にエネルギーから生成されうる仮想粒子はボゾンと呼ばれています。それらは力を運ぶ粒子ともいわれます。ボゾンが二つの粒子の間で交換されるとき、その過程によって二つの粒子の間で力が働くためです。ボゾンは物質の粒子とは異なる量子の規則に従います。電子、陽子、中性子といった物質の粒子はまとめてフェルミオンといいます。原子はフェルミオンでできています。私たちが身のまわりで目にする物質はすべてフェルミオンでできています。しかし、あらゆる時代を通じてもっとも偉大な理論物理学者のひとりである内気な英国人ポール・ディラックの研究のおかげで、フェルミオンもまた無から生成されうることがわかっています（コラム「反物質」を参照）。

反物質

ハイゼンベルクやパウリなどとともに、ポール・ディラックは量子力学をしっかりした数学的な土台の上に築いた若き天才たちのひとりでした。実際、最近の投票ではディラックは英国の物理学史を通じてアイザック・ニュートンに次ぐ偉大な物理学者とされました。

ディラックは、一九二七年の有名なソルベー会議で議論された量子力学のさまざまな解釈に興味を示さなかった少数派のひとりでした。そのことは注目に値します。彼は、量子力学が何を意味するのかということよりも、量子力学の数学的な方程式の美しさの方に心を惹かれていたのです！

一九二七年にディラックは、ハイゼンベルクとシュレディンガーによる量子力学の二つの定式化が数学的に等しいことを明らかにしました。ディラックはアインシュタインの特殊相対性理論と量子力学を最初に組み合わせ、光速に近い速さで運動する電子のふるまいを表す方程式を導き出しました。それはシュレディンガー方程式にとってかわるものでした。ところが、ディラックの方程式は奇妙な予測を生みました。電子を鏡に写した粒子、すなわち電子の反粒子もまた存在しなければならないというのです。電子の反粒子は、電子と同じ質量を持ち、電子とは反対符号の電荷を持つはずです。そのような粒子は陽電子と名づけられ、数年後に実験で発見されました。陽電子は電子の反物質パートナーとも呼ばれます。

今では、すべての素粒子が反物質パートナーを持っていることがわかっています。電子と陽電子が接触するとエネルギーの爆発の中で互いを完全に消滅させます。なぜなら質量以外の性質は相殺されて、二つの粒子の質量が純粋なエネルギーに変換されるからです。生成されるエネルギーの大きさはアインシュタインの

$E=mc^2$ の方程式に従います。

これと反対の過程も起こります。純粋なエネルギーが物質に変換されるのです。光のエネルギーの粒である光子は、対生成という過程で電子と陽電子に姿を変えることができます。

もっとも興味深いことは、粒子と反粒子の対がエネルギーと時間の不確定性関係に従って、生成に必要なエネルギーを周囲から借りることにより、あらゆるところで絶えず出現することです。その粒子と反粒子の対は非常に短い間だけ存在した後、あたかもそれらが最初から存在していなかったかのように、借りていたエネルギーを返済して消滅します。

核力

原子核をつなぎとめるものは、人間の探求の中でもっとも興味深い領域の一つでしたし、今もそうです。その理由は原子核を構成する陽子と中性子の間で働く力の複雑な性質にあります。自然界の四つの既知の力のうち、三つの力が原子核の内部で重要な働きをします。電磁気力はすでに登場しました。電磁気力は陽子をばらばらに引き離そうとします。同種の電荷は反発するからです。それから、すべての核子（陽子と中性子）をつなぎとめる「強い核力」と呼ばれるものもすでに登場しています。さらにもうひとつ、「弱い力」と呼ばれる核力があります。弱い力はベータ崩壊を引き起こすもので、それについてはすぐ後で話します。

原子核が安定を保っていられるのは、電磁気的な反発力と強い核力の引力の組み合わせのおかげです。この二つの力の強さが距離によって変化するので、二つの力の効果が重なって原子核の表面にクーロン障壁と呼ばれるエネルギー障壁ができるのです。これは基本的に、ある大きさの空間の内側に陽子を封じ込めるように働く力の場です。[8]

同様に、外側から原子核にぶつかる正の電荷の粒子は、それがクーロン障壁を乗り越えるのに十分なエネルギーを持っていれば、原子核の中に飛び込むことができます。しかしそれらが十分なエネルギーを持っていない場合でさえ、そのような粒子がもっと興味深いやり方で障壁を乗り越えることがあります。ここには、今までに見てきたのとはまた違う量子の概念があるのです。それは、アルファ粒子の崩壊を説明するだけでなく、太陽がなぜ光を発し、なぜ人がここに存在するかも説明するものです。

この新しい概念は量子トンネル効果として知られています（コラム「量子トンネル効果」を参照）。さて、アルファ粒子は二個の陽子と二個の中性子でできていることがわかっています。アルファ粒子が原子核から放出されるということは、クーロン障壁を乗り越えて外に出てきたはずです。しかし、原子核にニュートン物理学の考えを適用すれば、それが起こるのは不可能だということがわかります。しっかりと結びついた二個の陽子と二個の中性子の集まりは、原子核の外に脱出するのに十分なエネルギーを得ることが決してできないのです。

「量子トンネル効果」というコラムで書いてあるように、アルファ崩壊がどのように起こるかを説明する単純な方法は、エネルギーと時間の不確定性関係です。しかし本書の精神に従うなら、それをアルファ粒子の波動関数を使って理解することもできます。

アルファ粒子をまだ放出していないことが確実な放射性原子核から始めましょう。アルファ粒子のある場所は、原子核の内部に閉じ込められた波動関数で表されます。ということは、最初はアルファ粒子が原子核の外で見つかる確率がゼロだということです。しかしアルファ粒子のことを、原子核から脱出するのに十分なエネルギーを得るまで、原子核の内部でごろごろと、まるで箱の中の小さなボールのように転がっているというふうに思い描くのはやめましょう。そうではなくて、私たちは波動関数を思い浮かべて、波動関数が原子核から漏れ始めることに目を向けるのです。短い時間が経った後、アルファ粒子を原子核の外側で検出

8 中性子は中性なので電磁気力を感じません。そのためこのエネルギー障壁を気にしません。しかし中性子は強い力によって原子核の内部にとどまります。

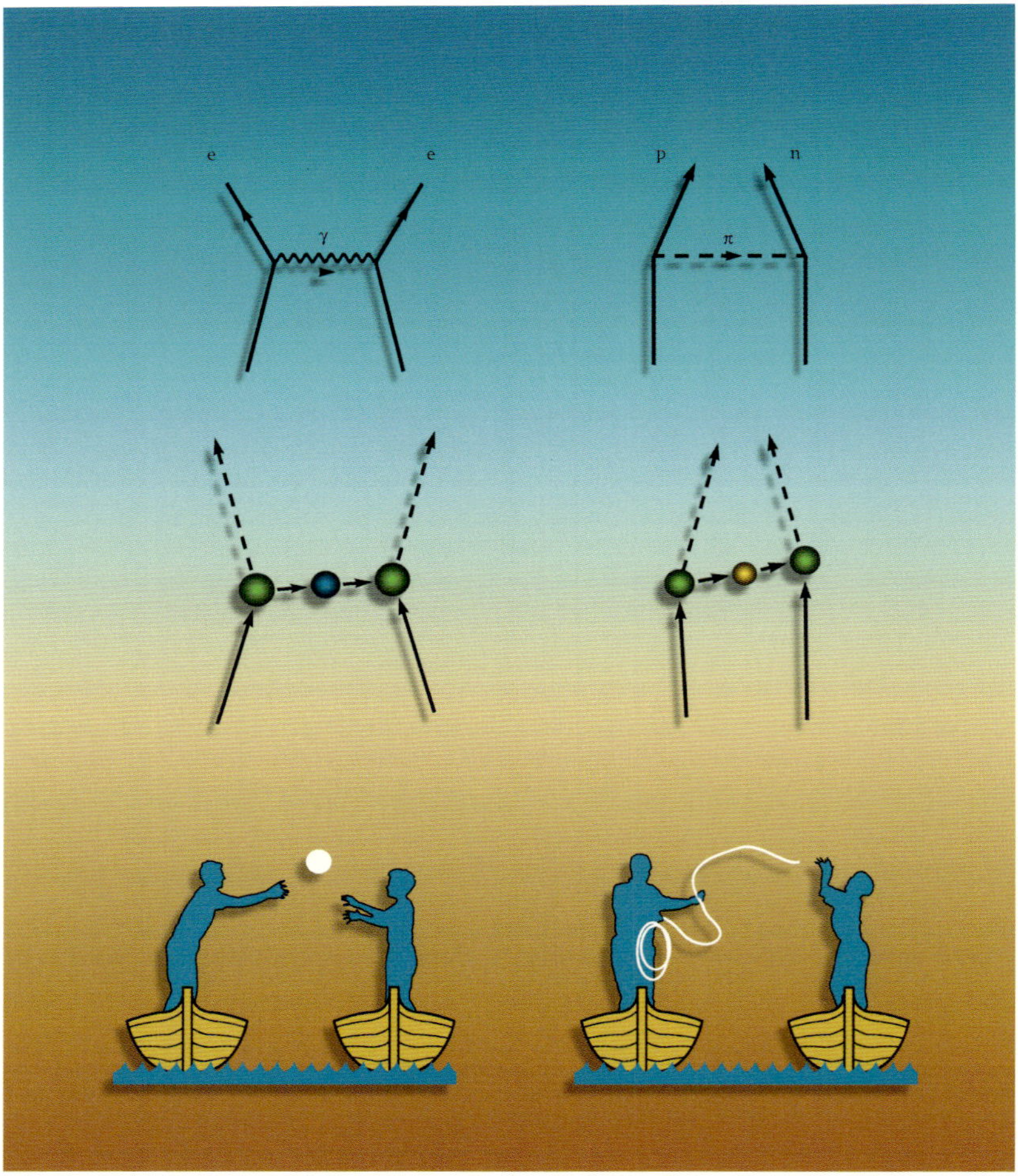

粒子の間に働く力は、引力であれ反発力であれ、第三の粒子の交換によって仲介されると考えることができる。同じ過程を違った見方で見ることができる。
上：物理学者は「ファインマン・ダイヤグラム」を使って粒子の相互作用を表す。実線、波線、点線は別な種類の粒子がとった経路を表し、図の下から上に進んで粒子の位置が時間とともに変化する様子を見ることができる。左のダイアグラムは最初二つの電子が出会って光子を交換し、互いに反発する様子を表している。右側は、同じ距離を保っていた陽子と中性子がパイ中間子を交換し、ともに引きつけられる様子を表す。
中：同じ過程をもっと図解的に表したもの。
下：電子間の反発力は、ボートの上のふたりがボールを投げ合っているとみなすことができる。最初に投げる人が押し戻され、次に受け取る人が押し戻される。引力は、ひとりがロープを投げてもうひとりがそれを受け取り、お互いがつなぎとめられるのと似たようなものとみなせる。

する確率は小さいままです。波動関数はおおむねまだ原子核の内部にあります。崩壊していない確率が高いということです。しかし時間が経つにつれて、原子核から漏れた波動関数の部分から計算される確率の値はかなり大きくなります。

さまざまな時刻の波動関数はシュレディンガー方程式を解くことで得られます。波動関数に基づいて予測された確率は、放射性原子核の観測結果の数式と正確に一致します。この数式が意味しているのは、たくさんの放射性原子核の集まりのうちのちょうど半分が、いわゆる「半減期」と呼ばれる特定の時間が経過したとき崩壊しているということです。もう一度半減期が過ぎると、崩壊していないのは最初のサンプルの4分の1だけです。その後も同じように半減期が経過するごとに半分が崩壊していきます。しかし、波動関数から得られる情報には確率的な性質があるということから、特定の原子核がいつ崩壊するかを正確に予測できない理由がわかります。

強い核力が原子核の中の陽子と中性子を結びつけているのに対して、弱い核力はそれとはまったく違った役割があります。弱い力は、ベータ崩壊というもう一つ別な種類の放射能を生じさせる原因なのです。ベータ粒子には二つの種類があります。電子と、その反物質パートナーの陽電子です。核子でできているアルファ粒子は崩壊の前から原子核の内部に存在していたとみなすことができますが、ベータ粒子の場合はそうではありません。その電子と陽電子は特別の過程で生成されたはずです。

ある種の原子核は、陽子と中性子の割合が、原子核の安定性にとってもっとも適した比率になっていません。[9] そのような原子核では、陽子と中性子のバランスを取り戻そうとして、中性子と陽子はお互いに変換されることがあります。するとその過程で電荷が保存されつつ、電子や陽電子が生成されます。こうして中性子が多すぎる原子核はベータ崩壊します。そのとき中性子は電子と陽子に変わり、電子が原子核から放出さ

9 もっとも軽い部類の元素の原子核は、陽子と中性子の数が等しい傾向があります。しかしもっと重い原子核には陽子よりも多くの中性子があります。

れます。逆に陽子が多すぎる場合は、陽子が中性子と陽電子に姿を変え、放出された陽電子が陽子の電荷を運び去るのです。

一九三三年にウォルフガンク・パウリが次のことに気づきました。すなわち、放出されたベータ粒子がエネルギー保存則を満たす適切なエネルギーを持っていない理由を説明するには、当時まだ発見されていなかった粒子がこの過程で生成されていなければならない、ということです。この新しく、非常に捕らえにくい粒子はニュートリノと呼ばれています。ニュートリノがようやく実験で確認されたのは一九五六年です。[10]

ベータ崩壊とアルファ崩壊はどちらも原子核の種類が変化します。これらは、原子核が二つに分裂する核分裂や、原子核同士がくっつく核融合とともに、今日私たちの身のまわりにあるさまざまな元素が形成される過程の一部です。私たちの体をつくっている元素もまたこうした過程によってできたものなのです。生命に必要な化学物質を形成する炭素、酸素、窒素、そのほかの元素は数十億年も前に星の内部で合成されたものです。それらの星はもはや存在していません。なぜならそれらの星は超新星として爆発し、その星に含まれていた物質の多くは宇宙空間に吹き飛ばされて、私たちの太陽系の一部を形成したからです。私たちが星屑でできているというのはよくいわれることですが、まぎれもない真実です。

元素の中でも重い種類のものがつくられるのは、巨大な星が超新星として激しく爆発した場合のみです。星の内部が熱くなるほど元素の合成の過程はいっそう先にまで進行し、いっそう重い元素がつくられます。星の内部が重い元素をつくるのに十分に熱く高密度になるのは、星の寿命の最後の瞬間だけです。[11]

10 宇宙から降り注ぐ1平方センチメートルあたり毎秒何百万個ものニュートリノがあなたの皮膚を通り抜け、あなたに「触れる」ことなく、あなたの体をまっすぐに通り抜け続けています。どんな物質を通り抜けるときでも同じようなことが起こっているので、ニュートリノを捕らえて研究するのが非常に難しいのは当然です。

11 元素が宇宙の中でどのように生成されるかについてわかりやすく説明したものとしては、レイ・マッキントッシュほかの『Nucleus: A Trip Into the Heart of Matter』(*Canopus Publishing*, 2001) にまさるものはありません。

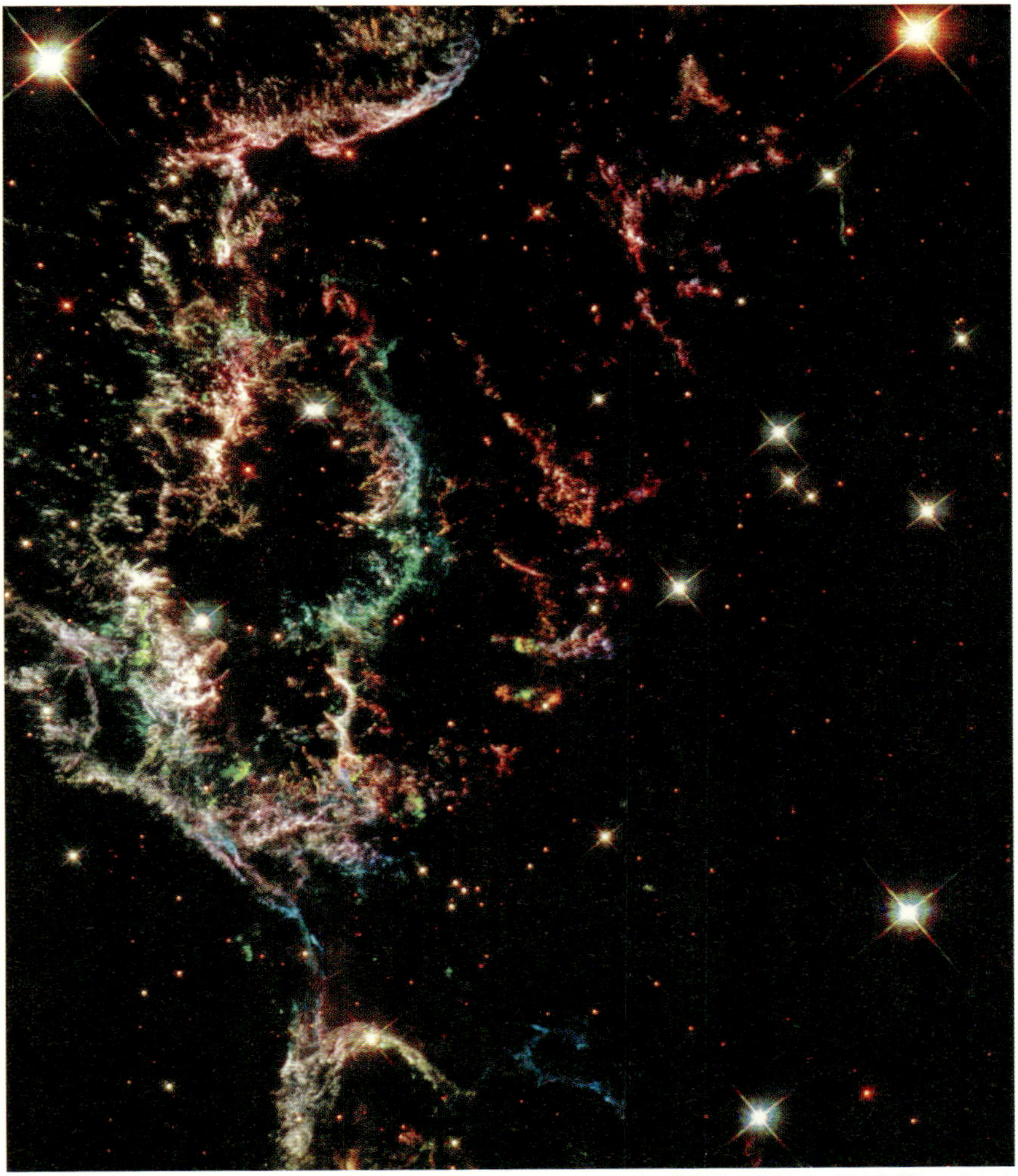

カシオペア座Ａの残骸。銀河系の中の既知の超新星のうち、もっとも若い超新星の残骸が１万光年離れたカシオペア座にある。

もっとも軽い元素である水素とヘリウムは星の内部ではなく、ビッグバンの直後の非常に初期の宇宙で生成されました。今の宇宙の中にある目に見える物質のおよそ98パーセントは水素とヘリウムからできています。ほかのものは残りの２パーセントを占めているだけです。

存在しうる原子核の種類がたくさんあるのは、陽子と中性子の結びつき方がいろいろあるということに基づいています（これまで研究された原子核は、存在可能な７０００種類のうちのわずか数百種です）[12]。原子核の種類がこれほどたくさんある理由は、二つあります。第一に陽子と中性子は、軌道をまわる電子と同じように、原子核の中でのそれらのありかたを定める量子の規則に従うからです。ちょうど電子が波動関数で表され、その波動関数の形が量子数というもので決まるように、核子もまたそれぞれの量子数というものを持ち、原子核の内部で、それぞれの量子数に対応した形で分布している、広がりのあるものとしてみるべきです。

電子に関してなら、私たちは軌道をまわる小さなボールとしてそれを思い描くことができます（正しい姿ではありませんが）。原子核の中では、空間は限られていて、核子が詰め込まれています。私たちが原子核について思い浮かべるイメージは、まるで袋一杯のボールが押し合いへし合いしているようなものです。

実は、私たちが思い描く核子の姿は、それをどのように調べるかで決まります。高エネルギーの陽子や中性子を原子核に衝突させ、陽子や中性子がほかの核子とどのように相互作用するのかを調べるのなら、陽子や中性子を小さな局所的な粒子とみなしても問題ありません。しかし、ハロー核（第３章のコラムを参照）の中にある外側の中性子は、原子核全体よりもずっと大きな体積に広がった波動関数を持っています。

原子核にたくさんの種類がある第二の理由は、強い核力の性質にあります。強い核力は、湯川がパイ中間子の交換というもので考えていたものよりもいっそう基本的な起源を持っていることがわかりました。二十

12 だいたい百種類ほどの元素（陽子の数が異なる）があり、それぞれについて数十個ほどの同位元素（中性子の数が異なる）があると考えてください。

世紀の後半にさしかかる頃には、物理学者は核子の内部のもっと深いところで何かが起こっているのではないかと考え始めました。

量子トンネル効果

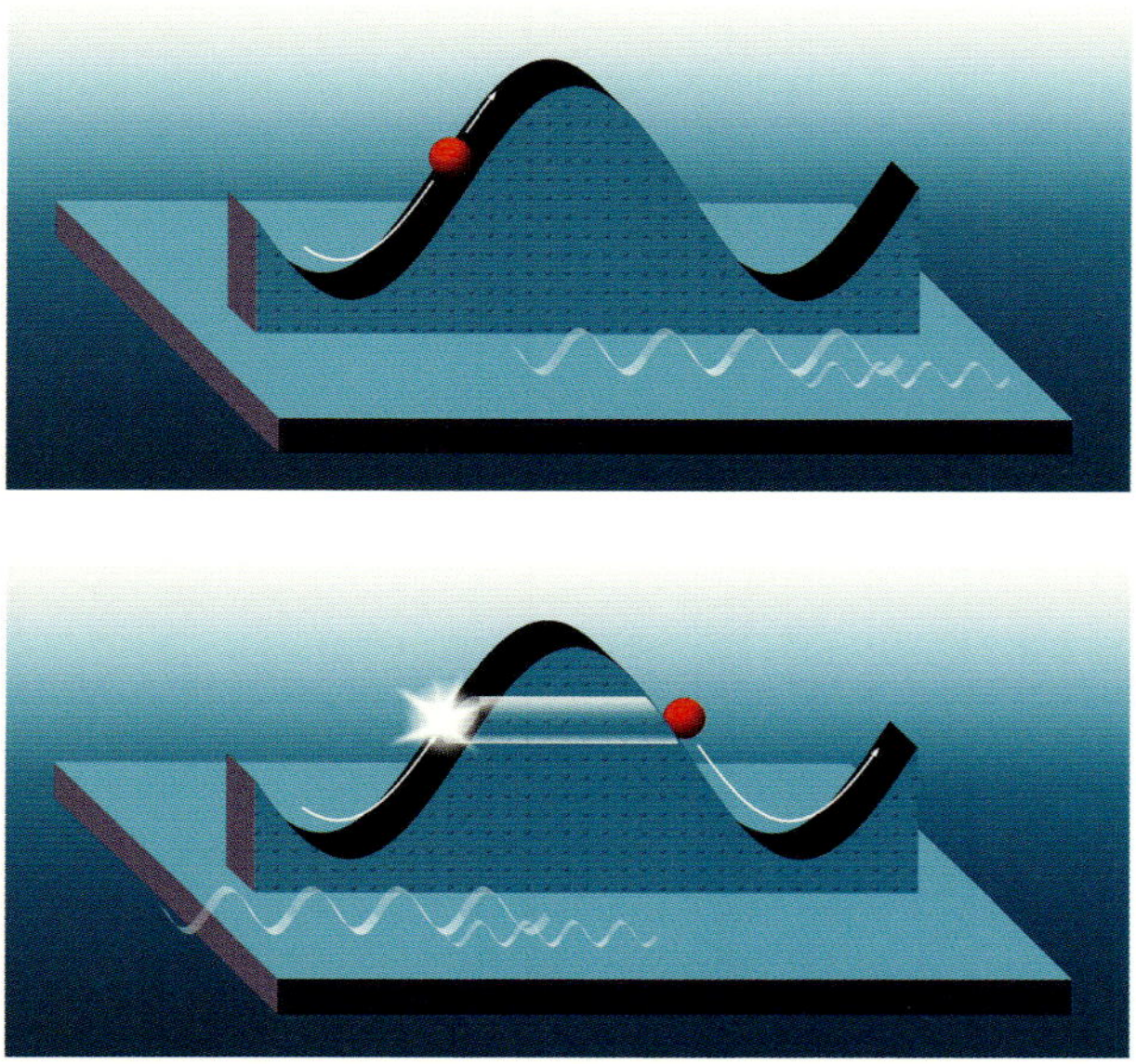

日常生活中では、頂上に着くのに十分なエネルギーがないボールが丘を上がっていけば、当然ボールはいずれ下へ転がり落ちる。量子トンネル効果は、ボールが丘を上る途中で突然消えて、反対側に現れるようなものである。そのようなマジックはマクロの世界では絶対に出会うことはない。しかしこの過程は量子の世界ではしょっちゅう起こる。もちろんその場合、丘というのはエネルギーの丘を意味し、量子的な粒子が登りきることのできない一種の力の場とみなせる。

量子トンネル効果は障壁透過ともいい、量子の世界でだけ起こるもう一つの奇妙な現象です。次のような例を考えてください。ボールが丘を上って反対側に降りるためには、最初に十分なエネルギーを与えられる必要があります。ボールが傾斜を登るうちに次第に速度が落ちていきます。頂上に着くのに十分な勢いがなければ途中で止まってしまい、逆戻りします。けれども、もしもボールが量子力学的にふるまうなら、ボールは丘のこちら側から自然に消えて、向こう側に現れる確率があります。ボールが頂上に到達するのに十分なエネルギーを持っていないにもかかわらず、これは起こります。

量子トンネル効果の標準的な説明は、ハイゼンベルクのエネルギーと時間の不確定性関係を利用することです。すなわち、もしも粒子が障壁を透過するのに必要なエネルギーの障壁が高すぎたりしなければ、粒子はそのエネルギーを周囲から借りることができるのです。それは、不確定性関係で定められた時間以内にそのエネルギーを返す限りにおいて、起こりうるのです。

もっと正確に言えば、量子の波動関数が障壁のこちら側に広がっていると同時に向こう側にも広がっているという、重ね合わせの状態にあると考える必要があるわけです。波動関数は障壁からしみ出ています。私たちが見るときにのみ、私たちは「波動関数を収縮させ」、粒子がどちらかの側にあるのを発見します。

量子トンネル効果は多くの過程で重要な役割を果たします。アルファ粒子の放射能がどのようにして起こるかという説明は、量子力学を原子核の問題に適用した最初の成功例でした。さらに量子トンネル効果は、トンネル・ダイオードのような現代のさまざまな電子デバイスの基礎となっています。

トンネル効果の日常的な例が、家庭の中の電子機器のアルミニウム配線で起こっています。アルミニウム酸化物の薄い層が二本の配線の間に絶縁層を形成します。古典物理学によればこの絶縁層は電流を通さないはずです。しかし絶縁層が十分に薄いので簡単にトンネル効果が起こり、電流が流れます。

クォーク

一九三〇年代中頃までに知られていた素粒子は片手で数えるほどしかありませんでした。普通の物質の原子を構成する陽子と中性子と電子、それに電磁放射の光子のほかに、物理学者は陽電子とニュートリノを発見していました。その後、湯川がパイ中間子理論をたずさえて登場した直後に、新しい粒子が宇宙線の中に

アメリカのシカゴ近郊のフェルミ国立加速器研究所（フェルミラボ）の線形加速器の内部の様子。

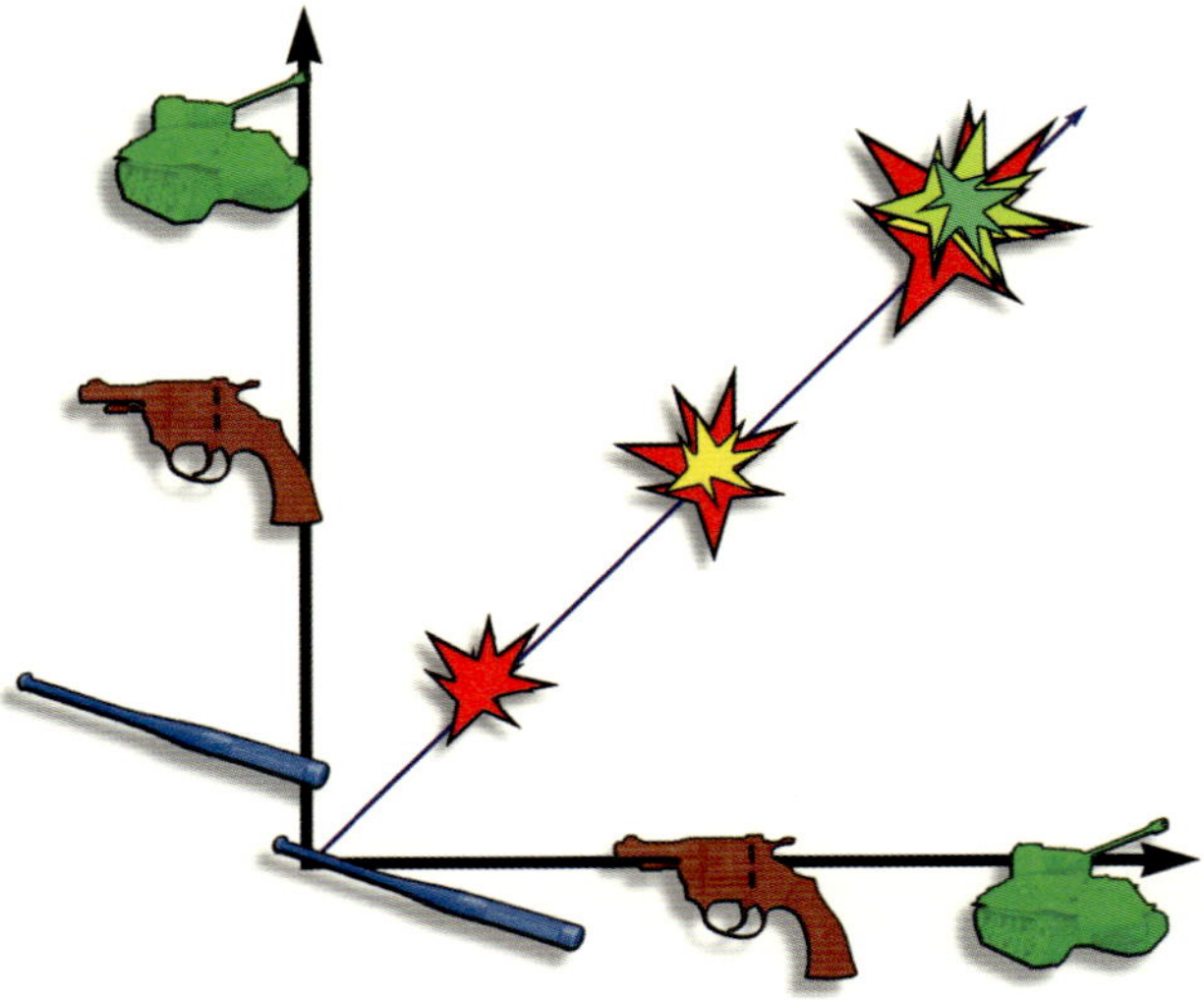

物質の構造をよりいっそう深くまで調べるためには、いっそう高いエネルギーで粒子のビームを衝突させなければならず、いっそう大きな加速器が必要になる。ビームを激しく衝突させるほど、新しい粒子の生成に割り当てられるエネルギーは大きくなる。

検出されました。それは最初、誤って湯川のパイ中間子であると考えられました。実際には、その粒子は重く不安定な電子に似たもので、今日では「ミューオン」として知られています。宇宙からやって来る高エネルギーの陽子が空気分子と衝突すると、ミューオンが地球の大気圏上空で形成されるのです。その寿命は1秒にも届きません。パイ中間子は、その数年後に実験で発見されました。

まもなく粒子加速器（最初は原子加速器と呼ばれていました）が量子の世界の構造をより深く徹底的に調査するために建設されました。その考えは単純なものでした。原子よりも小さな世界の仕組みを見るのに光を使用するのではなく、物理学者はラザフォードに従ってアルファ粒子を使ったのです。しかし調査する対象のスケールが小さいほど、よりいっそう高エネルギーの粒子を使う必要がありました。本質的に、彼らは光の波の代わりに物質粒子の波としての性質を使用したのです。粒子線のエネルギーが高いほどそのド・ブロイ波長は短くなり、解像できる長さのスケールは小さくなります。さらに、粒子の衝突をどんどん激しくして、小さな体積から放出されるエネルギーが大きいほど、このエネルギーから新種の粒子が生成される可能性は高くなります。

二十世紀の後半までに、非常にたくさんの新しい素粒子が発見されたため、物理学者はそれらが本当に素粒子なのかという疑問を感じるようになりました。92種類の元素の原子が陽子と中性子と電子というたった三つの種類の粒子からできているとわかったように、これらすべての粒子がほんの数個のもっと基本的な要素でできているのかもしれないと思ったのです。

粒子を分類してわかったことは、ある一つのファミリーがとりわけたくさんの種類を含んでいるように思われるということでした。ハドロンは強い核力を感じる粒子です。ハドロンは二つのグループに分類されます。一つめはバリオンと呼ばれます。陽子と中性子はバリオンに含まれます。バリオンには「ラムダ粒子」「シグマ粒子」「グザイ粒子」「オメガ粒子」などが追加され、たちまち種類が増えました。二つめのグループは中間子として知られているもので、パイ中間子や、それよりもさらに重い粒子である「イータ粒子」や「K粒子」などがあります。

シンプルな状態に戻そうとして、マレー・ゲルマンとジョージ・ツバァイクというふたりの理論家があらゆるハドロン（バリオンと中間子）は内部構造を持っているのだろうと提案しました。彼らは、もしもハドロンが「クォーク」と呼ばれるもっと基本的な素粒子からできているとすれば、すべての種類のハドロンをどのように理解できるかということを示しました。

わずか数年後に、カリフォルニアのスタンフォード線形加速器で、この仮説の正しいことが確認されました。その実験は原子の内部構造をはっきりさせたラザフォードの有名なアルファ粒子の散乱実験のアプローチとたいへんよく似ていました。高エネルギーの電子を陽子と中性子で散乱させたのです。ただし今回は、電子がはね返った方向から、一つ一つの核子の内部に物質の小さな粒が三個隠れているということが明らかになりました。クォークというアイデアは正しかったのです。

最初は三種類のクォークしかないと考えられました（クォークの種類のことを「フレーバー」といいま

核子のような粒子の内部からクォークを単独で取り出すことはできない。クォーク間の結合を壊すのに十分なエネルギーを供給しても、「対生成」の過程を通じてクォークと反クォークの新しい対を生成させるエネルギーを供給することしかできない（対生成については仮想粒子の図を参照）。新しく生成されたクォークは、核子の内部の引きはがされたクォークと置き替わる。一方新しく生成された反クォークは、引きはがされたクォークと結びついて中間子になる。

す）。今では、合計六種類のクォークがあることがわかっていて、それぞれが異なる質量を持っています。陽子と中性子はたった二種類のクォークからできています。それらにはちょっと味気ない名前がついています。陽子は二個の「アップ」クォークと一個の「ダウン」クォークを含んでいます。一方中性子は二個の「ダウン」クォークと一個の「アップ」クォークを含んでいます。

陽子や電子によって運ばれる電荷の単位が、電気のもっとも小さなかけらではないことがわかりました。クォークのうちの三種類の電荷は負で、電荷の大きさは電子の電荷の3分の1です。残りの三種類のクォークの電荷は正で、電荷の大きさは陽

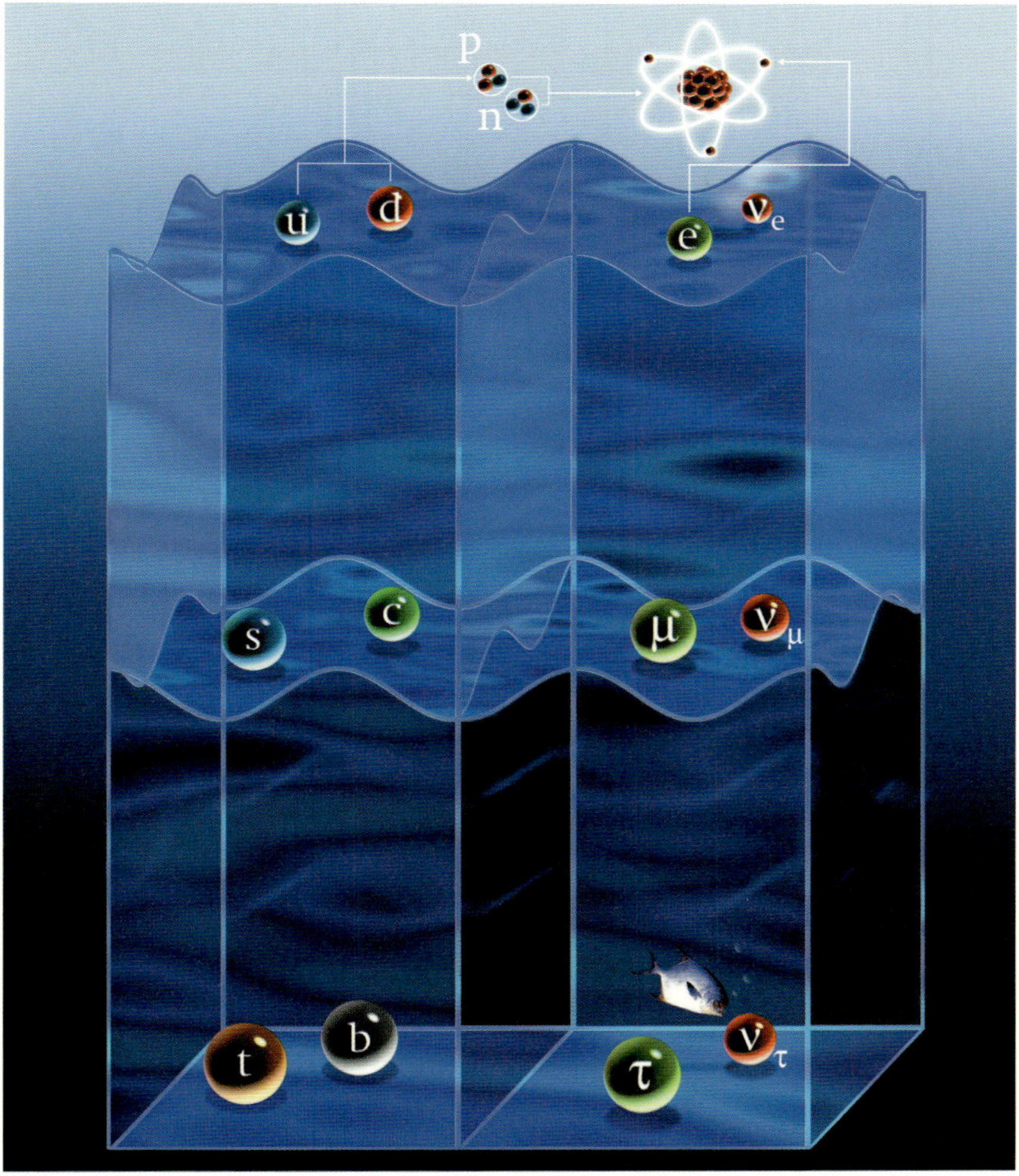

フェルミオンには三つの世代の粒子ファミリーがある。クォークは図の左側、レプトンは図の右側に示してある。原子からなる物質はどんなものも第１世代の粒子だけでできている。第１世代の粒子は図の上側に示してある。この粒子ファミリーには、原子核の内部の核子をつくるアップとダウンのクォーク、それに電子とニュートリノがある。第２世代と第３世代の粒子は第１世代の粒子よりもはるかに重く、ごく短時間しか存在できない。第２世代と第３世代の粒子は粒子加速器の内部で生み出すことができる。

子の電荷の3分の2です。二個のアップ・クォークはそれぞれ電子の電荷の3分の2の大きさに等しい正の電荷を持ち、一個のダウン・クォークは電子の電荷の3分の1の大きさに等しい負の電荷を持つので、それらが組み合わされると陽子の電荷となります。一方中性子の場合は二個のダウン・クォークと一個のアップ・クォークが結びついているので、電荷は相殺されます。

ほかの四つのフレーバーはどういうわけか、「ストレンジ」、「チャーム」、「トップ」、「ボトム」と呼ばれます。個人的には私はテリー・プラッチェットが四つの魔法の香りの物語の中で使った言葉（「アップ」、「ダウン」、「サイドウェイ」、「ペパーミント」）の方が好きです！

電荷に加えて、クォークはさらに色荷（カラーチャージ）というもう一つ別の種類の性質を持っています。色荷は、なぜ核子やほかのバリオンでは三個のクォークが結びつくのに、パイ中間子やその仲間の中間子ではクォークと反クォークの対が結びつくのかということを説明するのに必要です。これについては第8章でさらに詳しく述べるつもりです。

今日では、物質の素粒子は二種類しかないことが知られています。クォークとレプトンです。レプトンは強い核力を感じない粒子の総称です。それは色荷を持たない粒子すべてということでもあります。言いかえれば、クォークでない物質の素粒子はみんなレプトンです！　レプトンは電子と、もっと重いけれども電子の仲間であるミューオンとタウ粒子、さらに三種類のニュートリノを含んでいます。

百年以上前に発見された最初の素粒子が今も素粒子のままです。電子をほめたたえることにしましょう。電子とクォークが物質のもっとも基本的な構成要素であることはどれくらい確実なのでしょうか？　もしかしたら、電子やクォークもまた内部構造を持っていることがわかるかもしれません。もしかしたら、もっと基礎的で、もっと根本的な何かがあるのかもしれません。

本当の素粒子

フランク・クローズ（オックスフォード大学物理学教授）

物質の基本的な構成要素が何であるかは、歴史が進むにつれて変わってきました。一世紀前には、基本的な構成要素は原子だと考えられていました。一九三〇年代には、それは電子、陽子、中性子になっていました。電子は今でもそのリストに載っていますが、陽子と中性子はさらに小さな粒子のクォークからできていることがわかっています。歴史をふり返ってみるとき、電子とクォークが本当に基本的なものであるのか、それともそれらはロシアの入れ子人形のようにさらに小さな部分からできているのかという疑問が湧いてくるのは自然なことです。正直な答えを言えば、わかりません！　断言できるのは、今日可能な最良の実験をしても、より深い構造のヒントがないということです。さらに、「宇宙の玉ねぎ構造」の中で、電子やクォークの層には何か特別のものがあると思わせるものがあります。

私たちはどのような道筋を通って本当の素粒子を追い求めて来たのでしょうか？　二つの実験技術があります。一つは散乱実験で、もう一つは分光学です。

基本の階層と思われるものが本当はもっと深い構成要素でできているなら、量子力学はそのような構成要素の結びつき方を制約します。すなわち、それらの結びつきの一つは最小のエネルギーを持つはずだということです。私たちはそれを基底状態と呼びます。一つまたは複数の構成要素がエネルギーの高い状態にあって、そのため系全体は基底状態より高いエネルギーを持つことがあるかもしれません。構成要素が光子を放出し、その過程でエネルギーを失うかもしれません。反対に、ちょうどよいエネルギーの光子を吸収することで、その基底状態からより高いエネルギーの状態まで系を励起するかもしれません。光子エネルギーのスペクトルから、複合的な系のエネルギー準位のパターンを推定することができます。

原子が互いに振動することによる分子のエネルギー準位、電子が振動することによる原子のエネルギー準位、陽子と中性子が振動し旋回することによる原子核のエネルギー準位、クォークが運動することによる陽子や中性子のエネルギー準位はどれも、質的には非常によく似て見えます。しかし定量的にははっきりした違いがあります。

量子的なエネルギーのスケールの単位は「電子ボルト」で、1電子ボルト＝1・6×10^{-19}ジュールです。それがどのくらいの大きさかというと、原子から電子を取り出すのに、だいたい数電子ボルトのエネルギーが必要です。分子の励起のエネルギー・スケールはミリ電子ボルトです。原子核はメガ電子ボルトのスケールで励起し、陽子や中性子は数百メガ電子ボルトで励起します。これらは、相対的に大きな分子から小さな陽子へと進むにつれて、距離のスケールがますます小さくなることと、そしてそこで働く力の強さを反映しています。これがよりいっそう深い構造の最初の手掛かりです。次に、ちょうどラザフォードの原子核の散乱実験や、クォークに対する高エネルギー電子ビームの散乱実験と同じように、構成要素に粒子を衝突させる直接的な散乱実験によって、それらの内部が何でできているのかわかるのです。

さまざまなクォークやレプトンの表をつくったとします。もっとも軽い粒子は、メガ電子ボルトの程度の質量を持っています。タウ粒子、チャーム・クォーク、ボトム・クォークの質量はどれもギガ電子ボルト（数十億電子ボルト）程度ですが、トップ・クォークの質量はギガ電子ボルトの数百倍です。もしかすると、これは「サブクォーク」や「サブレプトン」に由来する新しいスペクトルのしるしなのでしょうか?

ところが、古くからおなじみの道筋はうまくいかないのです。たとえば、「重い」レプトンと「軽い」レプトンの間の電磁気的な遷移（光子の放出や吸収）の兆候はまったくありません。もしもそれらのうちの一方が他方の励起状態であるなら、遷移が起こるはずです。同じことはクォークにも言えます（ただしその証拠はレプトンの場合ほど直接的ではありません）。

第二に、これらの粒子はすべて（プランク定数の2分の1に相当する）同じ大きさのスピンを持っています。

もしも一方が他方の励起状態だとするなら、励起状態のスペクトルに対応したスピンの系列があるはずだと予想されるのです。

また、一方ではクォークやレプトンの世代はせいぜい三つまでだと考えられる間接的な理由があるのですが、他方では単純な励起状態のスペクトルはあらゆる範囲にわたるはずだということになってしまうのです。

最後に、もしもっと小さな要素があるとすれば、それらのサイズは10^{-18}メートル未満です。そのような小さな寸法では、それらの質量はすべてメガ電子ボルトではなくギガ電子ボルトの程度になると考えられます。ところがアップ・クォークとダウン・クォークと電子の質量はメガ電子ボルトほどの大きさの質量を持っています。

クォークと電子はどちらも本当に基本的な素粒子であるか、もしそうでなければ、量子力学を超えた力学があるということです。どちらにしても本当に心躍ることです。標準模型に現れる「基本的な」素粒子の現在のファミリーには何か特別なところがありそうです。

1
2
3
4
5
6
7
3
5
8
13
21
34
55

The Search for the Ultimate Theory

第8章
究極の理論を求めて

宇宙の構造をもっとも深いレベルで理解するために、物理学者はあらゆる問いに答えを出し、あらゆる謎を解き明かしたいと考えています。私たちは「なぜ？」と問うことを決してやめません

なぜこれが起こったのだろうか？
これこれの影響があったからだ。
その影響は何に由来するのか？
この物体があの物体と相互作用しているからだ。
なぜそれらは相互作用したのか？
それらがこれこれの力を感じるからだ。
その力の源は何なのか？

といったふうに続きます。私たちは子供ではないので、両親が「神様がそうしたんだよ」と言って会話を打ち切ろうとしても納得しません。もちろん多くの科学者が宗教的な信仰を持っています。けれども、科学者の研究が信仰と衝突することはまずありません。

逆に理論物理学者は、自然の複雑な働きをますます深く探求したいという衝動に駆り立てられています。彼らはまた、数学的な方程式の単純さと美しさの中に現れる、自然のパターンと対称性を追い求めているのです。もっとも偉大な物理学者の中にも、数式が厄介すぎるとか、みにくいという理由で理論を拒絶した人すらいるのです！　彼らはきっとこんなふうに言うでしょう。これは何かがきっと間違っている。自然は決してこんなぶさまなものであるはずがない、と。数学者や物理学者でなければ、これは理論を捨てる根拠としては不合理なように思えるかもしれません。しかし、彼らのやり方はどうやら間違っていないようなのです。究極の真理を探究することは常に美しさと単純さを探究することです。私たちが身のまわりで観察する

マンデルブロー集合に基づく３次元のフラクタル画像のコンピューター・グラフィックス。マンデルブロー集合という名前は数学者ベノイト・B・マンデルブローに由来する。フラクタル幾何は非常に単純な数学的な規則から、複雑で美しい形を作り出すために使われている。フラクタル幾何は株式市場の株価、天気予報、植物の成長、海岸線の浸食、流体の乱流といった現実の世界の現象のモデルとしても使われる。

多くの現象は、地球上のものであれ、遠い星の光から推定したものであれ、究極的にはごく少数の基本的理論で説明されると考えられています。古典力学全体はニュートンの運動と力の法則、そしてニュートンの力学を拡張したアインシュタインの相対性理論によって説明されます。電気と磁気は両方とも同じ電磁気力の二つの現れ方であることがわかっています。また、原子以下のスケールのあらゆる粒子のふるまいは量子力学で表されます。

そんなわけで二十世紀の物理学者は単にあらゆる素粒子を見つけて分類する以上のことをする必要がありました。彼らは、これらの粒子がどのように相互作用するのかということ、そして粒子の間で働く力の源は何であるのかということを理解する必要がありました。また、もしも異なる種類の力があるとすれば、それらには共通の起源があるのでしょうか？　一九二〇年代の量子力学は、この道筋の第一歩にすぎませんでした。この前の章で述べた原子、原子核、素粒子物理学の進歩の話はまだ終わっていません。物質の基本的な構造は何であるのかを見つけようとする探究の中で、物理学者は理論の単純さと対称性をも追い求めているのです。物理学者が目指しているのは、万物に関する究極的な理論、宇宙の中のあらゆる現象を導き出し、説明できる強力な理論なのです。[1]

本章では、この方向に向かう進歩がどのようなものであったのかをたどり直し、今やそのような理論についに手の届くところまで来ているのかどうかを論じます。

光の量子論

これまで述べた波と粒子の二重性の問題は、量子的な粒子に関するものでした。すなわち、私たちが見て

1　還元主義に関する警告。自然界のほとんどの現象は複雑です。それらの性質の多くはマクロのスケールでしか出現しません。ですから一個の水分子を研究しても、水の「湿気」のことは何もわかりません。

私たちが身のまわりで目にするほとんどの現象は、ニュートンの力学とマクスウェルの電磁気の理論の組み合わせで表せる。日常的なスケールを外れると、二つの極端な世界がある。一つは非常に小さく、量子力学で表される世界。もう一つは非常に大きく、一般相対性理論で表される世界である。

いないときは波のようにふるまい、観測すると粒子としてふるまう電子のような量子的な粒子です。しかし、その波のような側面は波動関数に由来するのです。波動関数の物理的な意味にまつわる論争を再び繰り返すつもりはありません。光について言えば、波のような側面はまぎれもない現実です。このことは光だけでなく、電磁放射のあらゆる形式についていえることです。光を物理的な波とみなすか、物理的な粒子とみなすかということは、光をどう見るかということや、どのような種類の現象を調べるのかということに応じて、選択してよいと考えられています。

実際、量子力学が登場したからといって、物理学者たちは光の古典的波動説を放棄しようとはしませんでした。この理論は、十九世紀後半のスコットランド人ジェームズ・クラーク・マクスウェルによるもので、彼の名前のついたひと組の方程式にまとめられています。マクスウェルは、光は互いに直角方向に振動する電気的な場と磁気的な場の組み合せからなり、それらの振動は毎秒30万キロメートルの速度で進むことを示しました。

マクスウェルの方程式の重要な特性は、それらが特殊相対性理論の枠組みに収まるということでした。ニュートンの運動方程式は物体の速度が光に近づくとき相対性理論によって修正する必要があるのに対して、マクスウェルの方程式にその必要はありませんでした。もちろん、光速で動くもの（すなわち光そのもの）を表す理論が特殊相対性理論に合わなかったとしたら、大きな問題になっていたでしょう。

それに対して量子力学は、ハイゼンベルクとシュレディンガーによって提案されたとき、特殊相対性理論と一致していませんでした。それは、光速よりもずっと遅い速度で運動する電子のような量子的な粒子のふるまいしか表すことができませんでした。そのために、ちょうど惑星やフットボールのような古典的物体の運動がニュートンの方程式で正確に表すことができても、それが光速に近づいた場合に修正が必要になるように、シュレディンガーの方程式もまたゆっくりと運動する量子的な物体だけにしか適用できないのです。相対論的な速度では、特殊相対性理論は質量、運動量、エネルギーなどの量がどのように変化するかを示します。したがって、少なくとも、シュレディンガー方程式中のこれらの値を相対論的なものと取り替える必要がありました。

わかりやすい例をあげましょう。物体の質量はそれが含んでいる「もの」の量を意味します。日常使う言葉では、質量は重さと同じ意味で使われます。[2]ですから私たちは質量とは物体が運動しても変わらない一定の量とみなします。しかし特殊相対性理論が示すように、物体の速度が光速に近づくにつれてその質量は増加し始め、光速に達すると無限大の質量を持ちます。そのため、静止しているときに質量を持っている物体で、光速で進むことができるものは何もありません。シュレディンガーがオリジナルの方程式を公表したわずか一年後に、シュレディンガー自身と、オスカー・クライン、そしてウォルター・ゴードンが修正された方程式をそれぞれ独立に作りあげました。しかし、新しい方程式には重大な問題がありました。すなわち、その波動関数から予測される量子確率は負になることがあるのです！　いったい、電子がどこかに存在する確率がマイナス20パーセントとはどういうことなのでしょうか？

2 質量と重さの違いはこういうことです。人工衛星の内部のような空間ではあなたの体は重さがありません。なぜなら、重力の力がないからです。しかし、あなたの体の質量は同じままです。

一九二八年に、ポール・ディラックが、「電子の量子論」というタイトルの論文を発表しました。その中で彼は、シュレディンガーの方程式に代わる方程式を提案しました。それは「完全に相対論的」であるだけでなく、自然なしかたで電子のスピンを考慮に入れていました。スピンはその当時、新しい実験結果を理論的に説明しようとするときに重要なものでした。ディラックを反粒子の理論的な予測[3]へと導き、さらに電子–陽電子の生成と消滅というアイデアへと導いたのはこの方程式でした。

その前年の一九二七年に、ディラックは量子力学をマクスウェルの光の理論と組み合わせた最初の先駆的な論文も発表していました。これは最初の光子の量子論をもたらしました。彼が行ったのは電磁場を「量子化する」ことでした。

ディラックは、電子を表す理論と、光子を表す理論を組み合わせる方法を考え出しました。こうして生まれたのが「量子電磁気学」でした。それは、場の量子論として知られているものの最初の例であり、電子がどのように光子を放出し吸収するか、また、二つの電子がどのように光子の交換により互いに反発しあうかを説明するものでした。

幸先のよいスタートを切ったものの、場の量子論は一九三〇年代と四〇年代は数学的な障害によって悩まされていました。古い量子力学と違って、場の量子論では仮想粒子が絶えず生成し消滅することが可能です。これがアインシュタインの$E = mc^2$とハイゼンベルクの不確定性原理を組み合わせたときに得られるものであることを思い出してください。このことは、理論を使ったある計算が無限大の答えを出してしまうことを意味しました。私は大まかなやり方でその理由を説明できます。

場の量子論の基本的な考えは、電場のようなものを、絶えず生成しては消滅するたくさんの仮想光子とみなせるということです。したがって、電子が別の電子と単一の光子を交換するのはもっとも単純な過程です。

3 最初に提案されたのは、ディラックが一九二九年にボーアに書いた手紙の中でのことでした。

もっと小さな距離まで調べれば、もっと複雑な過程がたくさんあることがわかります。たとえば、その仮想光子が電子の間にあるとき、自発的に仮想電子–陽電子のペアになり、目的地に到着する前にすぐにまた消滅して、もとの仮想光子に戻るかもしれません。しかし、仮想電子と陽電子のペアでいるごく短い時間に、それらはさらに別の仮想光子を交換することができるにちがいありません。すると今度はその仮想光子が電子と陽電子の対を生成することができて……というふうに続きます。このような複雑な過程は計算では無視できたらよいのに思うかもしれません。少なくとも、複雑なものほど重要性は薄れると思いたいところです。しかし、そうはいきません。それを計算すると無限大という答えが出てきます。

量子力学が登場するかなり前に、この問題は現実に存在しました。一九世紀に、物理学者は次のような状況に悩んでいたのです。電荷はそのまわりに電場をつくり出します。しかし、そもそも電荷のつくり出した電場が、電荷に与える影響というものをどんなふうに考えればよいのでしょうか？　これは、単に電荷がある場所に存在するというだけの問題なのです。それなのに、無限大という答えが出てしまうのです。これは、私たちが興味を持っている点と電荷の位置との距離で、ある量の割り算をするからです。今の場合、その距離はゼロなのです。どんなものでもゼロで割れば、答えは無限大になります。

場の量子論を悩ました無限大の問題は一九四九年に最終的に解決されました。リチャード・ファインマン、ジュリアン・シュウィンガー、朝永振一郎という三人の物理学者がそれぞれ独立に「繰り込み」と呼ばれる数学的なトリックを使って無限大に対処する巧妙なやり方を考え出しました。出来上がったのは、今日まで科学全体の中でもっとも正確なものとみなされている理論でした。それはディラックのときと同じく量子電磁気学、略してＱＥＤと呼ばれています。今日の物理学者がこの言葉で呼ぶのはファインマンたちの理論の方です。しかし、ディラックがそれよりも二十年も早く、最初にＱＥＤを示唆したことを忘れるべきではありません。

ＱＥＤは実験の測定結果と１億分の１の精度まで一致します。ただしＱＥＤのことを、荷電粒子の相互作

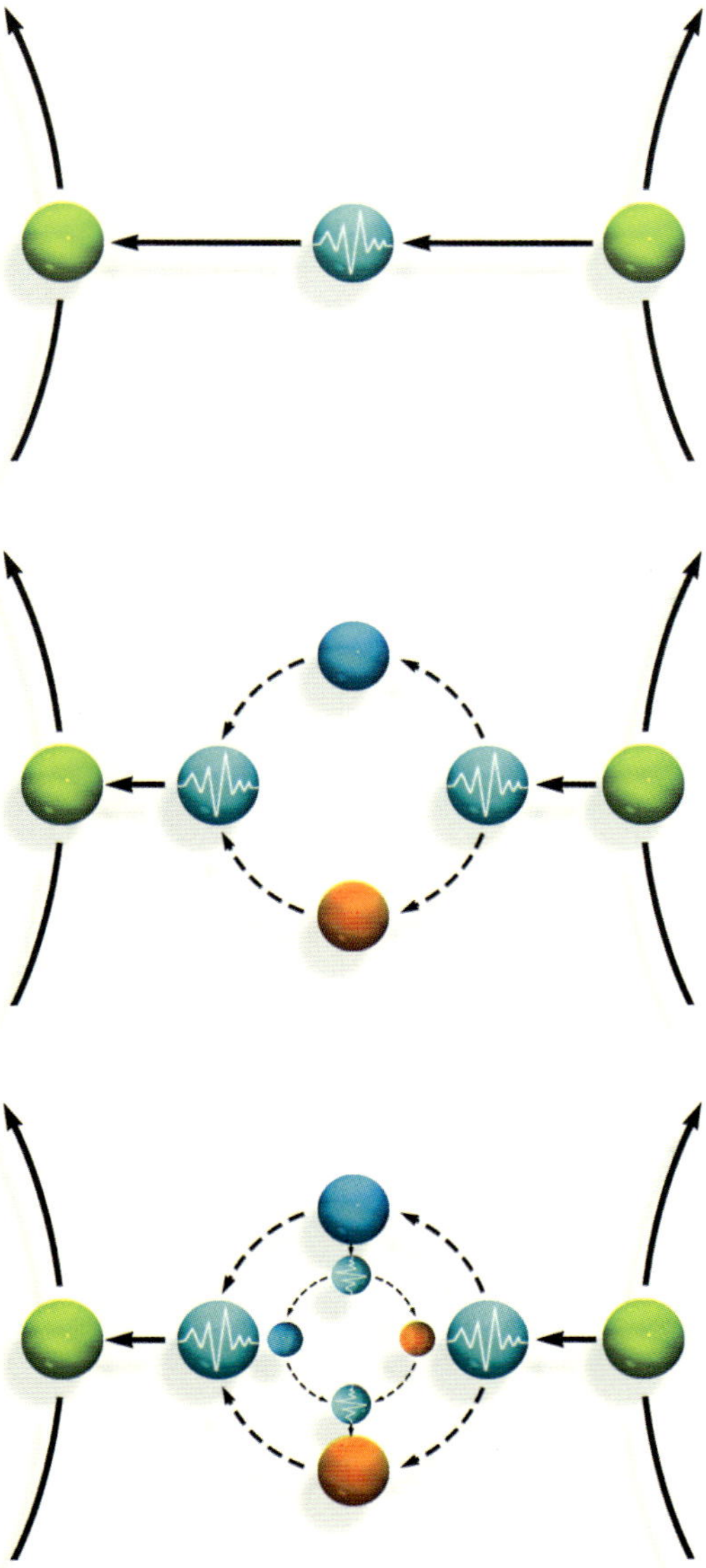

場の量子論は二つの電子の相互作用を次のようにして表す。すなわち、単純な過程から始まって、次第に複雑さを増してゆく一連の過程を考慮するというものである。複雑な過程ほど起こりにくい。最低次の過程は電子が１個の仮想光子を交換するというものだ（上）。考慮しなければならない高次の過程としては、電子が光子を放出し、その光子が途中で電子–陽電子の対を生成するというものがある。電子–陽電子の対はすぐに消滅して再び光子を生成し、それが第二の電子に吸収される（中）。交換される光子によって生成された電子–陽電子の対が１個の仮想光子を交換し、その仮想光子がさらにまた電子–陽電子の対を生成する可能性もわずかながらある（下）。

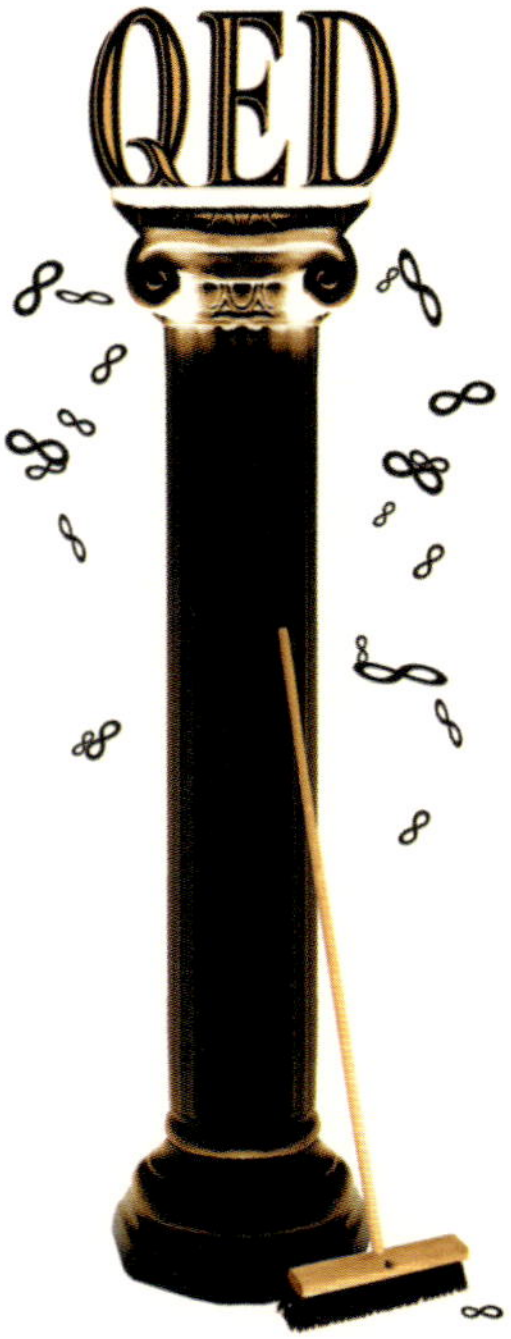

QED の繰り込みは、計算で生じる無限大を覆い隠すことである。そうすることで、美しく、強力で、非常に正確な理論となる。

用のすっきりとした理論だというふうには考えないでください。光と物質の相互作用の性質に関するこの理論は、科学全体においてもっとも基本的で重要なものです。あらゆる力学的、電気的、化学的な法則と現象は、究極的にはすべてＱＥＤに帰着します。重力の力と原子核の内部で働く力は別として、自然界の過程はすべて究極的にはＱＥＤで説明されます。つまり、水素原子と酸素原子はどのように結合して水の分子となるか、日光の性質とはどのようなものか、私がキーボードで文字を入力するときこのページのイメージがラップトップ・パソコンの画面にどのように現れるか、また、私の脳からの電気的信号がどのように伝わって指の運動をコントロールしキーボードの文字を叩くか、といったことすべてです。

このように、ＱＥＤが化学（従って生物学）全体の基礎となることがわかります。なぜなら、化学は基本的に電子を介した原子の結びつきにまでつきつめることができるからです。原子と原子を結びつけているのは電磁気の力で、それは光子の交換にほかならないからです。

繰り込みというトリックで無限大を扱うことを嫌う物理学者もいました。ディラックもそのひとりでした。数学的には、ＱＥＤはまるで邪魔なものをただ隠しているだけのことのように思えたのです。したがって、生まれた理論はすばらしく機能しましたが、ディラックのような純粋主義者はＱＥＤは必要ではないはずだと感じて、もっと基本的なものをあくまでも求め続けました。

過去半世紀の間、基礎的な物理学の研究者の主な目標は、もっと広範なものでした。ＱＥＤが成功したと

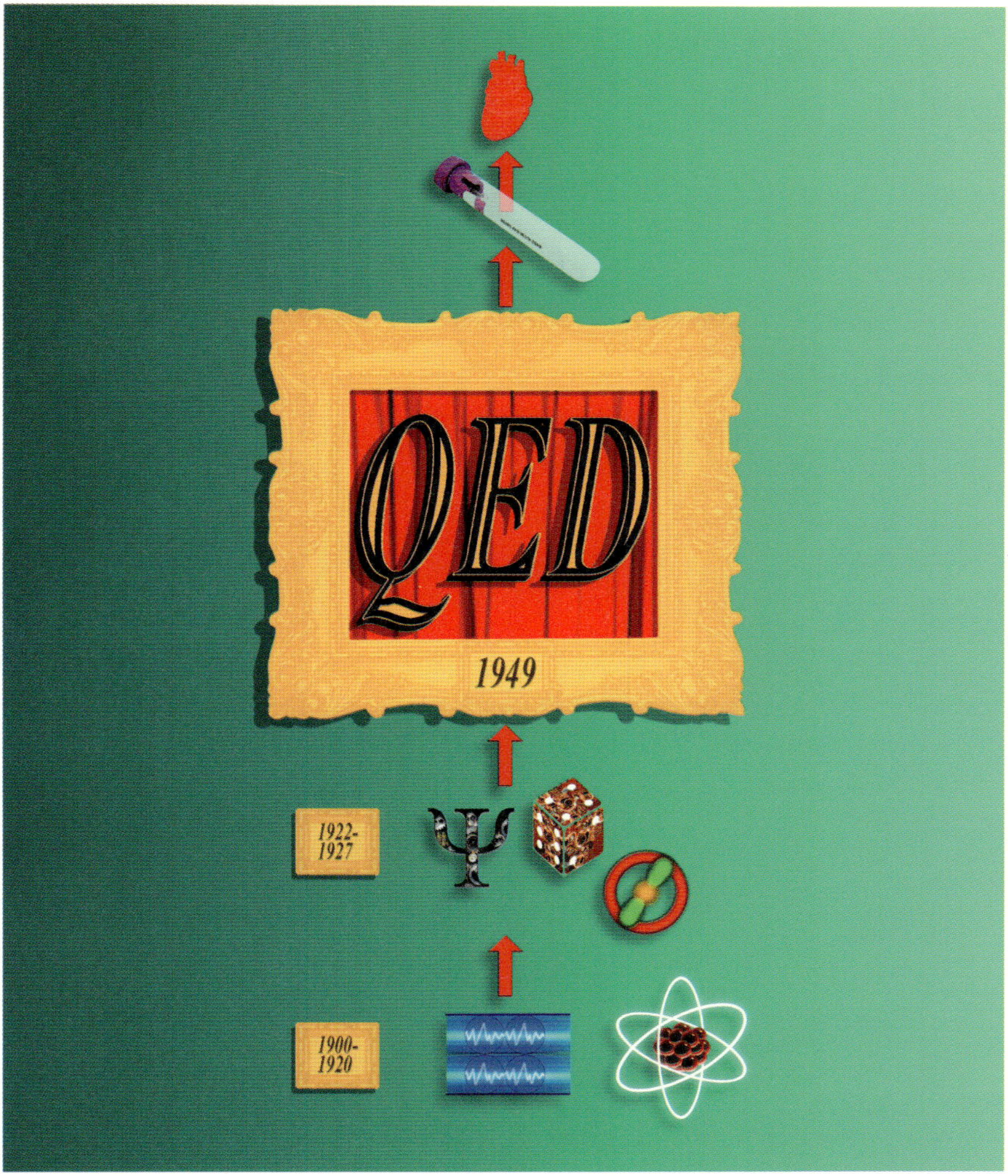

プランクの量子論とボーアの原子論から現在の量子力学にいたる量子物理学の発展。初期の量子論は場の量子論へと、そして究極的には QED へと発展した。この強力な理論は、私たちの身のまわりにあるあらゆる物質の構造を非常に正確に記述し、現代の化学全体さらには生物学全体を下支えしている。

はいっても、QEDが表せるのは自然の四種類の力のうちの一つだけです。場の量子論を使ってほかの三種類の力（重力と二つの核力）を表すことができるでしょうか？　すなわち、量子的な粒子を交換するというアイデアをほかの力にも適用できるでしょうか？　さらに望ましいこととして、あらゆる力に適用できるただ一つの場の量子論というものはあるのでしょうか？

ゲージ理論と対称性

私たちが日常の言葉で「対称的」という単語を使う場合、物体や形がその鏡像と同じに見える、あるいは、異なる角度から見たときに同じに見えるということです。しかし、数学では対称性というアイデアははるかに強力な意味を持っていて、場の量子論の中で力を統一しようとする物理学者にとっても大いに役立ちます。

対称性のより一般的な定義とは、次のとおりです。すなわち、ある量を変化させても不変な性質があるとき、対称性が存在するというのです。たとえば、球はどの角度から見ても同じに見えます。また、ふたりの人間の年齢差は時間が経っても同じままです。これらは両方とも対称性の例です。物理学者は特定の変化（または「変形」）があらゆる場所に同じように適用されたとき、ある物理法則が同じままの場合、「グローバルな」対称性があるといいます。

さらに、もっと美しい性質を備えた物理学理論もあります。たとえばマクスウェルの電磁気力に関する古典的理論の方程式は、ある種の変形が「ローカルに」適用されたときでも、方程式の形が変わりません。変形を「ローカルに」適用するとは、変形のしかたが場所によって異なるということです。マクスウェルの方程式がこのような性質を持つのは、電場と磁場がある意味で互いに等しいということと関係します。

これを理解するために、電子が感じる電気的な位置エネルギーを丘と谷のある地形で表してみましょう。電子は谷に向かって転がり落ちるので、谷は引力を表します。また、電子は丘から遠ざかるように転がるので、丘は反発力を表します。ランドスケープの形が一つの場所で変わるとします。たとえば、谷だったところを丘にせり上げたとします。ゲージ対称性は、電子が、この変化の前と後でまったく同じようにふるまうことを要求します。つまり、電子が転がって丘を上がるということです。しかし電子がそのようにふるまうためには、電気的な位置エネルギーの変化を補うように磁気的な位置エネルギーが変化する必要があります。電磁気力の理論はローカルな対称性を備えたゲージ理論であるといわれます。

QEDはこの性質を持っていることがわかっています。実際、自然界の四種類の力すべての場の量子論がそのようなゲージ対称性を持つだろうと考えられています。このことから、それぞれの力はおそらく互いに何らかの関係があるのではないかという希望を物理学者は抱いているのです。

ここで話していることはかなり専門的に思えることはわかっています。しかし、私は理由があってこれを話しているのです。この議論で重要なのは対称性の「破れ」というアイデアです。白い一枚の紙はある回転をしたときに対称です。白い紙は左右のどちらも同じに見えますし、上下逆さまにしても同じに見えます。しかし、あなたが紙に何かを書いたとたん、この対称性は失われます。つまり破れます。

一九六〇年代に物理学者は、このような種類の破れた対称性の議論を使って、電磁気力だけでなく弱い核力（それは原子核のベータ崩壊を引き起こします）を含むようにQEDを拡張しました。ある条件の下では、弱い相互作用もまた光子のような仮想粒子の交換とみなせることがわかりました。そのとき特別な対称性が破れていれば、以前の古い繰り込み手法を使うことができて、弱い相互作用の場の量子論を意味のあるものにできるのです。一九六〇年代の終わりまでに、スティーヴン・ワインバーグ、アブドゥス・サラム、シェルドン・グラショーが場の理論を拡張して電磁気力と弱い相互作用を統一しました。それは「電弱理論」として知られています。

電弱理論は、宇宙の非常に初期の頃にあったような一千兆度以上の温度では、電磁気力と弱い相互作用が一つの同じ力になることを解き明かしました。しかし宇宙が膨張して冷えるにつれて、ある種の対称性が破れて、二つの非常に異なる力が現れました。今日では、弱い相互作用が「W粒子」と「Z粒子」と呼ばれる粒子の交換によるものであることがわかっています。それらの粒子はより正確には「弱いベクトル・ボゾン」といいます。しかし、ＷボゾンやＺボゾンと呼んだほうが簡単です。

いろいろな色の力

ゲージ対称性というアイデアが発見されて場の量子論に適用されると、強い核力にもたちまちこの方法が利用されて急速に理解が進みました。もちろんそれは何年も前に湯川が、原子核の内部の核子間で交換されると考えられる粒子すなわちパイ中間子の理論を提案したとき、切り開いた道でした。しかし核子そのものがクォークで構成されていることが発見されると、交換力がもっと深いレベルで働いているはずだということがわかりました。こうして作られた強い核力の場の理論は「量子色力学」またはＱＣＤとして知られています。

電荷とは本当は何を意味するかちょっと考えてみてください。根本的なレベルで言えば、電荷とは正と負の二つの種類がある素粒子の性質のことです。反対の種類の粒子は互いに引きつけあいます。同じ種類の荷

原子よりも小さな粒子の高エネルギーの衝突で生じた粒子の軌跡のコンピューター画像。三つの写真はすべて同じ衝突のときのもの。２個の金原子が正面から衝突した様子である。衝突で生成されたエネルギーから新しい粒子が生まれる。ほとんどはパイ中間子である。

電粒子は互いに反発しあいます。正と負と言わずに、二種類の電荷を甘いものと風味のよいものと呼ぶことだってできます。甘い電荷を持つ粒子は、風味のよい電荷を持つ粒子に引きつけられます。これで考え方はわかったはずです。電荷を正と負で呼ぶのはただの決まりごとにすぎません。

同じように、強い核力を担う粒子の性質に付けられた名前そのものは決まりごとにすぎません。それらの粒子は「色」電荷を持つといわれました。クォークモデルでは一個の核子が三個のクォークを含んでいるので、クォークモデルには強い相互作用の電荷が三種類必要でした。色という言葉が選ばれた理由は、光の色の混ざり方と関係していました。実際、この理論の名前の起源である「chromo」は色を意味するギリシア語のchromaという単語に由来します。三種類の色電荷はこのため赤、青、緑でした。赤、青、緑のクォークは結合して無色のものを生み出すことができます。クォークは色を持っているので単独では存在できず、無色になるクォークの組み合わせだけが許されるというのが色電荷の規則です。これは、原子の性質に関するずっと初期の議論に似ています。原子は電気的に中立になるために等しい量の正と負の電荷を含んでいる必要があります。ただし自然界では、原子が電子を失ったり余分に得たりして正または負のイオンとして存在することができます。

単独のクォークは存在できませんが、クォーク・グルーオン・プラズマとして知られているものを生み出すやり方について現在いろいろ研究されています。クォーク・グルーオン・プラズマとは、クォークとグルーオンという交換粒子が封じ込められていない状態にあることです。これが形成されるのは二つの重い原子核が非常に高いエネルギーで衝突したときです。1秒にも満たない短い時間の間ですが、二つの原子核の内部の陽子と中性子の間の境界が吹き飛ばされ、自由なクォークとグルーオンのスープが残され、それはたちまちさまざまなハドロンへと「凍りつき」ます。このプラズマを生成するのに必要な非常に高い温度と密度は、ビッグバン直後の宇宙に存在したと考えられています。

ハドロンの内部のクォークの色を組み合わせるという手法は、量子色力学よりも前に考え出されました。

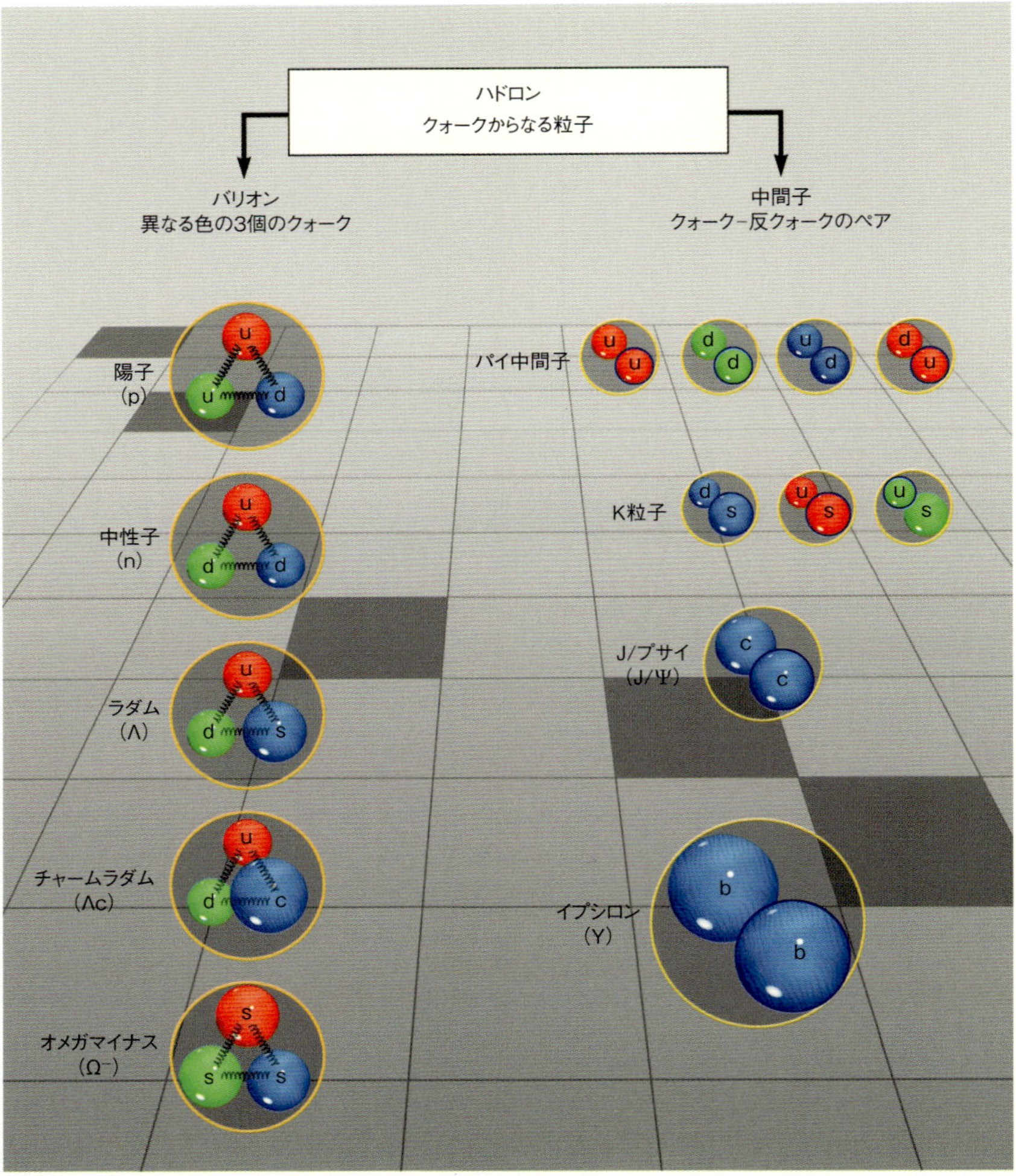

バリオンの一部を選び出したもの。これらはクォークでできていて、グルーオンの交換を通じて強い核力を感じる粒子である。ハドロンは、グルーオンによって結びつけられた３個の異なる色のクォークでできている。中間子はクォークと反クォークのペアでできている。

このことは注目に値します。ＱＥＤとＱＣＤの大きな違いは、ＱＥＤでは、力を伝える粒子が一つの種類すなわち光子しかないことです。ＱＣＤでは交換される粒子（グルーオン）が八種類あり、それによって色電荷を持つクォークの相互作用を説明できます。

前の章で、パイ中間子が二つの核子間で交換されるとき、それは強い相互作用の力を運ぶ粒子となることを湯川がどのように提案したかを話しました。より深いレベルでは、強い相互作用の本当の担い手はグルーオンであることがわかっています。ですから、ちょうど電弱理論が力を運ぶ光子、Ｗボゾン、Ｚボゾンの交換によって相互作用する粒子を表す理論であるのと同じように、ＱＣＤもグルーオンを交換するクォークについての場の量子論です。

しかし、力を統一しようというこの大きな目論見のためには、やらなければならないことがまだあります。物理学者は電磁気と弱い相互作用を一つの理論へ統一するのには成功しましたが、電弱理論とＱＣＤを統一するのは、どちらも場の量子論であるにもかかわらず、まだできていません。つまり、それらを組み合わせる方法はあるのですが、今のところ実験でその正しさを確認できてはいません。そのようなときが来るまで、素粒子物理学者は電弱理論とＱＣＤの両方をゆるやかに統合したフレームワークを「標準模型」と呼びます。標準模型は非常によく機能します。しかし、それが物質の究極的な理論であると考えている人はひとりもいません。

大統一理論と超対称性

異なる力が統一される地点に到達する方法の一つは長さのスケールをどんどん短くして調べることです。ＱＥＤは電子がどのようにして仮想光子の霧によって常に囲まれているか、そして仮想電子－陽電子のペアがどのようにして絶えず出現しては消滅しているのかを説明します。このような活動はすべて、電子の電荷を覆い隠す傾向があり、最後には私たちが現実に見る電荷の大きさになります。これは、繰り込みが無限大にどのように対処するかということでもあるのです。ここでは、無限大であるのは電子の電荷そのものです。しかし電荷の大きさが大きくなるのは、私たちが電子を囲む仮想粒子のベールを貫通して電子にどんどん接近するときだけです。

電磁気力の源に近づくほど、力の強さが増していきます。二種類の核力は原子核の内部では電磁気力よりもはるかに強力ですが、電磁気力の場合とは反対のことが起こります。つまり、長さのスケールが短いほど、二種類の核力は弱くなるのです。距離が10^{-28}ミリメートルほどのスケールでは、三種類の力のすべてが同じ強さになります。この距離のスケールと陽子のサイズの比は、陽子と人体の比と同じくらいです。この距離のスケールはそれほど小さなものです。三つの力がただ一つの力に統一され、ある種の対称性が回復されると考えられているのは、このスケールにおいてのことです。

これらの三種類の力を統一する理論は、大統一理論（略してＧＵＴ）として知られています。物理学者はＧＵＴを見つけて、あらゆるものが適切な場所におさまるようにしようとしています。そうすれば、不満の残る標準模型（電弱理論とＱＣＤのゆるやかな連携）にとってかわることができるかもしれません。特にやっかいだった問題が一九七〇年代に解決されたのですが、その問題は、三種類すべての力の強さが一つに収束する長さのスケールと関係がありました。電磁気力と弱い相互作用の強さが一つに収束し電弱相互作用の力となる場所で、強い相互作用は依然として強すぎて、対称性は破れたままです。真の対称性のためには、三種類すべての力の強さが一つに収束する必要がありました。

その後、新しい種類の対称性が発見されました。それは電磁気力と弱い相互作用を統一するために必要だった対称性よりもさらに強力でした。それは「超対称性」と呼ばれる対称性で、この問題を解決する数学的な方法として使うことができます。超対称性とは基本的に、（電弱理論に出てくる粒子で言えば）電子やニュートリノといった粒子と、光子やＷボゾン、Ｚボゾンといった粒子との間の対称性、すなわち関連性を表しています。ＱＣＤに出てくる粒子で言えば、クォークとグルーオンの間の対称性です。超対称性の主な

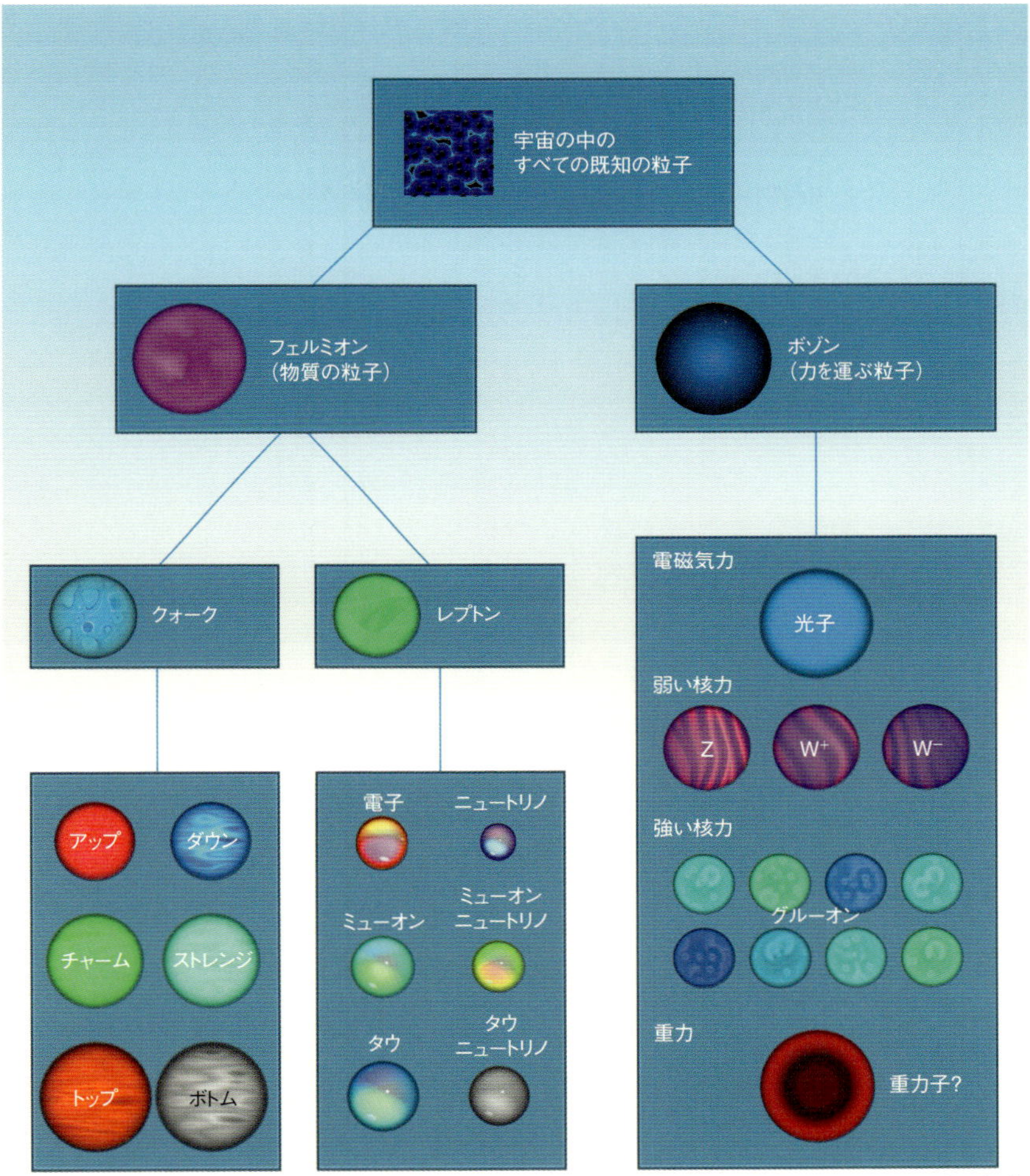

素粒子はすべて二つのカテゴリーに分類できる。すなわち、物質の粒子（フェルミオン）と力の粒子（ボゾン）である。

予測は、どんな粒子にも、その対になる「超対称的な」パートナーが存在するということです。つまり、電子に対してはセレクトロン（ボゾン）があり、光子に対してはフォティーノ（フェルミオン）があるということです。超対称性はさらに、陽子がパイ中間子と陽電子へ崩壊すると予測します。自然界でこの過程が起きていることを検出できれば、大統一理論を肯定する強い証拠になるでしょう。これまでのところ、陽子の崩壊は見つかっていません。しかし陽子の崩壊は非常にまれなことなので、見逃されている可能性がありま す。

自然が超対称的なのかどうかは、まだわかっていません。しかし、もしかしたら超対称性は、さまざまな大統一理論を練り上げようとするとき、よりいっそう基本的な役割を果たすかもしれません。

重力はどうなったのか？

私たちは何かを忘れているのではないでしょうか？　大統一理論が自然の四種類の力のうちの三種類しか含めようとしていないなら、それを統一理論と呼ぶのはちょっとおこがましいと思うかもしれません。これまで重力と統一理論のかかわりあいには触れてきませんでした。人びとがその努力をしなかったということではありません。アインシュタインは、電磁気力を重力と統一する場の理論を見つけようとして、晩年の三十年を費やしましたが、成果はありませんでした。

重力を哀れに思う必要はさらさらありません。重力の理論は、あらゆる場の量子論より美しく、強力で、しかもより基本的な理論だとみなす人だっているのです。その理論とは一般相対性理論です（いよいよです！　ぞくぞくします）。

特殊相対性理論でアインシュタインは、絶対的な空間と時間のようなものはないことを示しました。なぜなら、ふたりの観察者は距離と時間について意見が一致しないからです。空間と時間を4次元の時空へ統合することによってのみ、首尾一貫した話ができるのです。一九一五年にアインシュタインは彼の科学への貢

アインシュタインの一般相対性理論で明らかにされた時空そのものの性質を量子レベルで理解する必要がある。現在、量子重力理論の探究の中に、本物の進歩が進行中である。

献の中で最大のものを完成させました。一般相対性理論は、重力の力を含むように特殊相対性理論を拡張したものでした。しかし、重力の表し方は、場の量子論の中でほかの三種類の力を表すために使われている交換粒子という考え方とはまったく違うものでした。アインシュタインは純粋な幾何学として重力を表したのです。宇宙の中のあらゆるものは、そのまわりのすべてのものを引き寄せようとしています。しかし、一般相対性理論の重力による引力は時空の湾曲自体によるものです。物体の質量が大きくなれば、それはまわりの空間と時間をさらに大きく曲げます。

一般相対性理論は並はずれて正確であることが実験で示されました。それは、空間と時間の性質に関する現在最良の理論です。かなり奥深いものです！

物理学者は今では自然の四種類の力を統一するためには、一般相対性理論と場の量子論を一つにする方法を見つけなければならないことを知っています（場の量子論とは量子力学の別名にすぎません）[4]。問題は、それらが両方とも日常的なスケールではニュートン物理学に近づくということ以外に、共通点がほとんど何もないということです。非常に小さな物体や距離には量子力学が使われ、非常に大規模な物体と距離には一般相対性理論が使われます。しかし、一般相対性理論と場の量子論はまったく異なる数学的構造を持っていて、互いに両立しません。

しかし二十世紀後半には究極の理論、つまり量子重力理論の追求が始まりました。

プランクの教え

量子重力理論は四種類の力すべてを統一しようとするものです。量子重力理論は現在、理論的な研究が盛んに行われている分野です。本章の残りの部分で、その基礎的なアイデアを説明します。

この分野の研究者はおおまかに二派に分かれています。一方はこう主張しています。量子力学は一般相対性理論よりもいっそう基本的な概念を含んでいるので、私たちは量子力学から出発して一般相対性理論を組み込む方向へ進むべきだ、と。もう一方はこれに反対し、空間と時間に関する基本概念を持つ一般相対性理論から出発して、それを量子化しようとしています。もちろんそのほかに、どちらも完全な形で生き残ることはできず、どちらも量子重力へ統合する前に大手術が必要だと考えている物理学者がいます。さらに、非常につきつめた考え方をする少数派はこう提案しています。正しい道順は、量子力学と一般相対性理論の両方を捨てて、まったく初めからスタートすることだ、と。しかしどちらの理論もそれ自身の領域の中では非常にうまくいくため、そのどちらにも自然の根本的な真実が含まれていないとは考えにくいのです。

量子重力の研究者全員が同意していることが少なくとも一つあります。それは、百年前のプランクの教えに従わなければならないということです。プランクは、物質が基本的な要素からできているように、エネルギーもまた際限なく分割することはできず、エネルギーはそれ以上分割できないものすなわちエネルギー量子からできていると提案しました。このようにして彼は量子という考えを初めて披露したのです。現在では、量子重力の研究者は空間と時間そのものも究極的にはそれ以上分割できないものからできているはずだと考えています。このアイデアの開拓者に敬意を表して、この量子化が起こるはずの長さと時間はプランク・スケールと呼ばれています。あらゆる力が統一されると考えられているのは、このスケールにおいてなのです。それは距離のスケールとして見ることもできるし、エネルギーや温度のスケールと見ることもできます。

空間の最小単位、すなわち空間の量子とはどれほどの大きさでしょうか？　それを遠くから眺めてみましょう。世界の海洋をすべて満たすのに必要な水の入ったコップの数より、一個のグラスの中の原子の数のほうがたくさんあります。それほど原子は小さいということです。次に、一個の原子の空間の中に十兆個の原子核を詰め込むことができます。したがって、原子核のほうが原子よりもはるかに小さいのです。さて、ここで深呼吸をしてください。一個の原子核は、銀河系を1立方メートルの立方体で覆いつくしたときの立方体の数（およそ10^{62}個）と同じ数の量子空間を収めることができます。私たちの銀河は直径8万光年で、1000億の星を含んでいて、とても広いのです。考えるだけで頭がちょっと痛くなりそうです。

空間の最小単位というこの考えは、そのような量子空間を半分に切り分けても意味がないということです。では時間の量子単位はどれほどの長さでしょうか？　あまりに短いので、適切なたとえが考えつきません。しいて言えば、宇宙の誕生以来経過した秒数（10^{18}秒）よりもはるかにたくさんの数（10^{43}個）の量子時間が1秒の中にあります。

ひも理論

量子重力の研究者の多くは、量子力学を足場とする一派に属します。彼らはこう言います。場の量子論や超対称性のようなアイデアを利用して、四種類の力のうちの三つをこれほど量子力学で理解できたのだから、

4　ディラックが一九二八年に達成した特殊相対性理論と量子力学の統一と、一般相対性理論と量子力学の統一とを混同しないでください。後者に比べれば前者はたやすいことでした。特殊相対性理論は力が働かない場合の理論です。

1990 年代の初めまでに、超ひも理論には五つの異なるバージョンが見つかった。しかし数年のうちに、それらは一つに組み合わされ、M 理論と呼ばれる単一のもっと広範な枠組みの側面であることがわかった。

重力もきっとうまく扱うことができるはずだ、と。実際、彼らはその候補としてひも理論という理論を作りあげようとしています。ひも理論はまさにそのための理論なのです。ひも理論は重力子と呼ばれる交換粒子という観点から重力を表します。しかしひも理論は、その名前からわかるとおり、従来の場の量子論とは大きく異なっています。ひも理論によれば、あらゆる素粒子は実際は振動する小さなひもです。ひもがいろいろな周波数で振動するので、異なった素粒子に見えるのです。

最初のひも理論は、ガブリエル・ヴェネツィアーノが一九六八年に考え出したアイデアに基づいていました。しかし、彼の理論には多くの問題がありました。タキオンと呼ばれる光より速い粒子の予測などがそうですが、物理学者はタキオンの存在を認めていません。その後一九八〇年代中頃に、最初のひも理論革命が起こりました。ジョン・シュワルツとマイケル・グリーンによる画期的な論文で、超対称性というアイデアがヴェネツィアーノのひもに適用され、いろいろな問題を解決しました。新しいひも理論は超ひも理論として知られるようになり、究極的な万物の理論になると予告されました。

しかし最初の興奮が過ぎると、超ひも理論の進歩はスローダウンしました。それには二つの理由がありました。第一に、数学的に非常に複雑だったので、誰も方程式が正確に何を意味するかわかりませんでした。実際、方程式を適切に解くためには、まったく新しい数学の分野が必要だといわれています！　第二の問題はもっと気の滅入るものでした。一九九〇年代の初めまでに、ひも理論には五つの異なるバージョンが登場しました。でも、どれが正しいのか誰にもわかりませんでした。この分野は停滞気味になり、専門家は優秀な新入生にひも理論で博士号を取るように説得するのは難しいと思うようになりました。ひも理論は魅力を失ったように見えました。

一九九五年にひも理論の二度目の革命が起こりました。新しい、よりいっそう大きな理論的枠組みが提案されたのです。それは一つの傘の下にさまざまな超ひも理論を統一するものでした。それは「M理論」として知られています。「M」は「膜（membrane）」を表しています。宇宙の基本的な実体は単純にひもであるとするのではなく、M理論は2次元のシート（すなわち膜）や奇妙な3次元の物体が存在すると予測します。しかしM理論の方程式がどのようなものであるかは誰にもわかっていません。M理論の「M」は「ミステリー」のMだと考えることを好む人もたくさんいます。わかっているのは、私たちが本当は10次元の空間（時間の次元を加えると11次元の時空）に住んでいるとM理論が予言していることです。しかし空間の6次元または7次元は、今日の粒子加速器で到達できるより長さよりもはるかに小さく丸められています。それらはひもと膜によって閉じ込められています。

アインシュタインの教え

ひも理論のコミュニティーよりは小さいのですが、別の方向をめざす研究者のグループがあります。彼らは一般相対性理論からスタートし、それに修正を加えて時空の量子論を見つけようとしています。今やそれに成功したのだと信じている研究者もたくさんいるのです。彼らの理論は「ループ量子重力理論」と呼ばれます。この分野の研究者はこの十年から二十年の間に着実な進歩を遂げています。ループ量子重力もまた、空間と時間が究極的にはプランク・スケールでそれ以上分割不可能なものになると予測します。しかし、ループ重力理論とひも理論の間には重大な違いがあります。ひも理論の場合、空間と時間は依然として絶対的な背景とみなされます。つまり、時空とはひもがダンスをする舞台だということです。そのアプローチは、アインシュタインの理論の中心的な教えの一つに反します。アインシュタインの教えとは、空間と時間は、異なる事象間の関係によってはじめて定義できるというものです。簡単に言えば、事象に先立って空間と時間があるのではなく、二つの点の間の距離は、その点が存在しなければそもそも存在しないということです。ループ量子重力は、空間と時間の正しい見方からスタートします。その「ループ」は超ひものような物理的な実体ではありません。実在するのはループ間の関係だけです。残念ながら、ループ量子重力は統一された方法で四種類の力の性質を予測することができていません。

量子力学と相対性理論の橋渡しをするには、おそらくもっと多くの研究が必要でしょう。もしかしたらM理論が鍵を握っているのかもしれません。研究の行方を見守るしかありません。

負のエネルギーに目を向ける

ポール・デイヴィス（マッコーリー大学〔シドニー〕自然哲学教授）

一九七四年にスティーヴン・ホーキングが、ブラックホールは黒くはなく、熱で照り輝き、ゆっくり蒸発すると発表したとき、熱エネルギーはどこから来るのだろうという疑問が残りました。ブラックホールからは何も出て来ないように思われるので、どのように熱放射のエネルギーを供給することができるのでしょうか？　答えはすぐに見つかりました。ブラックホールによって放射される熱は、ブラックホールから流れ出るエネルギーによってではなく、中へ流れ込む負のエネルギーに由来するのです。

簡単に言うと、負のエネルギー状態とは、ゼロの重力場よりも低いエネルギー状態のことです。しかし、完全に空っぽの空間より少ない質量（すなわちエネルギー）をどのようにして持つことができるのでしょうか？　秘密は量子力学、正確には場の量子論にあります。この理論によれば、一見空っぽに見える空間は実はまったく空っぽなのではなく、ほんの一瞬存在する「仮想」粒子で満たされているのです。いわゆる量子真空状態は、こうした無数の幽霊のような粒子で満ちていて、それらを取り除くことはできません。たとえそれらが全体として測定可能なエネルギーを持たず、したがって重力もまったく働かないとしても、そうなのです。実際、仮想粒子の効果が顔を出すのは、何かが量子真空を乱す場合に限られます。

量子真空が乱される単純な例として、一九四八年に発見された有名なカシミール効果があります。向かい合わせに置かれた二枚の鏡で、量子真空の平たい空間をはさみます。鏡は実際の光子を反射するだけでなく、幽霊のような仮想光子も反射します。これは、量子真空のエネルギーの大きさに影響を与えるのです。エネルギーの大きさを計算すると、鏡の影響を受けた真空のエネルギーの大きさは、鏡がないときの空っぽの空間のエネルギーの大きさよりも少ないことがわかります。ですから、二枚の鏡を向かい合わせに置くと、空間が空っぽだったときよりもエネルギーが少なくなるのです。ほとんどの人のエネルギーの定義によれば、これは負のエネルギーを持つということです。この負のエネルギーは、鏡の間で働く、測定可能な引力として現れます。

一九七〇年代に、ステファン・ファーリングと私は場の量子力学を使って、一枚の鏡を特定の方法で動かせば、負のエネルギー状態を生み出せることを発見しました。さらに私たちの計算は、負のエネルギーが鏡から遠ざかって光速で流れ出ることを示しました。カシミール効果には静的な負のエネルギーがあるのに対して、私たちは負のエネルギー・ビームがあるという予測をしたのです。

その直後に、レーザー光線を混合したものが負のエネルギーの短い爆発を起こせることがわかりました。これはスクイーズド状態として知られるものから生じます。そのような状態は最近、実験室で実証されました。

こうして負のエネルギーの流れという可能性が確かなものになると、ファーリングと私はすぐに次のことを示すことができました。ホーキングのブラックホール放射はそのような負のエネルギーの流れによって動力供給されている、ということです。離れて見ると、ブラックホールの熱放射はブラックホールから遠ざかって流れる正のエネルギーの流れを表します。しかし、エネルギーのこの流れをブラックホールの内部までずっとたどることができないということはわかっています。そうすると、何も出てくることができないという規則を破ることになるからです。私たちが発見したのは、負のエネルギーの流れがブラックホールのまわりの領域からブラックホールへと絶えず流れ込んでいるということです。ブラックホールの内部で負のエネルギーが蓄積し続けることの結果として、ブラックホールの質量は減少します。私たちの計算から、ブラックホールが熱放射をするのに必要とされるのとぴったり同じ割合で質量エネルギーを失うことがわかりました。ブラックホールは、自分のまわりに負の量子真空エネルギーをつくり出します。実はブラックホールに限らず、あらゆる球状の物体でそうなのです。なぜなら、それらの重力場による時空の湾曲のために、仮想粒子の活動が乱されるからです。さて、面白い偶然の一致があります。星がつぶれてブラックホールになるとき生じる空間の歪みは、鏡を加速するときに量子真空に与える影響と数学的には同じであることがわかったのです。

負のエネルギーの流れは実際には熱と光というよりも冷たく暗いビームです。その理論的な可能性を検討すると、いくつかの奇妙で謎めいたシナリオが浮かび上がってきます。そのようなビームがブラックホールに向かうのではなく、シャッターで保護されたすきまのあるオーブンのような熱い物体に向けられたと考えてください。オーブンの中身はエネルギーを失い、冷たくなるだろうと思えます。しかし、これは有名な熱力学の第二法則に明らかに反しています。なぜなら、オーブンの熱の損失はエントロピー[5]の損失にもなるからです。そして、第二法則では、閉じたシステムのエントロピーが低下することはありえません（ビームそれ自身のエントロピーはゼロです）。第二法則は熱力学の要です。法則がどうにかして破られれば永久機関が可能になりますが、それが可能であるとは思えません。

同じようなパラドックスにいたるシナリオがもう一つあります。それは映画『コンタクト』のジョディ・フォスターで有名になった宇宙のワームホールというシナリオです。ワームホールは宇宙の近道トンネルという仮説、つまり離れた場所を結びつけた近道の管という仮説です。もしそれが存在するなら、タイムマシンとして利用できます。ワームホールを通過した宇宙飛行士が、どこか離れた場所から出発し普通の宇宙を通って家へ戻ったとき、出発前の家に戻るという状況が生じるのです！　したがって、ワームホールの存在はまさに私たちにパラドックスという脅威を突きつけます。キップ・ソーンとカリフォルニア工科大学の彼の同僚は、数学的なモデルによってワームホールが理論上可能なことを示しました。しかし、ワームホールを通過できるのは、経路の中にある種の負のエネルギー状態をつくることができる場合だけです。なぜならそうでないと、何かが通り抜ける前に重力によってワームホールがつぶれてしまう恐れがあるからです。負のエネルギーは負の質量を持つので、負の重力が働き、経路をつぶそうとする力に対抗して経路を開いたままにします。このようなわけで、何の制約もない負のエネルギーというものは、物理的にありえないパラドックスを生じるように思われます。

これまで述べたパラドックスに、理論物理学者は落ち着かない気持ちを感じています。しかし、負のエネルギーの流れや蓄積が持続するのは不可能だとは誰も証明できていません。量子真空の中に、エネルギーを無制限に供給するものが手つかずのまま横たわっているのかどうかという疑問は、まだ解決されていません。

5 エントロピーはやや奇妙な量で、物理的な系の乱雑さの度合いです。たとえば、トランプのカードを混ぜることはそのエントロピーを増加させます。

Putting the Quantum to Work

第9章

量子力学を使いこなせ

ここまで来れば、量子力学が現代の物理学と化学の非常に多くの部分を支える土台であることをわかってもらえたはずです。でも中には頑固な人がいて、量子力学は非常に面白いものではあるけれど、毎日の暮らしにはまるで無縁だと思うかもしれません。私たちの経験や感覚の世界は、ミクロのスケールで現れる量子のおかしなふるまいとはかけ離れています。それは確かにそうです。そこで本章では、今日では当たり前になっている技術の開発に量子物理学がどのように関わってきたのかを見てゆくことにしましょう。

たとえば、電子の波動関数の性質としてパウリの排他原理があります。排他原理は電子が原子の「エネルギーの殻」の中でどのように配置されるのかを解き明かします。それによって金属がどのように電気を伝えるかということも理解できるのです。それが半導体に関する研究やトランジスターの発明に結びつき、そこからマイクロチップやコンピューターやインターネットが生まれました。

さらに、ＣＤやＤＶＤの再生装置はレーザーを使っていますが、レーザーは光子の性質に基づいているのです。レーザーはあらゆる種類の産業、医学、研究で利用されています。

私たちは量子トンネル効果の現象を原子力発電に利用していますし、いつの日にかもっとクリーンで無限にエネルギーを供給できるものに利用しようとしています。すなわち核融合発電です。

それとはまた別の、量子の奇妙な性質を使ったものもあります。すなわち、ある種の物質を絶対零度近くにまで冷やしたとき電気抵抗がゼロになる超伝導という性質です。超伝導を使えば、いつの日か究極的な省エネルギー対策、すなわち電気抵抗がまったくない電力ケーブルを作れるかもしれません。

放射能というものは体に悪いだけだと思っていませんでしたか？　でも放射能は医学を革新してもいるのです。

とてもたくさんのものがあります。けれども量子力学に直接基づいている重要な技術だけを取り上げます。

マイクロチップの時代

今日では、自動車から洗濯機、コーヒーメーカーから音楽の鳴るバースデーカードにいたるまで、あらゆるものにマイクロチップが入っているかのようです。しかし、チップがどうやって動くか考えたことがありますか？

第7章のパウリの排他原理に関するコラムで、二つの電子が同じ量子状態を占めないように電子が原子の中で配置されることを説明しました。すなわち、原子の中の電子がまったく同じ波動関数を持つことは許されず、エネルギーや軌道角運動量やスピンの方向などの点で何かが異なっていなければならないということです。その理由は電子がフェルミオンという素粒子に分類されるからです。電子やクォークのように物質を構成する基本的な粒子はすべてフェルミオンです。フェルミオンという名前はイタリアの偉大な物理学者エンリコ・フェルミにちなんで付けられました。フェルミオンは排他原理に従い、自分独自の量子状態をとろうとします。光子のような力を運ぶ粒子はもう一つのボゾンという素粒子に分類されます。ボゾンはフェルミオンよりもはるかに社交的で、ほかのものと同一の波動関数を持つことに何の問題もありません。実際、ほかの粒子と同じ波動関数を持とうとし、同じ量子状態を占めようとします。排他原理はボゾンにはあてはまりません。

量子力学の規則のおかげで、原子構造についての理解が進みました。原子の一番外側の電子がその原子の化学的性質を定めます。そして原子の化学的性質に基づいて原子の結びつき方が決まり、さまざまな分子ができるのです。原子が大きな物質の中で互いに結合しているとき、原子の一番外側の電子である価電子にはいくらかの自由があります。すなわち、その電子のエネルギーは特定のエネルギー準位を占めるのではなく、広い範囲にまたがることができます（一般に固体中の電子のとりうるエネルギー準位が密に集まったエネルギーの範囲をエネルギーバンドといいます）。価電子が占めるエネルギーバンドのことを価電子帯といいます。実際、物質にはたくさんの原子が含まれているため、価電子帯の中で許容されるエネルギーの大きさは

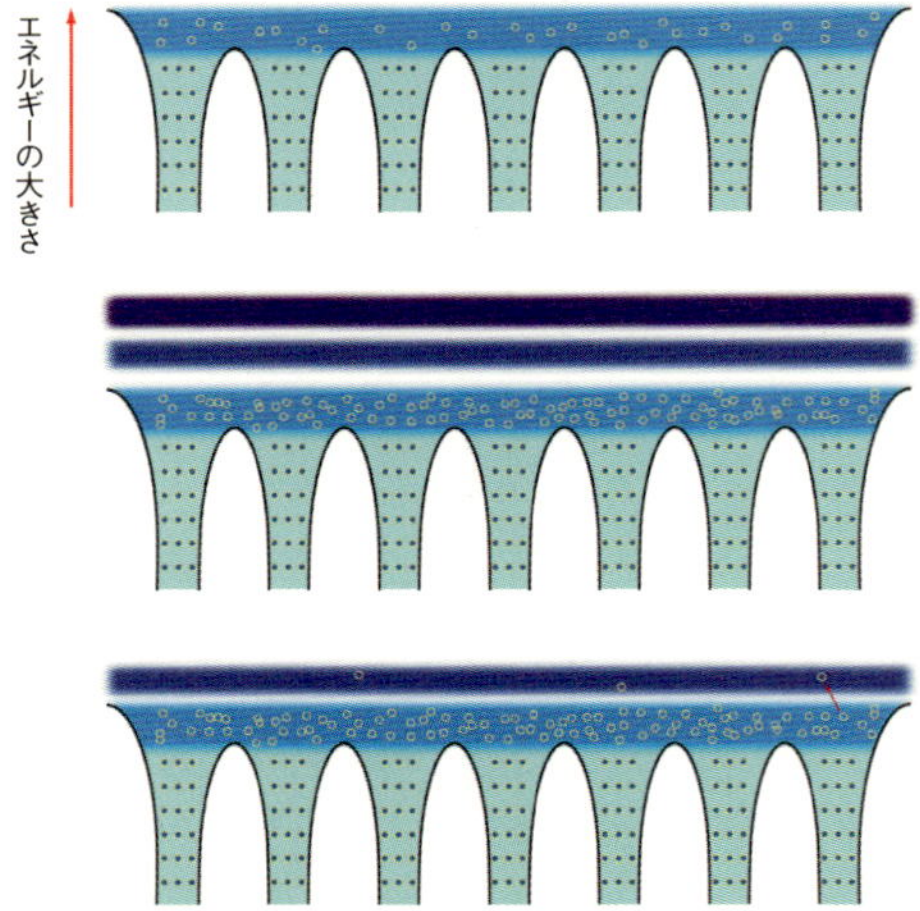

固体中の電子エネルギー。井戸のようになっている色のついた部分はそれぞれ、結晶格子の中の原子１個を表している。たくさんの電子が原子の中にしっかりとつなぎとめられていて、とびとびの量子軌道を占めている。これらの電子が格子の中を動きまわることはない。しかし、外側の電子が占めるより高いエネルギー準位は互いに結びつき、いくつかの「エネルギーバンド」というものをつくる。それぞれのエネルギーバンドで取りうるエネルギーは、連続的な範囲にわたっている。これらのエネルギーバンドの間にはエネルギー・ギャップがあり、電子はそこには存在できない。伝導金属（上）の中では、もっとも高いエネルギー準位を持つ「価電子帯」が、電子で部分的に満たさるだけである。そのため、電子は格子の中を自由に移動できて、その結果電気を伝える。絶縁体（中）では、価電子帯は一杯になっていて、電子が動きまわることは量子力学の規則によって禁止される。次のエネルギーバンドへのギャップは大きすぎるので、ジャンプすることができず、電子はとどまっている。半導体物質（下）では、価電子帯はやはり一杯である。しかし、次の帯へのギャップは非常に小さく、いくつかの電子がジャンプすることができ、新しい伝導帯をつくる。

非常に接近したものになります。このため事実上、価電子帯は連続的なエネルギーの広がりを持っているとみなすことができます。

金属のような物質では、この価電子帯は部分的にしか満たされません。価電子帯に空きがあるので、パウリの排他原理のために電子の移動が制限されるということもありません。金属の両端に電圧がかかると、これらの価電子は自由に移動し、電流を形成します。そのような物質の価電子帯を伝導帯といい、そのような物質を導体といいます。

しかし、価電子帯が満杯の物質では、価電子帯の中の量子状態はすべて占められています。そのため電子は行くところがありません。価電子帯の中の電子はもはや自由にはねまわることができません。これは伝導帯とはいいません。

普通は、あるエネルギーバンドと次のエネルギーバンドとの間にはギャップがあります。このギャップが大きすぎると、電子はギャップを飛び越えることができないので、いまの場所にとどまります。電子が次のエネルギーバンドに到達できないと、物質に電圧が加えられても電子は物質の中を流れることができません。そのような物質は絶縁体といいます。

導体と絶縁体の中間の原子構造を持つ物質は、面白い性質を持っています。たとえばシリコンの結晶格子中の原子は、電子が満杯に詰まった価電子帯を持っています。しかし、そのエネルギーバンドとその一つ上のエネルギーバンドの間のエネルギー・ギャップは、行き来が可能なのです。ほかのものよりも大きなエネルギーを持った電子は一つ上のエネルギーバンドにジャンプし、そのエネルギーバンドを伝導帯にすることができます。そのような物質が「半導体」です。もう少し詳しく説明しましょう。半導体の中の電子が価電子帯から飛び出すと、後に孔を残します。すると、隣の原子の中の電子がその孔を占めます。ということは、今度は隣の原子の価電子帯付近に孔ができるということです。このようなわけで、電流によって電子が一つの方向に流れるということは、プラスの穴（「正孔」）が反対の方向に流れるということでもあるのです。[1] ですから電気的な効果は2倍になります。

純粋なシリコンの場合には、この過程はごくまれにしか起こりません。なぜなら、励起した電子はたちまち元の場所に戻るか、あるいは、近くの正孔へ落ちてしまうからです。室温では、電気を伝える電子は十兆個のシリコン原子のうち一個からしか出てきません。この数は、温度を上げることにより増加させることができます。温度が高いと、より多くの電子を励起させるエネルギーを与えることができるからです。

しかし、半導体の伝導率を著しく大きくするやり方がもうひとつあります。それは、不純原子と呼ばれる異なる元素をほんの少し加えることです。二種類の不純物があります。一つは電子をさらに供給してくれる

1 電子を失っているという意味で正といっているのです。つまり、周囲の電子に対して正だということです。

発光ダイオード（LED）は電子的な案内板や交通信号灯などのランプとして使われている。電子がPN接合を飛び越えるときに出る光を利用している。発光ダイオードはコンパクトで、省エネルギーで、オンとオフを高速で切り替えることができる。同じ原理が日光から電気を生み出す太陽電池や、光を検出するフォトダイオードでも利用されている。太陽電池は基本的に発光ダイオードと逆のことをしているのである。

原子を追加して伝導率を高めるものです。もう一つはシリコンの電子をもぎとって正孔をつくるもので、これも伝導率を高めます。このようにしてつくる二種類の半導体はN型半導体とP型半導体といいます。負の電荷を増やすものがN型半導体、電子をもぎとって正孔の数を増やすものがP型半導体です。

これが重要なのは、N型とP型の半導体を結合するとＰＮ接合という電気的な「スイッチ」を形成し、電流をうまく制御できるためです。そのような装置は「ダイオード」といって、電流を一定の方向に流す性質を備えています。基本的な原理は以下のとおりです。二種類の半導体を接合すると、N型半導体の自由電子のいくつかは境目を横切って移動し、P型半導体側の正孔を埋めます。これによって境界に薄い層ができるのですが、この層のP型半導体の側では正孔を失うので負に帯電し、N型半導体の側では電子を放出するので正に帯電します。この層を「空乏層」といいます。「空乏層」は電気的なバルブのように働き、電流が一方向にしか流れないようにするのです。つまり、P型からN型の方向の電流は、その逆の方向よりもずっと簡単に流れるのです。

半導体ダイオードはさまざまに応用され、広く利用されています。たとえば、接合部に順方向に電圧をかけたときに光を放出するようにしたものが、いわゆる発光ダイオード（ＬＥＤ）です。しかし、半導体の利用法の中でもっとも有名なものはトランジスターです。

最初のトランジスターは第二次世界大戦後まもなく、ジョン・バーディーン、ウォルター・ブラッテン、ウイリアム・ショックレーという三人のアメリカ人がベル研究所で発明しました。トランジスターの基本的なアイデアは、二つのPN接合を背中合わせにしてくっつけることです。どちらの側をくっつけるかによって、二種類のバイポーラ接合トランジスターというものができます。二つのN型の間にP型がはさまれているのはNPN型、二つのP型の間にN型が挟まれているのがNPN型です。流れやすい道を流れる非常に小さな電流を変化させることによって、抵抗の大きな道を流れる大きな電流の流れを制御することができます。「トランジスター」という言葉は、この装置の中で起こっている二つの過程を表す言葉、つまり「トランスファー」と「レジスター」を組み合わせたものです。

トランジスターは電流と電圧を増幅する能力があり、コンピューターの基礎である論理ゲートを作るための完璧な装置となりました。電流が流れているときが「オン」で、電流が流れていないときは「オフ」というふうにして、トランジスターを組み合わせた回路で0と1の二進数を表すことができます。

トランジスターを使って、レジスターやキャパシター（コンデンサー）のようないろいろな電気回路を作ることができます。一九五〇年代の後半に、半導体物質にそのような回路をエッチングして、集積回路というものを作れることがわかりました。シリコンウエハーの小片、すなわちチップがこのために使用され、通称もチップといいます。

そのようなチップはまもなく大量生産されるようになり、一九四〇年代と五〇年代の最初の世代のコンピューターに使用された扱いにくい真空管にたちまちとってかわりました。六〇年代の終わりには、一個のチップの上に何千個ものトランジスターからなる集積回路を収めることができるようになりました。今日のもっとも強力なマイクロチップでは、爪ほどの大きさの領域に文字通り何百万個またはそれ以上のトランジスターが詰め込まれています。さらに、そのような「マイクロプロセッサー」は特定の用途の回路を持つものだけでなく、さまざまな種類のプログラムを実行できるものもあります。

マイクロチップの背後にある技術には量子力学が使われていますが、半導体物質の原子の中の電子のありかたにはそれほど量子力学的な奇妙さが感じられないかもしれません。そこで、現代の電子回路で使用されているもう一つの装置を取り上げましょう。トンネル・ダイオードという装置は量子力学をもっと直接的に利用しています。トンネル・ダイオードは、電子が横断できるはずのない絶縁層を実はジャンプできるということを利用したものです。しかし、電子が古典的な意味での小さな粒子として壁を乗り越えるとは考えないでください。絶縁領域をしみ出るのは、正確には電子の波動関数です。トンネル・ダイオードで電子が量子跳躍するとき、電子はトランジスターの中を移動するときよりもはるかに速く移動します。このためそのような装置はマイクロプロセッサーの中で非常に速いスイッチとして働きます。

すぐれた利用法を探せ

一九五八年にレーザーが最初に発明されたとき、物理学者はレーザーを使って何ができるかを考えました。今日では、レーザーは造船から目の手術やCDプレーヤー、スーパーマーケットのレジにまで幅広く利用されています。しかしレーザーの背景にある原理は、単に光を集中させた光線以上のものです。レーザーの物理は純粋な量子力学です。マイクロチップは電子の性質と排他原理の法則に基づいているのに対して、レーザーは光子の協調的なふるまいに基づいています。

電子が光子を吸収してエネルギーを獲得すると、より高い軌道へジャンプすることができます。二つの軌道間のエネルギーの差は吸収された光子のエネルギーと同じです。光子のエネルギーはプランクの公式により、光の周波数で決まります。励起された電子はしばらくすると、吸収したのと同じ大きさのエネルギーの光子を放出して、再び下の軌道に戻ります。この過程は「自発放出」といいます。白熱灯が輝くのはこのためです。電流がタングステン線を流れてタングステンが熱くなり、タングステン原子の中の電子がエネルギーを獲得して励起し、より高い軌道へジャンプします。電子が元の軌道に落ちて戻るとき、電子は幅広い

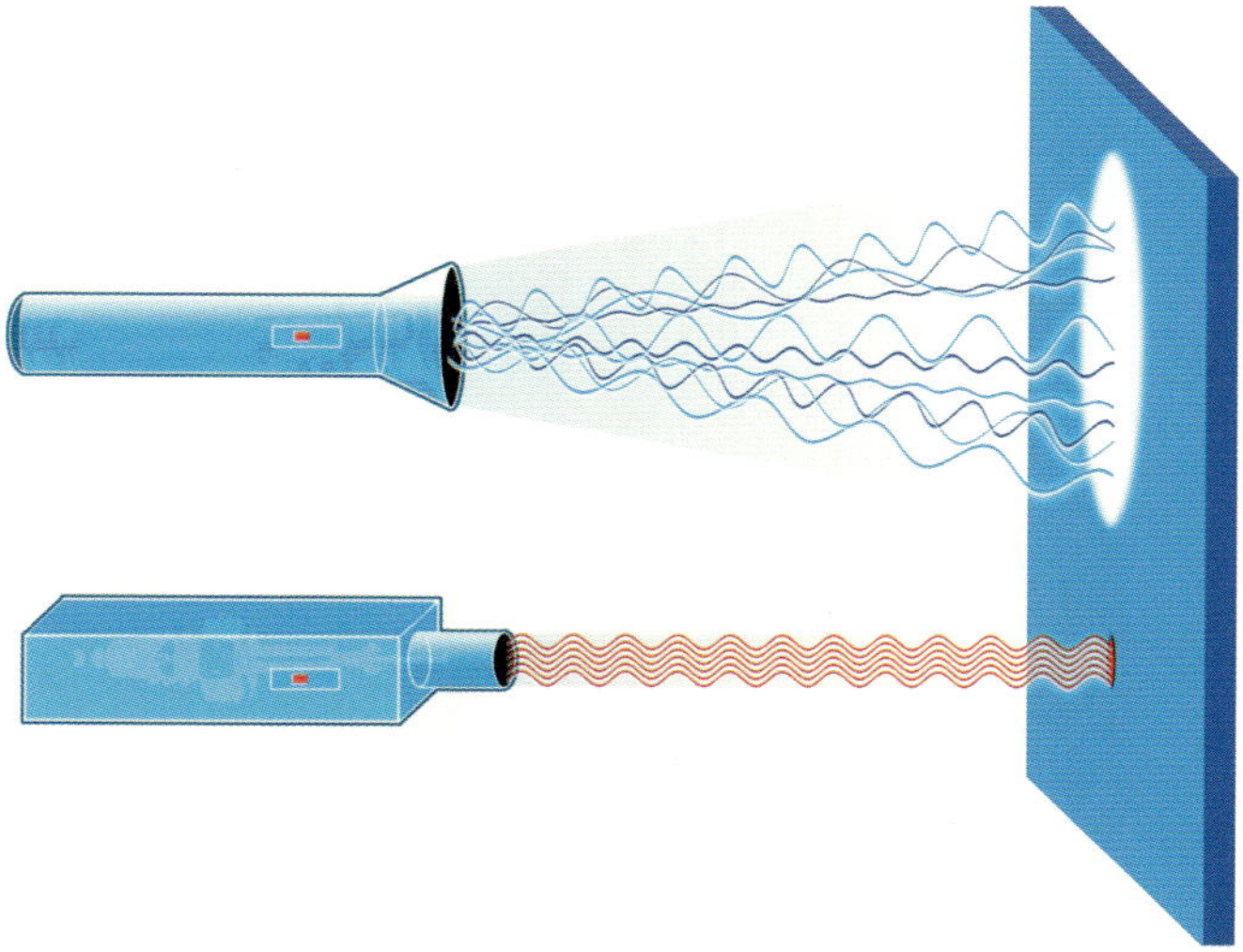

普通の懐中電灯の光は四方八方に広がるさまざまな波長の電磁波が合わさったものだ。レーザー光はそれとは違って、はるかに統制のとれたものである。レーザー光の波はすべて同じ波長を持っている。その波長はレーザー光を出す原子に特有な周波数に対応している。レーザー光は増幅プロセスによって強めることができるし、拡散しない。そのため、非常に遠くまで到達できる。

範囲の可視光線に相当する周波数の光子を放出します。

レーザーは違います。電子が自然に最初の状態に落ちるのではなく、入射光子を浴びることによって電子は下の状態に落とされ、そして二個の光子が放出されるのです。入射された光子と、電子から放出された光子です。この二個の光子がさらに励起状態の電子を下の状態に落とし、連鎖反応のようにしてたくさんの光子を放出します。この過程を「誘導放出」といい、レーザーの名前の由来となっています。すなわち「放射の誘導放出による光の増幅」(Light Amplification by the Stimulated Emission of Radiation) です。

放出される光子はボゾンですから、入射された光子と同じ量子状態になります。つまり、それらは同じ波長で、位相がそろっていて、同じ方向に進みます。このことをレーザー光はコヒーレントであるといいます。[2] レーザーは非常に高い強さを持つことができ、細い光線に集中できます。

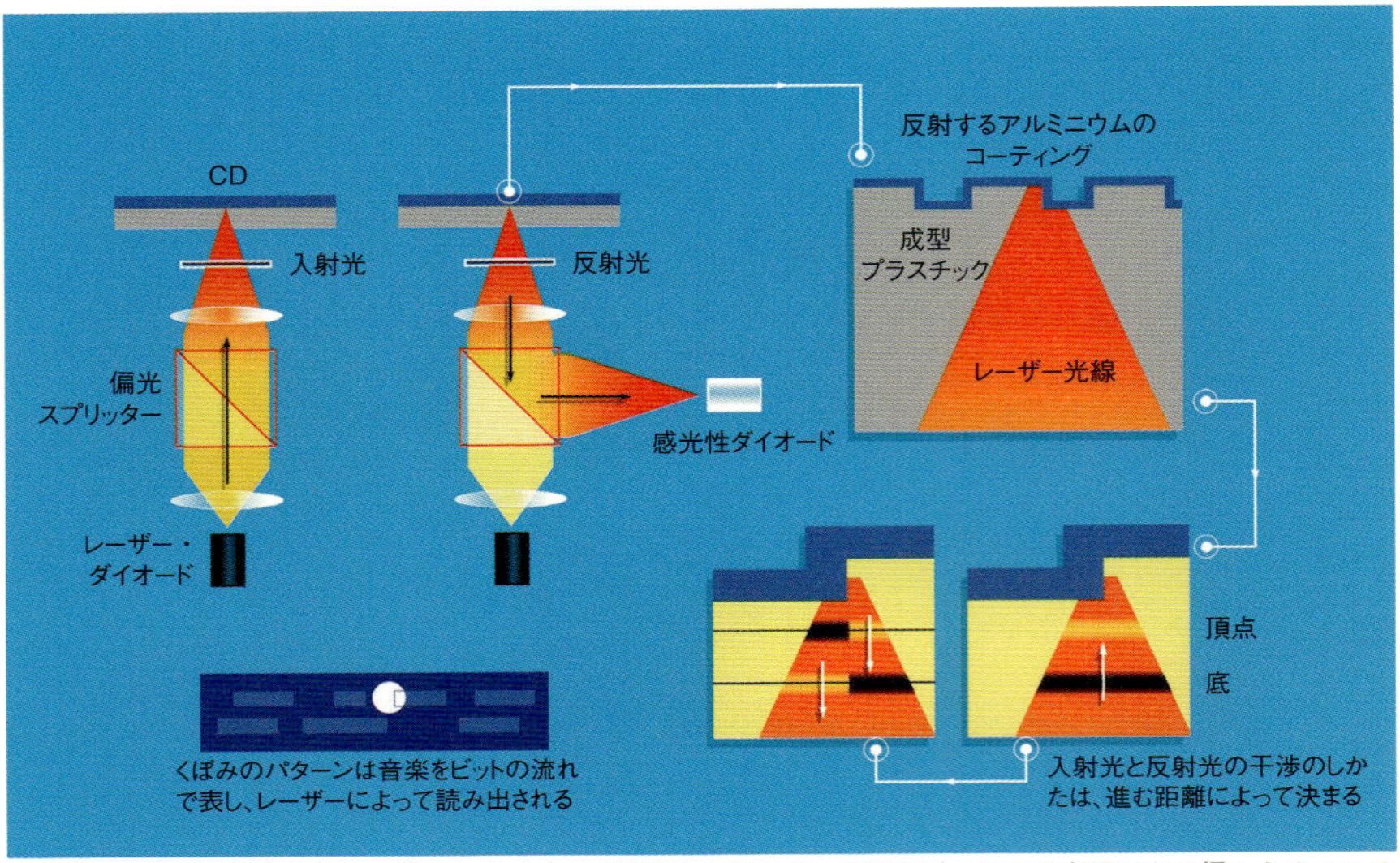

CDプレーヤーには小さなレーザー・ダイオードが使われている。CDのディスクの表面にある幅1ミクロンのスポットに、狭く絞ったレーザー光をあてる。CDのディスクにはピットというくぼみがある。入射レーザー光と反射レーザー光は、くぼみの有無によって進む距離が違うので、違ったふうに干渉する。

最初のレーザーは一九六〇年に作られ、それ以来たくさんの用途で使われています。モノの接合や、切断や、溶融などに使われていますし、自動車の生産ラインや衣料産業でも使われています。溝がまっすぐに配置されているかどうかをチェックしたり、重工業の巨大な部品を高い精度で取り付けたりするのにも利用されています。干渉計のような分野では、レーザーの波長を精密に調整して、信じがたいほど高い精度で長さを測定できます。たとえば、レーザーは地球と月の間の距離を数センチメートルの精度で測定するためにも使用されました。さらにレーザーはホログラフを作るためにも使用されます。ホログラフはいろいろな使い道のある3次元画像で、もしかすると信じられないほど効率的な情報記憶装置になるかもしれません。

レーザーも、半導体ダイオードからLEDを使うのと似たやり方で作ることができます。これらの安く便利な固体レーザー装置は安定していて信頼性があり、小さな砂粒ほどのサイズです。最近では、そのようなレーザー装置は光ファイバーの通信に使用されていますし、CDやDVDのプレーヤーにも入っているし、スーパーマーケットのレジでバーコードを読み取るときにもレーザーが使われています。

驚くほど高い精度で高エネルギーの光子を集中できることから、レーザーはコンピューター産業でも不可欠なものとなっています。シリコンチップ上に集積回路をエッチングするとき、フォトリソグラフィという工程があるのですが、ここでもレーザーが使われます。

レーザーの光ファイバーは世界中に情報を送信するときに遠からず普通に使われるようになり、家庭のインターネットにも光ファイバーが行きわたるでしょう。パソコンと双方向テレビがまったく同じ物になるのももうすぐです。実際、インターネットから映画をダウンロードし、パソコンで見るのはすでに可能です。レーザー光を伝送するファイバー・ケーブルは、近いうちに何十億ビットもの情報、つまりウィリアム・シェークスピアの全作品と同じ情報量を1秒で伝送できるようになります！[3]

レーザーのもっともすばらしい点はおそらく、今ではたった一個の原子をコントロールできるようになったことです。それは量子技術のまったく新しい分野を開きつつあります。このことは最後の章で論じましょう。

集合住宅と同じくらい大きな磁石

私は日曜大工はわりあい得意ですが、実験研究者の同僚たちから、実験室では無能じゃないかとやんわりとしたからかいを受けることがよくあります。たぶん世界中の理論物理学者がそんなふうにからかわれてい

2 普通の電球の光はそうではありません。電球はコヒーレントでない光を出します。なぜなら、その波は位相が一致していませんし、同じ周波数ですらありません。

3 二十一世紀を革新する科学のほかの領域はもちろんのこと、電子技術とテレコミュニケーションの驚くべき将来については、ミチオ・カクの本『Visions』(*Oxford University Press*, 1998) をお勧めします。

るのです。私はあらゆる種類の実験的な研究から逃げ回っているのはたしかですが、ごく最近まで、自分が理解しようと努めている実験に関わる技術にこれほど無頓着だとは思いませんでした。私自身の話を持ち出したのは、量子力学の応用例として話したいことがもう一つあるからです。

一九九九年に、私はミシガン州立大学のサイクロトロン加速器研究所で六週間過ごしました。そこで、「珍しい」原子核[4]の最新の実験データの解釈に取り組みました。ミシガン州立大学の国立超伝導研究所は、世界の主要な核物理学研究所の一つです。そこではまれで珍しい種類の原子核が生成され、研究されています。「サイクロトロン」とは、強力な磁場の内部で原子核を加速する粒子加速器のことです。その高エネルギーの原子核を目標の原子核に注意深く衝突させて、何が起こるかを確認するのです。サイクロトロンは強力な電磁石を利用して荷電粒子やイオンを動かし、それらがらせん状に外に向かって進みながらスピードを増すように作られています。

ミシガン州立大学に行くずっと前から、私はその仕組みを知っていました。また、帯電したイオンがサイクロトロンを出て、衝突目標に向かってビーム解析システムに入るとき、何が起こるかについても基本的なことはもちろん知っていました。私の研究目的のためには、実際にはほんの少しの基本的な情報だけで十分でした。私が理解しなければならなかったのは生のデータや実験に使われる技術の知識ではなく、データ処理が済んだ最終的な情報だったからです。[5]

加速器の設備は、キャンパスの真ん中の大きな建物の中にあります。その建物の両サイドがオフィスの区画になっていました。滞在中に私はその建物のオフィスで研究対象の核反応の数学的なモデルを考え、コンピューターのプログラムを書き、ほかの理論家たちと物理学の議論をしたりして過ごしました。もちろんしょっちゅう廊下を通ってコーヒーを飲みに行ったり、同僚の実験家と議論したり、セミナーに出たりしました。

滞在の終わりに近づいたころ、私は同僚のグリージャース・ハンセンのオフィスで彼と何か議論をしていました。グリージャースはデンマーク出身の著名な原子核物理学者で、アメリカに住んでいます。彼は第３章の中のコラムで解説した核ハローを発見したひとりでした。私は彼のコンピューターの画面がちらちらし続けているのに気づきました。彼は、磁場の乱れの影響をなくすために何度も調整ボタンを押さなければならないと言いました。便利なことに、コンピューターのディスプレイ装置にそのためのボタンがちゃんとありました。なぜ調整ボタンを何度も押す必要があるのかと訊くと、サイクロトロンの実験のせいだということでした。私がけげんな顔をしたのを見て、私が何も知らないことに気づき、彼はていねいに説明してくれたものです。磁場の乱れの問題は、その日にスイッチを入れた二つの超伝導電磁石の大きな方の磁場によって起こったのです。私が実はそれを見たことがないと白状すると、彼はあきれ果ててこういったものです。「世界でもっとも強力なサイクロトロン磁石[6]から10メートルも離れていないところに座って、そうと知らずに六週間過ごしたっていうのかい？」

翌日、私の滞在の最後の日、彼は研究所の見学ツアーに私を連れ出しました。確かに彼の言ったとおりでした。私のオフィスの反対側に、放射能から保護するシールドから数メートルのところに磁石が一つあり、たいそう大きいので頂上に上るには建物の外側の階段を登る必要がありました。私はその後バンクーバーのＴＲＩＵＭＦ実験室でしばらく過ごしました。そこには世界最大のサイクロトロン磁石がありますが、ミシ

4　この文脈で言えば、珍しい原子核とは陽子と中性子の数がひどくアンバランスな原子核のことです。そのような原子核は非常に不安定なばかりでなく、しばしば変わった性質を持っています。

5　私はこの姿勢を恥ずかしく思っていますし、それ以来実験の詳細をもっとよく理解しようとしています。

6　二つあるサイクロトロンの大きな方のＫ１２００は、光速の3分の1のスピード（毎秒10万キロメートル）にまで原子核を加速します。個々の原子核は、円の中を約８００回まわって、合計約3キロメートルの距離にわたって加速されます。原子核が外に出るときにかかる磁場は最高5テスラになることがあります。わかりやすい比較をすると、地球の磁場の強さは1テスラの1万分の1です。また、典型的な棒磁石の極はだいたい1テスラの10分の1の強さです。一個の原子核がどれくらい軽く小さいかを考えると、数テスラの磁場が非常に大きな影響を与えることがわかります。ちなみに、最高60テスラというもっとも強い磁場は特別な「パルス」磁石を使って生成されます。

ガン州立大学のものほど強力でありません。

ここで興味を引くのは、そのような磁石がどのようにできているかです。それらの磁石は、もう一つの純粋に量子力学的な効果を利用しているのです。すなわち超伝導です。

永久電流

あらゆる導体が電気抵抗を持っているのは、電気を伝える電子が金属の中の振動している原子に絶えずぶつかっているからです。金属を熱するにつれて原子の振動は激しくなり、それによって抵抗が増加します。金属を冷ますと、確かに原子の振動は小さくなり、その結果電気抵抗を少なくできます。しかし、一九一一年に非常に驚くべき効果が発見されました。

水銀を4・2ケルビン未満[7]に冷却すると、その電気抵抗は突然ゼロまで落ち、超伝導体になります。今では、いろいろな金属や合金が臨界温度以下に冷却したときにこの現象を示すことがわかっています。臨界温度はたいてい絶対零度よりも少し高いところにあります。電気抵抗がないので、超伝導体を流れる電流は決して減少しません。いったん電流が流れたら、電流を保つための電圧源はまったく必要ありません。超伝導体の抵抗が正確にゼロかどうかはわかりませんが、ゼロと区別がつかないほど小さなものです。

超伝導の効果は量子力学的なものです。一九五七年に、超伝導がなぜ起こるかを説明した三人にノーベル賞が与えられました。ジョン・バーディーン、レオン・クーパー、そしてロバート・シュリーファーです。ジョン・バーディーンはトランジスターの発明に果たした貢献によってノーベル賞をすでに受賞していました。

ある温度で、よく似た波動関数を持つ電子は、非常に弱い引力によって対になる傾向があります。その電子の対は発見者のひとりにちなんで「クーパー対」と呼ばれています。これは、電子の存在によって周囲の環境が影響を受けることに由来するのですが、それ以上の技術的な詳細は省略します。

クーパー対は一個のボゾンとしてふるまいます。[8] 二個のフェルミオンが対になると常にボゾンになるのです。クーパー対の中の電子はシャム双生児のようにつながって運動すると考えることができます。二個の粒子がつながって一個のボゾンとなるとき、結局のところそれは新しい「粒子」のようなものです。しかし、量子力学の教えを思い出してください。二個の電子がぴったりくっついている必要はありません。クーパー対の中の電子の距離は、その物質の中の電子間の平均距離の1000倍以上も離れているのです！　クーパー対は一個の波動関数で表される、からみ合った状態にあります。実際、クーパー対のふるまいは、波動関数の非局所的な結びつきによるものです。クーパー対の中の二個の電子は絶えずコミュニケーションを交わしています。学校の運動場の別々な場所にいるティーンエイジャーが携帯電話で互いにおしゃべりするのに似ています。これは量子力学的な効果ではありませんが、同じように奇妙です！

ここには電気抵抗はありません。なぜなら、電気抵抗が起こるには、クーパー対の中の一個の電子が対を壊すほど激しく原子にぶつかり、原子によって散乱されなければならないからです。抵抗が起こるには、それほど強い散乱でなければならないということです。非常に低温では、クーパー対の結合力は原子による弱い散乱に耐えるぐらい十分に強くなります。すると、クーパー対の中の電子はそもそも原子と衝突しなくなるのです。そして電気抵抗はまったくありません。

超伝導の主な応用の一つは、ミシガン州立大学のサイクロトロンのように、とても強力な磁石を作ること

7　絶対零度は、水の凝固点より摂氏273度低く、ゼロケルビン（0K）と呼ばれます。ですから水は273Kで凍るということです。絶対零度に達することは決してできませんが、絶対零度から1度以内のところには到達できます。

8　これはフェルミオンのスピンと関係しています。それは常に2分の1、2分の3のように2分の1の奇数倍です。スピン2分の1の電子が二つあれば、同じ向きにスピンしていると合計1になり、反対の向きにスピンしていれば合計0です。どちらにしても、合計で整数（0または1）のスピンを持つ量子系はボゾン的なふるまい方をします。

です。サイクロトロンは量子の奇妙さを利用して、量子のさらなる奇妙さを研究する機械の一例です。普通の電磁石はコイルに電流を通して磁場をつくります。コイルをたくさん巻くほど、磁場は強くなります。しかしコイルをたくさん巻くと電気抵抗が大きくなり、電流が弱くなるので、それを補うために大きな電圧が必要です。コイルが超伝導体でできていれば、このような問題はなくなります。従来の大きな電磁石は、電気コイルの内部に鉄の芯があります（鉄の芯が磁石になって磁力を強めてくれるのです）。鉄の芯なしでコイルだけで強い磁力を発生させようとすると、非常に大きな電流を流さなくてはならず、コストがとてつもなく高くつきます。ところが鉄の芯があると、今度は磁場の強さがある最大値で飽和してしまい、それ以上の磁力を得るにはもっと大きな磁石（もっとたくさんの鉄）を使うしかありません。ミシガン州立大学の超伝導電磁石と同じほど強力な磁力を生み出すには、中規模のアパートと同じくらい大きな磁石が必要になります。

今日では、超伝導電磁石は広く利用されています。たとえば、鉱物の原料から磁性物を分離する磁気セパレーターに使われています。また医療分野では磁気ナビゲーション・システムとして、外科医がカテーテルを誘導したり、薬を体内に送り込んだり、生体組織検査をすることにも使われています。

レーザーの光子の集団が足並みをそろえてふるまい、量子力学の効果を巨視的なレベルにまで増幅するのと同じように、超伝導体の中のクーパー対もまたボゾンの集団として足並みをそろえることができます。野生動物のテレビ番組でよく見る、ひとまとまりになって泳ぐ魚の群にちょっと似ています。

このようなふるまいの応用例として、スクイッドと呼ばれる装置があります。スクイッドという名前は「超伝導量子干渉計」(Superconducting Quantum Interference Device) を略したものです。スクイッドは、トンネル・ダイオードに似たジョセフソン接合と呼ばれるものを用います。トンネル・ダイオードは二つの半導体でできていましたが、ジョセフソン接合は薄い絶縁層によって分離された二つの超伝導体でできています。クーパー対はこの絶縁層を簡単にトンネルしてしまい、スクイッドは磁場の変化に対して信じられないほど敏感になります。このような装置は医学で応用されています。ニューロンのごくわずかな電流に由来する磁場をモニターすることによって、脳の活動を調べることができるのです。

過去十五年の間でもっとも活発な物理学の研究領域の一つは、高温超伝導の分野でした。超伝導体はすばらしいものです。けれども、液体ヘリウム[9]などを使って極低温を維持しなければならないのは不便です。一九八六年に、ある種のセラミックスが100K以上の温度まで超伝導性を示すことが発見されました（「高温」といってもまだ摂氏マイナス173度です）。この分野の研究は現在、三つの問題に取り組んでいます。すなわち、室温で超伝導となる物質があるか。それらの物質の中に、変形させやすく加工しやすい金属があるか。セラミックスはもろいので電線を作るには適していないのです。そしてこのような（比較的）高温で超伝導となるのはなぜなのか、の三点です。

将来、室温超伝導体で電力ケーブルを作ることに成功すれば、電力料金を安くすることにつながります。現在の電力のエネルギー効率が低いのは、電線の電気抵抗のためにエネルギーが熱として失われることに一因があります。超伝導ケーブルがあれば、電力をもっとずっと効率的に送ることができ、化石燃料の使用をぐっと減らせます。

原子核からのエネルギー

さて、量子力学の応用に話を戻しましょう。原子力は現在世界の電力の6分の1を生み出しています。フランスでは電力全体の3分の2を占めています。原子力発電の基本は核分裂反応です。それは、重い原子核が中性子を吸収し、原子核を二つに分裂させてエネルギーを放出する反応です。核分裂の過程で、分裂した原子核がさらに中性子を放出し、それが近くの原子核に吸収されて、連鎖反応が起こります。これらの反応

9　ヘリウムは、4K（摂氏マイナス269度）以下で液体になります。

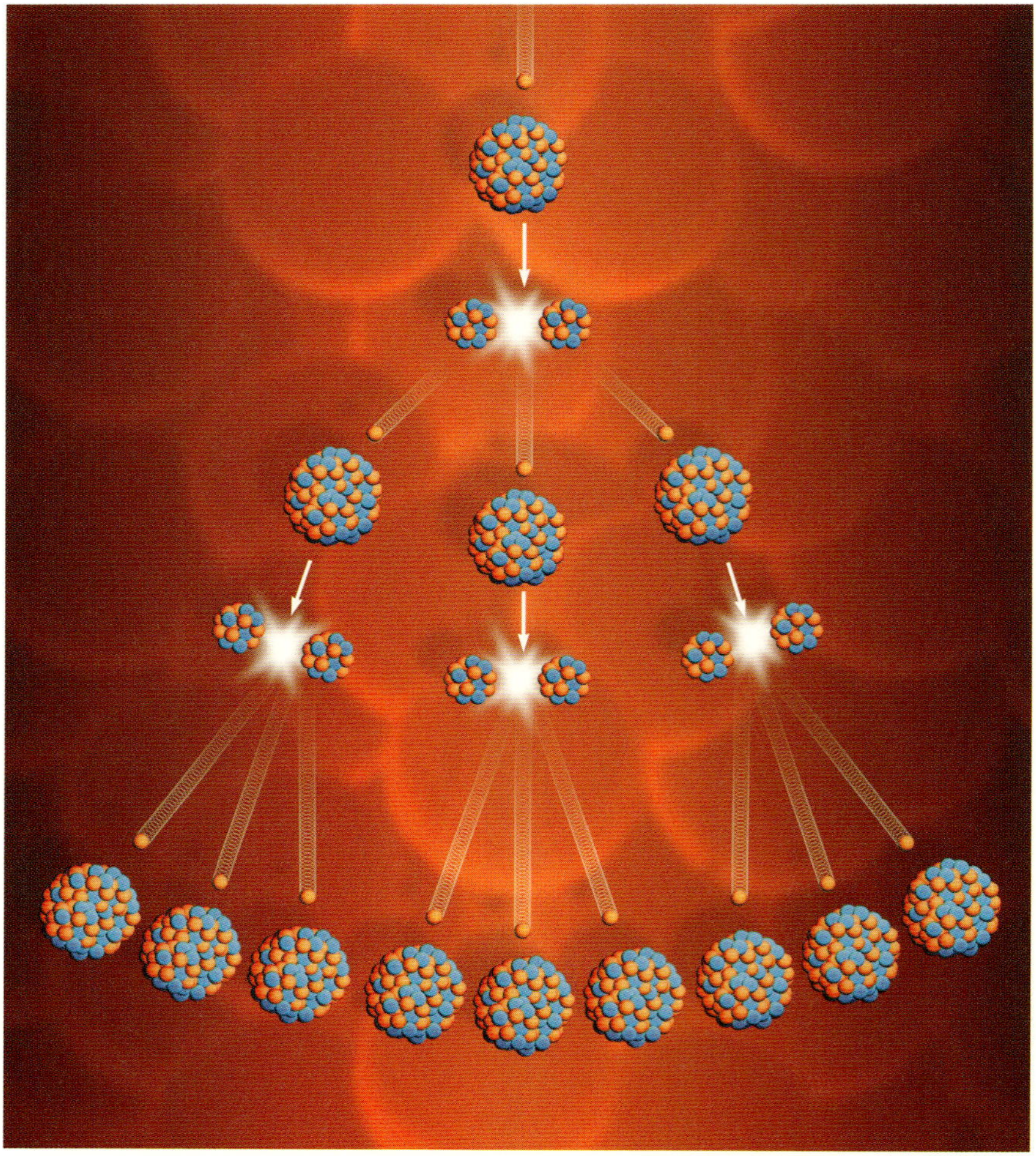

核分裂では、１個の中性子が大きな原子核に衝突し、ほぼ等しい大きさの２個の原子核に分裂させる。この過程でいくつかの中性子がさらに放出される。その中性子がさらに原子核に衝突し、分裂させて、連鎖反応を引き起こす。

で出た熱を利用して水を蒸気に変え、水蒸気がタービンを回して電気を起こします。

原子核の内部に閉じ込められているエネルギーを取り出すもっとクリーンな方法は、核分裂とは反対の過程を使うことです。核融合反応では、二個の軽い原子核がくっついて、より大きく、より安定した原子核をつくり出します。これにともなって莫大な量のエネルギーが放出されるのです。そのような「熱核融合反応」のエネルギーは太陽の熱と光の源であり、星が輝くのもそのためです。

二つの水素原子核（一個の陽子）から始まる一連のステップを経て、ヘリウム原子核ができます。ヘリウム原子核は二個の陽子と二個の中性子からできています。問題は、陽子が互いに反発することです。二個の陽子を非常に近づける必要があります。実質的には、二個の陽子の間のエネルギー障壁を量子トンネル効果ですり抜ける必要があるのです。これが起こるには、高温と高密度の非常に極端な条件が必要です。太陽の内部なら問題はありません。けれども、地上の研究所で維持するのは容易なことではありません。

ここで面白いことを指摘しましょう。太陽の中での核融合の最初の過程には、自然界の四種類の力すべてが関与しているということです。あらゆる物質の間で働く重力によって、水素がぎゅっと押し付けられて、二個の陽子が融合できる距離にまで近づきます。すると強い相互作用の引力が働いて、二個の陽子の間の電磁気の反発力に打ち勝って、二個の陽子をさらに接近させるのです。陽子と中性子は永続的に結びつくことができますが、二個の陽子が永続的に結びつくことはできません。非常に接近した二個の陽子のうちの一個はベータ崩壊して中性子に変化するのです。ベータ崩壊を引き起こすのは弱い相互作用の力です。それが起こると、最終的に陽子と中性子が結びつきます。

一個の陽子と一個の中性子からなる原子核を重陽子といいます。水素の重い同位体である重水素の原子核だからです。重陽子は原子核物理学の発展に重要な役割を果たしています。重陽子は、もっとも単純な合成核です。重陽子よりも小さいのは、単一の陽子か中性子しかありません。そのため重陽子は、原子核の中で核子を結合している核力の性質を調べるときの基礎となります。重陽子はさらに、ほかの原子核の性質を調べるときの探査手段としても使われます。重陽子とその原子核との反応を調べるのです。私はたいへん幸運なことに、ロン・ジョンソン教授に博士号の指導教官になってもらいました。重陽子の構造と反応に関して世界的な専門家で、学生には「重陽子のジョンソン」で通っていました。

重陽子が太陽の中で形成されると、それらはさらに陽子と融合してヘリウム原子核になります。これには、重陽子と陽子がお互いのクーロン障壁をトンネルする必要があります。

重水素や三重水素を含む核融合の研究は、たくさんの国で行なわれています。三重水素とは重水素よりもさらに重い水素の同位体で、一個の陽子と二個の中性子でできています。現在の研究段階はというと、核融合を最初に起こすのに必要なエネルギーよりも大きなエネルギーを、核融合反応の結果として生み出せるところにまで来ています。次のステップは、1秒よりもずっと短い時間の間でいいので、核融合が起こる条件をなんとかして維持することです！

核融合の反応炉の燃料は水ですから、無制限にあります。さらに、核融合反応で生じる廃棄物は核分裂によるものよりはるかに害がありません。このため、豊かな国のほとんどがこの技術に投資してきましたし、進行が遅いにもかかわらず今もこの研究にたくさんの投資を続けています。

医療で使われる量子力学

X線からレーザー手術まで、医療分野での量子力学の応用は列挙しきれないほどたくさんあります。そこで、簡単に二つだけ取り上げます。一つは原子核の量子力学的なスピンを利用し、もう一つは脳を調べるために反物質を利用します。

核磁気共鳴（NMR）の原理は半世紀前にアメリカの物理学者によって開発されたもので、化学分野で分光器の道具として長い間使われてきました。NMRのアイデアは、物質の中の特定の原子の集まり具合を、その物質の原子核から出た電磁放射によって測定するというものです。磁場の中におかれた原子核の量子ス

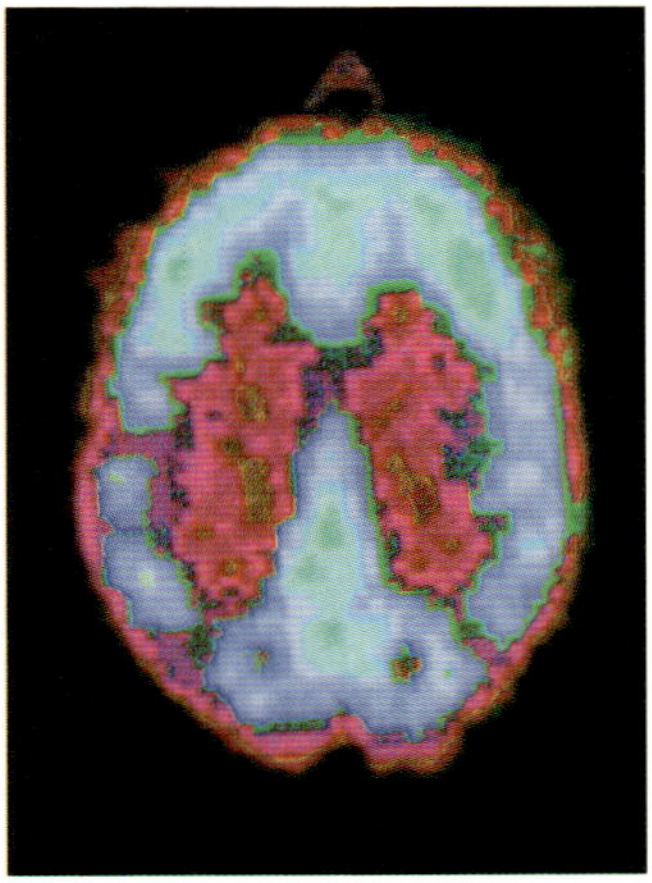
脳の PET 画像。

ピンが180度反転するとき、原子核から特定の電磁放射が出るのです。多くの原子核が（量子力学的に）回転しています。原子核の回転は、その原子核の陽子のスピンと中性子のスピンの組み合わさったものに由来しているのです。コンパスの針が磁石に反応するのと同じように、原子核の回転の軸は外から加えられる磁場の磁力線に沿ったものとなります。スピンの向きに基づいて、原子核の回転の軸というものを（おおまかな古典的な意味で）定義することができます。それは磁力線の向きに沿ったものと、その反対の向きのどちらかです。そのようなスピンの向きは単純に「上スピン」とか「下スピン」といいます。その後、原子核のうちのいくつかは、振動する磁場から高周波の信号を加えられてスピンを反転させます。そしてそのスピンが最初の向きに戻るとき、原子核はその種類の核に特有の小さなエネルギーを放出します。

私たちの体を形作る有機物のようなほとんどの物質は、分子でできています。分子はいろいろな種類の原子を含んでいます。「造影法」という技術を利用して、NMRは特定の種類の原子のスピンの反転のしかたを連続的に測定していきます。それによって、人体の内部のイメー

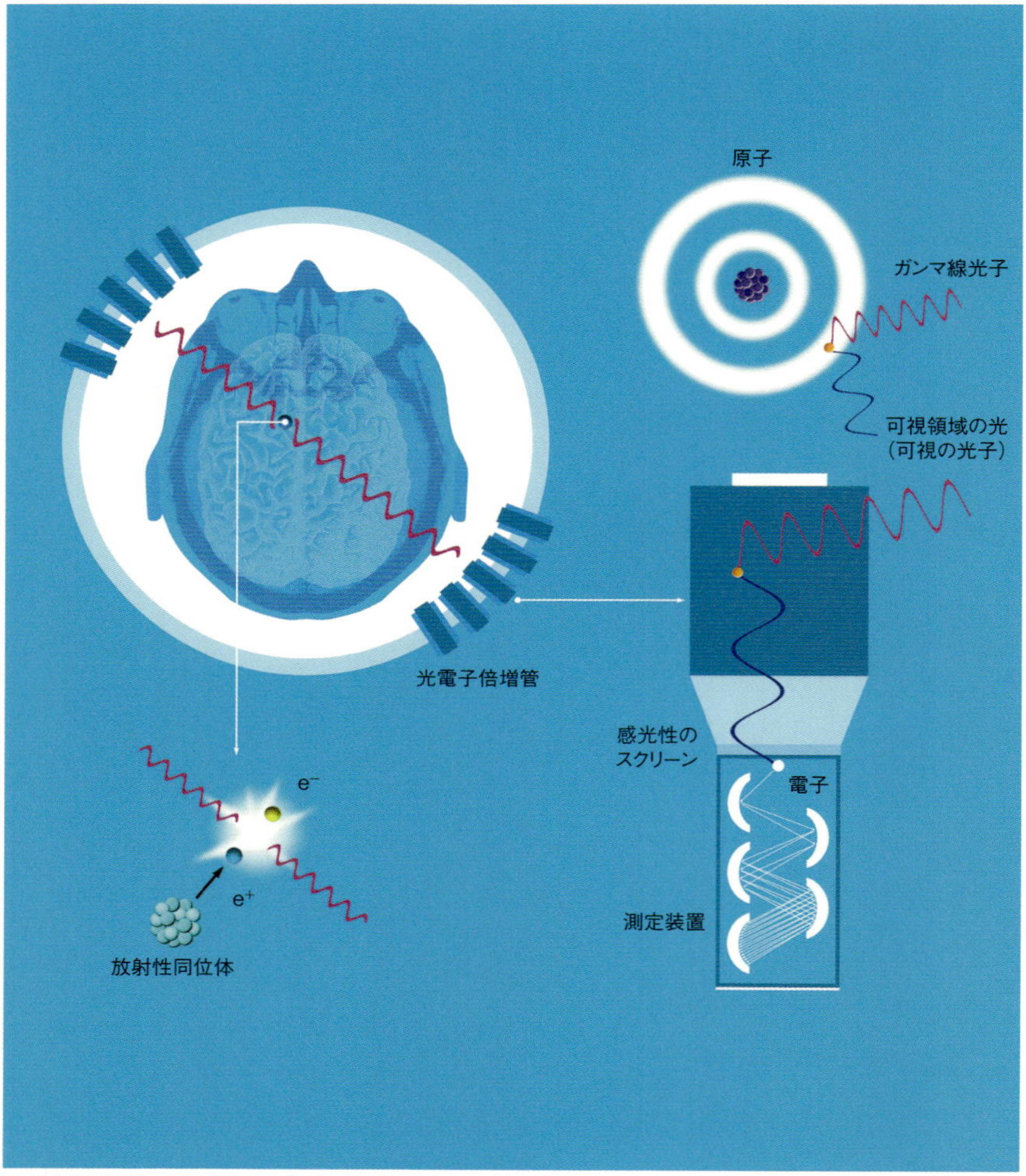

PET 装置の仕組み。不安定な同位体の原子を利用して脳の中のグルコース分子を追跡する。それらの原子の原子核はベータ崩壊をして陽電子を放出する。陽電子は電子と対になる反物質の相手である。陽電子はたちまち原子の中の電子に衝突し、対消滅して、2個のガンマ線光子を背中合わせの形で放出する。PET 読み取り装置は光子検出器が配列されたもので、シンチレーター水晶の中を通るガンマ線を捕らえる(シンチレーターとは放射線があたると光を出す物質のこと)。この水晶の中のたくさんの原子が、1個の光子からなる高エネルギーのガンマ線によって一瞬励起するが、ガンマ線よりも低いエネルギーの光子を放出して即座に励起していない状態に戻る。放出された光子は、光電子増倍管の内部の電子を次々にたたき出し、電気的なパルスが出力されるようになっている。これらの信号を使って、脳のどこにグルコースが集中しているかを写し出す断面画像が1枚1枚作られる。反物質を放出する放射性原子を使って人間の脳の内部を見るというのは、ちょっと恐ろしいことのように聞こえるけれども、実際には PET 装置は X 線撮影よりも無害である。

ジを生成することができます。Ｘ線の断層撮影法とは違って、ＮＭＲは無害です。人体は有害な放射線にさらされません。にもかかわらず、ＮＭＲの「核」という言葉が恐ろしいというので、ＭＲＩ（磁気共鳴映像法）検査装置という言葉がよく使われます。

「陽電子放射断層撮影法」は説明するのが比較的簡単なすばらしい検査技術です。ＰＥＴ（Posirtron Emission Tomography の略）という名前の方がよく知られています。ＰＥＴ検査装置の利用法の一つとして、脳梗塞の患者や、出生時に酸素欠乏の危険があったときの新生児の脳の様子を写し出すことができます。最初に、炭素または窒素の無害な放射性同位体を含んでいるグルコースを投与します。グルコースは脳のエネルギー源で、脳に運ばれます。すると、脳のさまざまな領域のグルコースの集まり具合を測定することにより、神経がよく活動している領域とそうでない領域を区別して写し出すことができます。

グルコースの中の放射性同位体はベータ崩壊を起こし、陽電子を放出します。これらの陽電子の粒子はほとんど即座に電子に出会い、対消滅の過程が起こります。このとき電子と陽電子は一瞬の閃光を放って消滅します。その閃光とはエネルギーを持った二個の光子が背中合わせの形で放出されたものです。これらの光子は光電子倍増管という検出器で検出され、電子と陽電子が対消滅した脳の中の正確な場所がわかります。崩壊した放射性原子核の位置がわかるので、それを運んだグルコースの位置も特定されます。このような光子のペアを一定の時間検出し続けることで、グルコースの集まり具合の変化を描き出す一連のイメージを作成できます。

量子力学と遺伝子突然変異

数年前に、同僚の微生物学者のジョンジョー・マクファデンと私は、アメリカの雑誌の「バイオシステムズ」誌にある推測的な論文を発表しました。その中で、私たちは大腸菌の「適応性のある突然変異《アダプティブ・ミューテーション》」と呼ばれている異常なタイプの遺伝子突然変異の量子的な起源を提案しました。それは二つの理由で推測的でした。第一に、適応性のある突然変異の過程は論争の的でした。そして今もそうです。第二に、私たちが提案した量子メカニズムは、生きている細胞にある種のユニークな量子的な性質があることを必要としました。そうでないと、私たちの理論はうまくいきません。

今では、すべての生きている細胞のDNA分子の遺伝的なコードは、塩基対間の水素の結合によるものであることがわかっています。フランシス・クリックとジェームズ・ワトソンがDNAの二重らせん構造を発見して以来、DNA上のもとの場所から近くの場所に陽子がランダムに量子トンネルし、そのために化学的な結合が変化して、ある自然な突然変異が生じるということが知られています。DNAの遺伝的なコードのこの種の偶然のエラーが起こりうる場所は十億個あります。そのうちの一個の場所でエラーが起これば、それは量子的な変異があったということです。ですから量子力学が生命の進化にある役割を果たしていることは確かです。

「適応性のある突然変異」の場合には、そのような単純な仕組みでは説明がつきません。lac^-菌という大腸菌細胞にラクトーゼのみを与えると、大部分が飢餓状態におちいると予想されます。lac^-菌はラクトーゼを摂取するための酵素が欠けているのです。しかし、ごく一部のlac^-菌がランダムにlac^+菌へ変化します。lac^+菌はラクトーゼを食べて成長することができ、増殖を始めます。ラクトーゼがあると、ラクトーゼがない場合よりもlac^-菌ははるかにたくさんの割合でlac^+菌に突然変異することがわかっています。突然変異した後もラクトーゼが存在するということをlac^-菌が知らなくてもそうなります。このことはまるでマジックのように見えます。

これは、量子の重ね合わせというアイデアで説明できる可能性があります。細胞の中で起こるlac^-からlac^+への変異は、隣接する二つの場所を一個の陽子がトンネルすることに由来するのかもしれません。量子力学的には、陽子の波動関数は、陽子がどちらの側で見つかる確率もあるという形になっています。すなわち、トンネルしたものとトンネルしないものの重ね合わせです。そして、そのような量子コヒーレンス状態を細胞内で十分に長い間維持できれば、ＤＮＡ全体が突然変異したものと突然変異しないものとの重ね合わせとして時間的に発展します。

問題はもちろんデコヒーレンスです。重ね合わせの状態という量子の奇妙な性質が周囲の環境に漏れ出て失われてしまうことです。これは1秒の10億分の1未満の時間の尺度で起こりますから、菌（またはその波動関数の一部）が周囲にあるラクトーゼに気づいて、それを利用できる菌に突然変異するのに必要な細胞内の変化を起こすには短すぎます。けれども私たちは、その重ね合わせの状態が十分に長く続き、ラクトーゼそのものによってデコヒーレンスが引き起こされると考えようとしたのです。すなわち、ラクトーゼはシュレディンガーの猫が入っている箱を開く役割を果たし、細胞の量子重ね合わせ状態を一つの状態に収縮させるということです。なぜこうなるかというと、「適切な」大腸菌なら、ラクトーゼを含む化学反応が起こり、それがデコヒーレンスをもたらすと考えられるからです。ラクトーゼがあるときのデコヒーレンスが、ないときよりも早く起これば、「適応性のある突然変異」の実験の驚くべき結果を説明できる可能性があります。

このようなことを引き起こすかもしれない単純な仕組みがあります。それは、測定の繰り返しが量子系を一つの状態から別の状態へ「引きずってゆく」というものです。まれな確率ですが、ラクトーゼがlac^{+}に変異した細胞を「測定」することがあります。すると、その細胞はラクトーゼを食べて成長していきます。しかし、測定されたものがlac^{-}の状態だったときは何も起こらず、二つの状態の重ね合わせに再び戻っていきます。したがって頻繁に測定するほど、より規則的にlac^{-}の突然変異が起こるはずです。

残念ながら、量子コヒーレンスが生きている細胞のように活発で複雑な環境の中で長く続くとは考えにくいのです。ただ一つの可能性は、細胞が、自分と等しい大きさと複雑さと温度を持つ無生物のシステムとは非常に異なるふるまい方をするという可能性です。確かにそれこそ、エルヴィン・シュレディンガーが一九四四年の有名な著作『生命とは何か』で示唆したことです。彼は、絶対零度近くの普通の物質が持っているのと等しい構造と秩序を生きている細胞が保っていると述べています。絶対零度近くは、量子的な効果が長く維持されるところなのです。しかし、生命がどうしてそれほど特別なものなのかということは、本当は誰にもよくわからないので、私たちの理論は推測のままです。

私たちの論文を公表して以降、私はそのアイデアに少し距離をおくようになりました。しかし、私たちの提案に前向きな意見を出した人の中に、物理学者のポール・デイヴィスがいます。彼もまた同じような問題に興味を持っているのです。彼は、生きている細胞の量子的な性質についてはもちろんのこと、デコヒーレンスの性質についても私たちはまだよく理解できていないし、やるべき研究がたくさんあると述べています。

原子を見る顕微鏡

一九三〇年代の初めには、サンプルからの光をレンズで拡大する光学顕微鏡はすでに限界に達していました。可視光線の波長の制約があるために、最大倍率が約1000倍、すなわち解像可能な大きさが1ミクロンの数分の一という限界があります。生きている細胞のもっと細かいところまで見たいという欲求が、もっと短い波長の波を利用しようという方向へ科学者を駆り立てたのです。ここで電子の量子波的な性質が役に立ちます。電子ビームの物質波は可視光線の波長よりもはるかに短い波長を持っています。最初の電子顕微鏡は一九三一年にドイツで開発され、標本の構造や組成を調べるために電子ビームが使われました。そのような電子顕微鏡は「透過型電子顕微鏡」といって、スライドプロジェクターと同じ原理に基づいています。電子ビームが標本を透過してスクリーンに投影されるのです。

第二次世界大戦後に「走査型電子顕微鏡」という新しいタイプの電子顕微鏡が開発されました。この方式は、

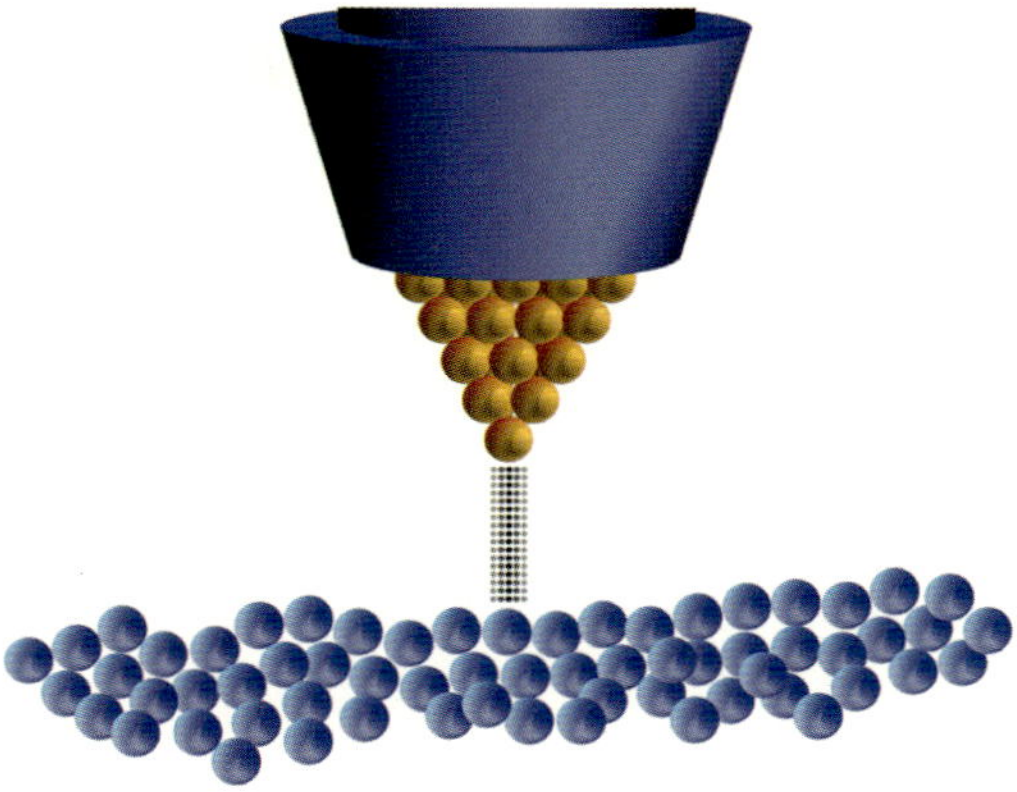

走査トンネル顕微鏡の探針から電子がギャップを量子トンネルすることで電流が流れ、物質の表面を走査し、表面の微妙な高低差の輪郭を測定する。探針は表面の原子を規則正しく配置することにも使える。

標本の表面を電子ビームでスキャン（走査）するのです。表面の画像は、標本ではね返った電子や、標本からはじきとばされた電子を集めて増幅することで生成されます。

今日では、顕微鏡の解像度が一個一個の原子のレベルに達するところまできています。「走査トンネル顕微鏡」は一九八〇年代の初期に初めて開発され、鋭くとがった伝導性の金属針で標本の表面をなぞります。電子はギャップを飛び越えて標本の表面にまで量子トンネルできるので、こうして起こった電流を測定します。電流とギャップの大きさから標本の表面の原子の位置がわかるのです。

走査トンネル顕微鏡の欠点は、標本が非常に適切な電気的な導体でなければならないということです。ですから特別なサンプルを準備する必要があります。一九八九年には、最初の商用利用可能な「原子間力顕微鏡」というものが登場しました。この方式は探針と呼ばれる針で標本の表面をなぞり、走査トンネル顕微鏡と似たような走査技術を利用するのですが、電子の量子トンネル効果は使いません。探針を表面にそっと押しつける、非常に敏感なスプリングを使

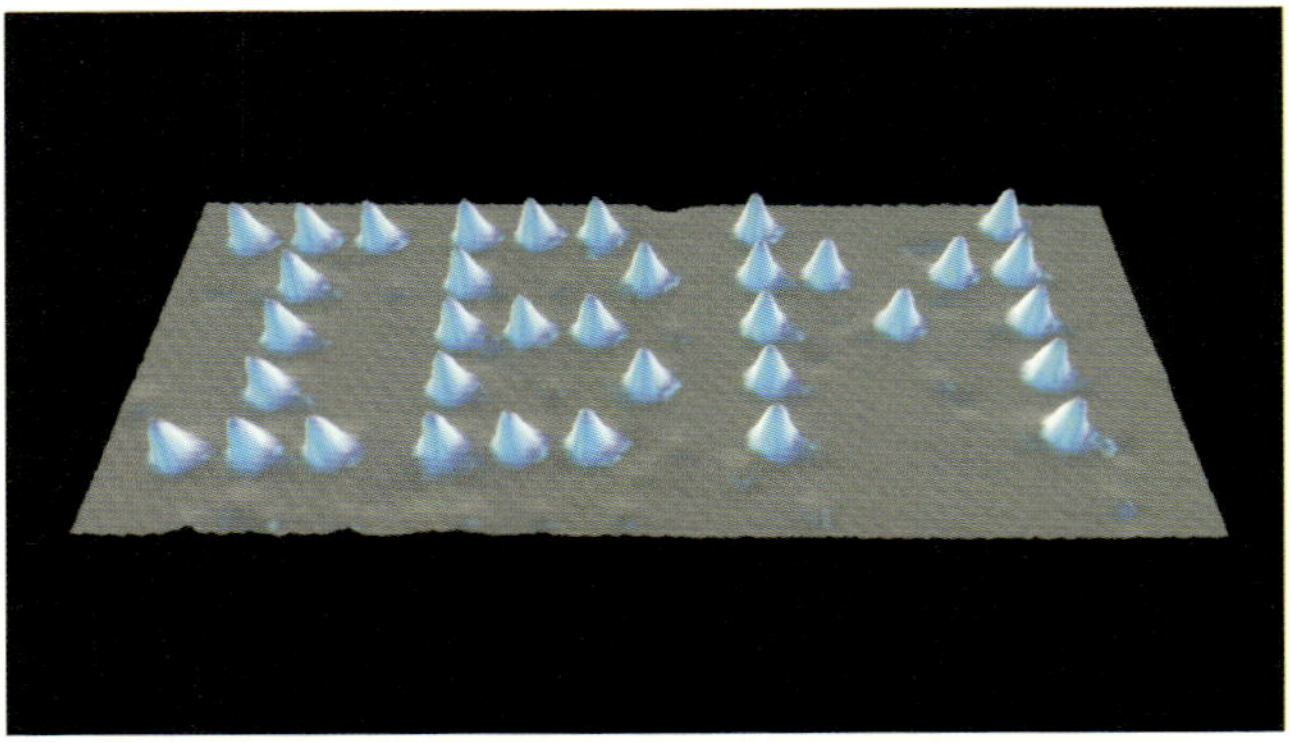

本当の量子の「メカニック」がいるとすれば、それはIBMのドン・アイグラーである。1999年にアイグラーは走査トンネル顕微鏡を使って、キセノンの1個1個の原子で「IBM」という文字をつづり（上）、高い精度で原子を配置できることを実証した。
数年後に、アイグラーと彼の共同研究者は「量子の囲い」（下）を作った。銅の表面に組み立てられた48個の鉄原子の輪である。原子の輪の内部のさざなみは、表面の電子の確率密度の分布である。輪の中心に鉄の原子はない。彼らはこのようにして、原子のランドスケープをコントロールできるだけではなく、電子のランドスケープもコントロールできることを実証した。これは物理学者が本当の量子波動関数を見ることにもっとも近づいた瞬間でもある。

用します。探針が表面にぶつかるとき、探針を適切な位置に保つのに使われる力は原子間力であるため、原子間力顕微鏡といいます。その原子間力の大きさは1ニュートンの約10^{-9}です。

今日、走査トンネル顕微鏡と原子間力顕微鏡の両方を使う「走査プローブ顕微鏡」は、標本の表面を見るだけにとどまらず、いろいろなことに利用されています。物理学者と化学者は、走査プローブ顕微鏡を使って分子や一個一個の原子でさえうまく動かすことができます。新しい技術の開発が進んでいて、生物学、半導体やデータ記憶装置の技術、ポリマー（高分子化合物）や水晶の原子構造の研究などに応用されています。ナノテクノロジーの分野では将来、走査トンネル顕微鏡の探針を利用して分子レベルでできた夢の機械を作れるかもしれません。

原子工学とナノテクノロジー

名前からわかるように、ナノテクノロジーはナノメートル（10^{-9}メートルすなわち1ミリメートルの100万分の1）のスケールでマイクロマシンを作ったり利用したりする比較的新しい分野です。ナノメートルは原子と分子のスケールで、十分に量子力学の適用範囲に入るものです。いつか回路、歯車、てこ、ギヤを持った小さな分子ロボットを作れないはずはないと多くの物理学者が信じています。これらの物体とアリの大きさとを比べると、アリとフットボール競技場を比べたほどの比率になると言えば、これらの物体がどんなに小さいかがわかるはずです。すでに科学者は、一個一個の原子と分子を規則正しく動かして操作できることを示しています。そしてそのようなナノスケールのロボットを製作することはそれほど先のことではないと、多くの科学者が考えています。ナノテクノロジーは産業革命の口火を切ることになるとも予想されています。それは二十世紀の電子産業がもたらしたものよりもさらに大きな変化を、私たちの生活にもたらす可能性があります。

　将来の可能性としてありうるのは、そのような分子のロボットが生物学的過程を通じてではなく、周囲にある材料から自分自身のコピーを何兆個も作るということです。そうすれば、そのようなマイクロマシンの大群は、想像もできないほどいろいろな目的に利用できます。たとえば、癌細胞を(一つずつ!)退治することから工学の奇跡的なほど高度な技術、さらには「スマート材料」と呼ばれるものを作ることまで多岐にわたります。

　そのような技術はまだ数十年も先のことですが、最初の数ステップはすでに進んでいます。一九九〇年代の初めに、日本の研究者が透過型電子顕微鏡で、二つの炭素電極間の放電でできた「すす」を調べていました。彼らは小さな分子の炭素チューブを発見したのですが、その物質は驚くべき性質を持つことが後にわかりました。そのようなカーボンナノチューブは、原子一個分の厚さの一枚の黒鉛のシートを円筒状に巻いたものなのです。それを「グラフェン」といいます。炭素結合が持つ性質のおかげで、ナノチューブを究極の高強度のファイバーとして使用することができます。走査プローブ顕微鏡の探針から、耐震性の高い建物まで幅広く利用できます。カーボンナノチューブでできた自動車は衝突しても元の形に戻るはずです。

　ナノチューブはさらに分子のワイヤーとしても機能します。超伝導材料とほとんど同じくらい効率的なすばらしい伝導体としても使えるし、集積回路の中の半導体に使うこともできます。一個一個の原子や分子を効率よく動かすのに使うことだってできるのです。

　将来が楽しみです。

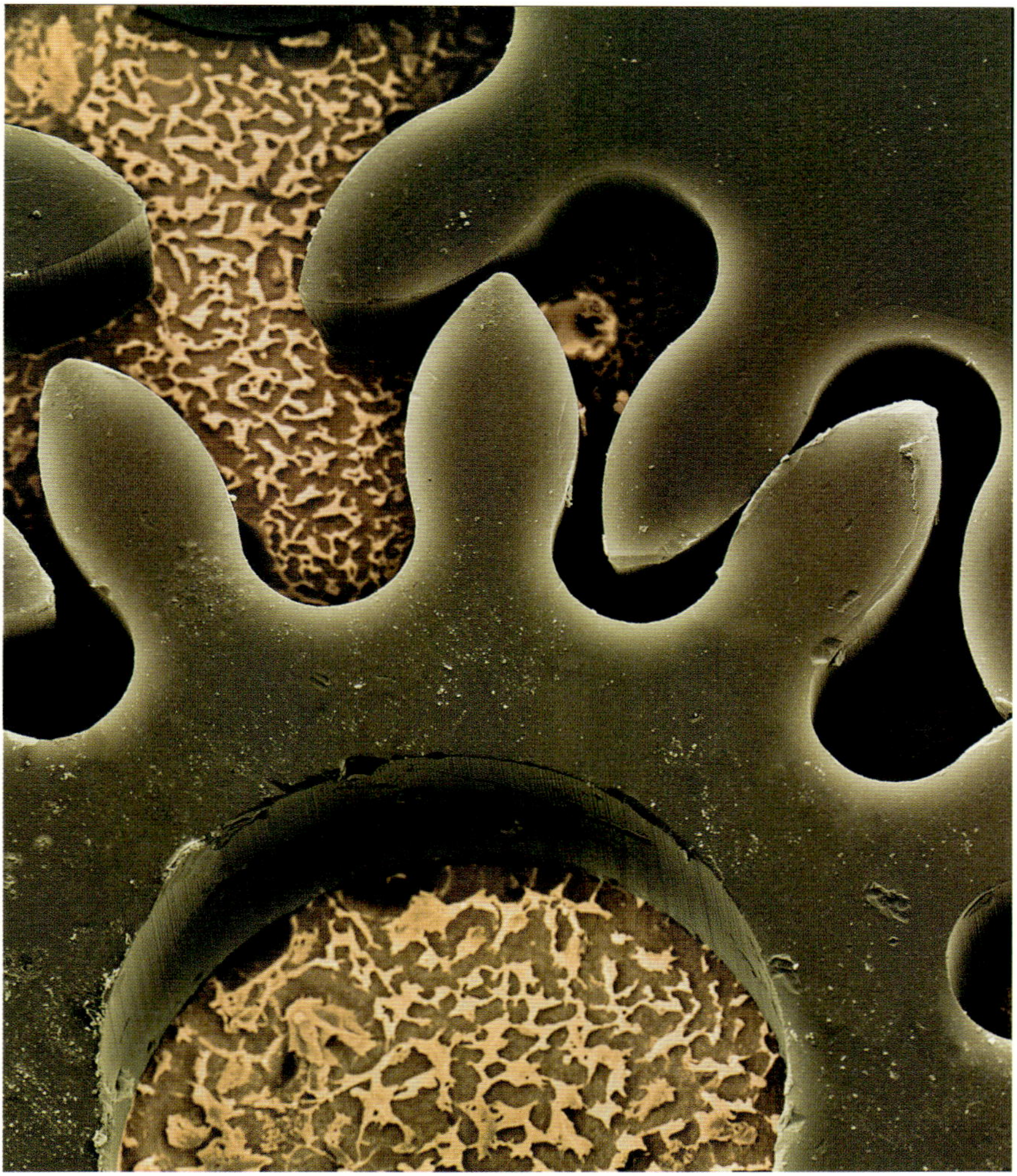

ナノロボットのギヤとして使うマイクロ歯車の走査型電子顕微鏡写真に色をつけたもの。

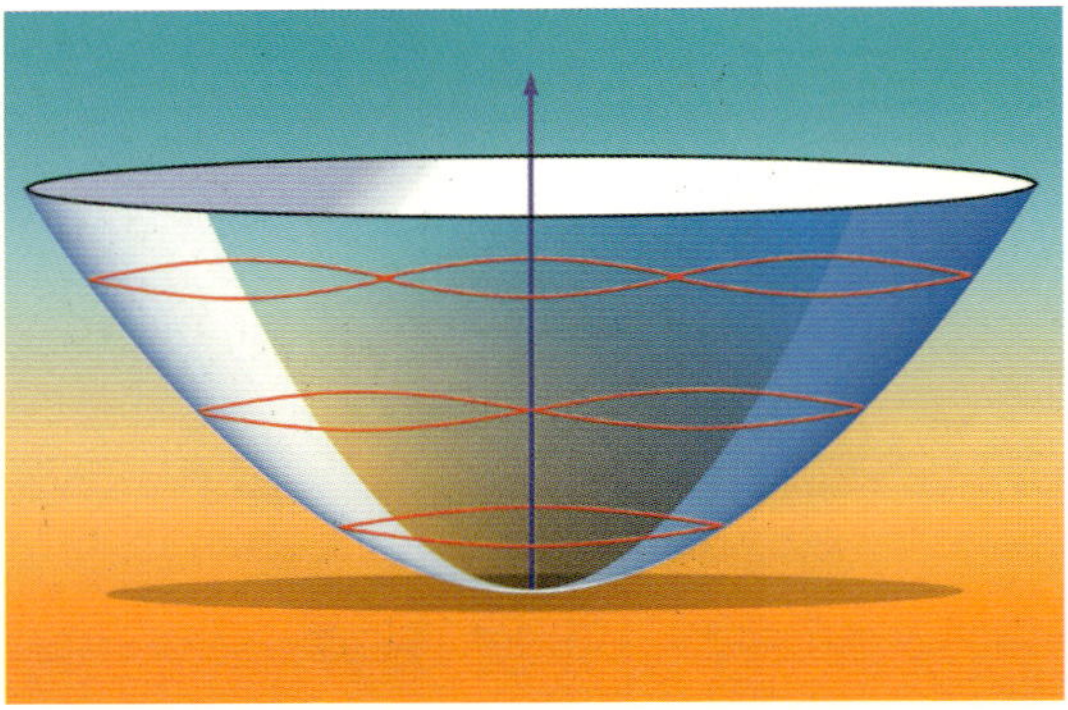

ボース・アインシュタイン凝縮

エド・ハインズ（サセックス大学物理学教授）

とても小さなお椀の中に閉じ込められた一個の原子を想像してください。量子力学の波動関数は、お椀の中に閉じ込められた原子の運動を表します。波動関数の振動のしかたは場所ごとに違います。原子が見つかる確率は、その場所の波動関数の振幅を2乗したものです。原子がお椀の壁を通り抜けられないとすれば、波動関数は壁のところでゼロになるはずです。

この図はもっとも単純な三つの可能性を示したものです。すなわち、波動関数の振動の山が一つのもの、二つのもの、三つのものです。波動関数の振動の節の区間が短いほど原子のエネルギーは高いので、この三つの波はお椀の中の原子がとりうるエネルギーの中でもっとも低いもの、二番目に低いもの、三番目に低いものに相当します。さまざまなエネルギー状態は1、2、3というふうにラベルをつけて区別することができます。量子状態を区別するそのような数字のことを量子数といいます。たくさんの原子の「雲」がお椀の中にあると、どの原子ももまれあって、いろいろな量子状態の重ね合わせの中で時間を過ごします。温度が高いほど、測定される量子状態の範囲は大きくなります。普通の条件では、基底状態を占めることはめったにありません。なぜなら、可能な状態がほかにも非常

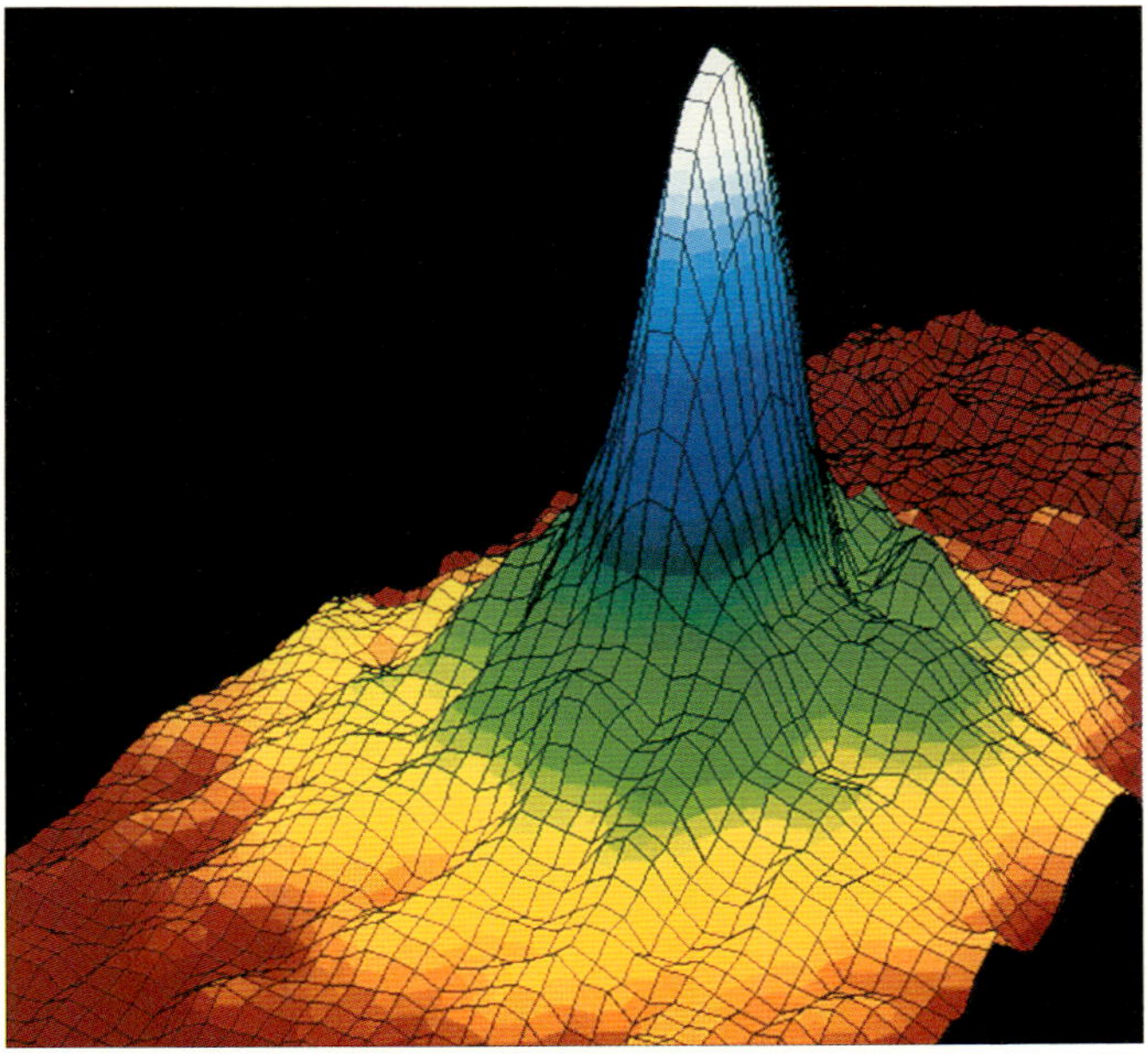

ボース・アインシュタイン凝縮をする低速のルビジウム原子の密度のグラフ。青と白いピークはボース・アインシュタイン凝縮状態を示す。そこでは数千個の原子の雲が数十ミクロン（1ミクロンは1メートルの100万分の1）の大きさに広がっている。

にたくさんあるからです。

しかし、気体が十分に冷たく、原子の密度が十分に高い場合、二つの原子が同時に基底状態を占めるということが起こり始めます。もしもそれらの原子（ボゾン）が「適切な」種類のものである場合、驚くべきことが起こります。それぞれの原子を表す二つの波動関数が合わさって一つになります。するとその波動関数は2倍の振幅を持ちますから、そこに原子が見つかる可能性は4倍になります。言いかえれば、より多くの原子がその状態へ引きつけられるということです。より多くの原子が基底状態に入ると、波動関数の振幅はいっそう大きくなり、気体の中でもまれているほかの原子はますます基底状態に引きつけられます。これは、それぞれの原子を表す波が強めあうように重なる、波の干渉の効果です。その結果、ほとんどの原子が最低のエネルギー状態へとなだれこみ、気体の残りのエネルギーはごくわずかな原子がすべて受け取ることになります。そのごくわずかな原子はしばしば非常に高いエネルギーを得るため、お椀から完全に抜け出してしまい、お椀の中のほとんどすべての原子が基底状態になります。この過程をボース・アインシュタイン凝縮といい、原子がすべてそろって同じ量子状態になることはボース・アインシュタイン凝縮状態といいます。[10]

ボース・アインシュタイン凝縮状態は、あらゆる粒子が同じようにふるまうために、驚くべき性質を持っています。液体ヘリウムでは、原子全体の約10パーセントがボース・アインシュタイン凝縮状態になります。液体のその部分はまったく粘性なしで流れ、超流動体になります。光子はボゾンですが、レーザーの光は光子のボース・アインシュタイン凝縮状態にあります。つまり、レーザー光線中の光子はどれも互いと同じようにふるまいます。したがってレーザー光線は純粋な色と方向を持ちます。原子の蒸気のボース・アインシュタイン凝縮は一九九五年にコロラド大学ボールダー校の天文物理学ジョイント研究所（略称ＪＩＬＡ）でエリック・コーネルとカール・ワイマンがルビジウムの雲の中で、またＭＩＴでウォルフガンク・ケタールがナトリウムの雲の中で、最初に発見しました。レーザー光線のように、原子の蒸気のボース・アインシュタイン凝縮状態から放出された原子を使って、非常にはっきりと定まったエネルギー、方向性、振動の位相を持つビームを作れます。そのようなビームを原子レーザーといいます。

10　このときボゾンとしてふるまう原子もあるし、フェルミオンとしてふるまう原子もあります。どちらであるかは、原子が持っている角運動量の合計で決まります。二つのフェルミオンが同じ状態を占めようとすると、それらの波動関数が互いを打ち消すように干渉して、振動をまったく生じません。そのため、二つのフェルミオンが同じ状態に一緒にいることは決してできません。

量子力学と生物学

ジョンジョー・マクファデン（サリー大学微生物学教授）

エルヴィン・シュレディンガーが生命は量子力学的な法則に基づいているという驚くべき提案をしてから、五十年以上経ちました。しかし、彼の主張のほとんどは今でも有効です。シュレディンガーはこう指摘しました。古典的法則はすべて統計的なものであり、何十億個もの原子や分子の集まりには正しいけれども、一個一個の粒子のレベルでは成り立たない。生命は一個一個の粒子の力学に基づいていて、そのため量子の法則に従うと彼は主張したのです。

それは一九四四年には驚くべき予測でした。当時は、細胞の内部は原形質と呼ばれる形のないゼリーのようなものだと一般に考えられていたのです。しかし、分子生物学者が細胞の働きをいっそう深くまで調べるにつれて、あらゆるレベルの構造がわかってきました。DNAの二重らせんは、幅がわずか2ナノメートル（1ミリメートルの100万分の1）しかありません。原子のスケールと比べてもそれほど大きくありません。そして、タンパク質やほかの細胞の構成成分もそうですが、DNAの二重らせんの構造は2ナノメートルの10分の1よりも微細なものです。このような生体分子の中で働く力学は、一個一個の粒子の運動に関するものなのです。

細胞にとっての化学燃料（ATP）を作る酵素のロータリーエンジン（F1ATPアーゼ）のことを考えてください。この小さな生物装置は直径が10ナノメートルほどしかありません。この酵素は細胞膜にあり、中央の気孔を通過する陽子の流れによって回転する仕組みになっています。しかし、このスケールでの回転運動がどのように化学エネルギーに変換されているのかは謎です。間違いなく量子力学が関与しています。

光合成、呼吸、突然変異、「タンパク質の折りたたみ」と呼ばれるものなどを含む生化学のいろいろな過程に量子トンネル効果が関係していると考えられています。たとえばF1ATPアーゼの酵素は、電子のトン

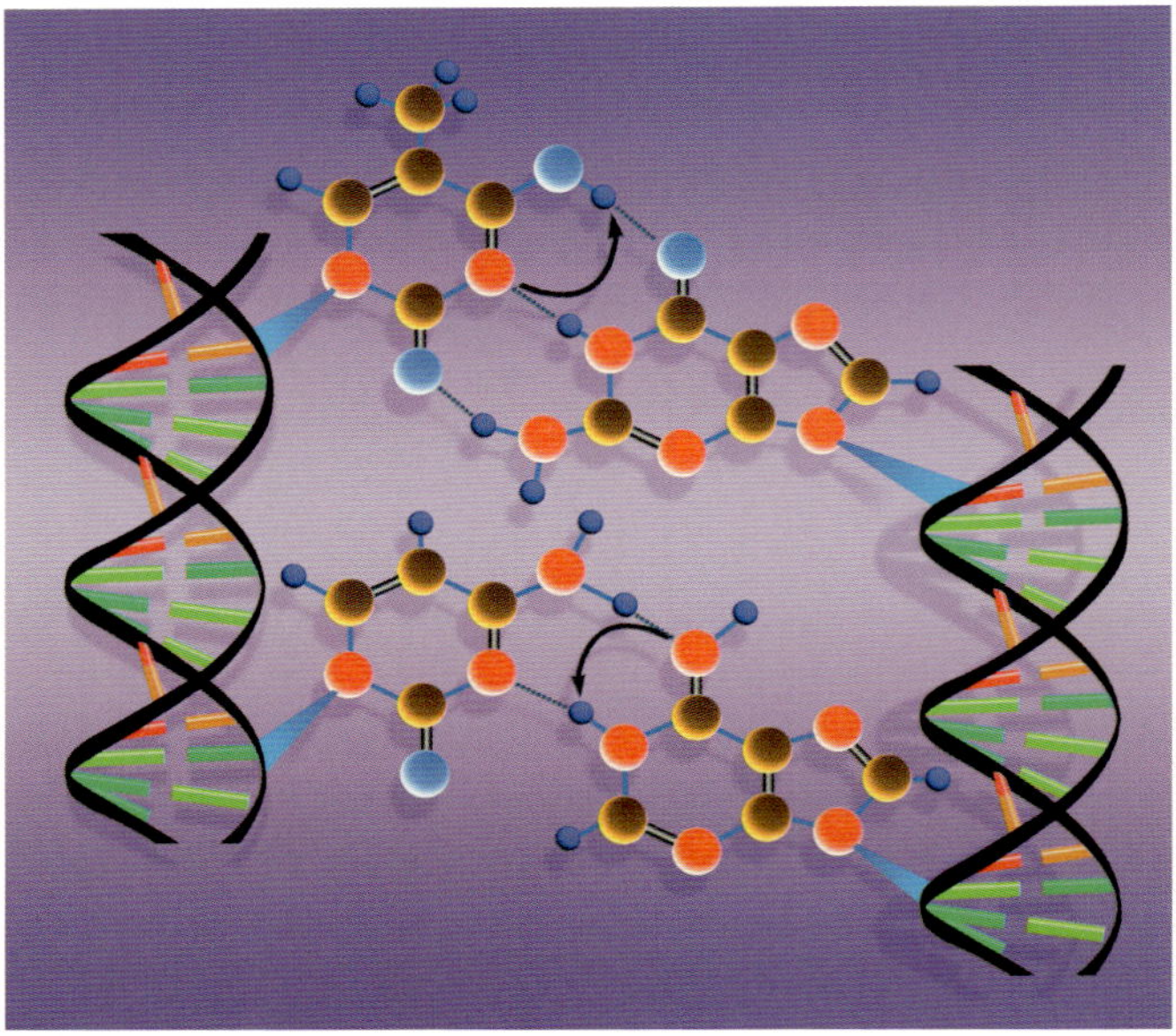

ネル効果を使って、陽子の輸送プロセスと、呼吸の働きに関係するタンパク質とをつないでいるのではないかと考えられています。実際、酵素が化学反応を大きく促進する能力を説明するには、電子と陽子の両方のトンネル効果が必要だと多くの研究者が考えているのです。「タンパク質の折りたたみ」と呼ばれるものにも量子トンネル効果が関係しているかもしれません。これはタンパク質の分子が折りたたまれて、何十億個もの可能な構造の中から適切なものを選ぶ過程です。また、量子トンネル効果は地球上の生命の進化にとっても基本的なものかもしれません。

ワトソンとクリックは、二重らせんの中のDNAの塩基の「互変異性化」（化合物が相互に入れ替わる反応のこと）と呼ばれるものが突然変異の原因であることを最初に示唆しました。互変異性化は陽子のトンネル効果の遠まわしな化学的な言い方です。私自身とジム・アル・カリーリはこのメカニズムをさらに追求し、量子コヒーレンスがあるタイプの突然変異に役割を果たすかもしれないと提案しました。

生きている細胞は自然のナノテクノロジーです。ちょうどナノスケールレベルに取り組むエンジニアと物理学者がモデルを組み立てるときに量子力学を含めなければならないのと同じように、三十億年にわたる生命の進化も量子力学を利用したにちがいありません。量子力学は生命にとってきっと水と同じくらい基本的なものです。実際、最近の実験やシミュレーションは、水の中の水素結合に含まれる陽子が高度に「非局所化」していること、すなわち二つの離れた場所に存在するという重ね合わせの状態にあることを示しています。水素結合はおそらくもっとも基本的な生化学の相互作用で、ＤＮＡの塩基対の形成、酵素の触媒作用、タンパク質の折りたたみ、呼吸、光合成などに関係します。もしも量子の非局所化がこのような現象の中心にあるのなら、それは生命の中心にあるということです。実際、私自身とポール・デイヴィスを含む研究者たちは、量子力学が生物学の究極の謎、すなわち生命そのものの起源を解き明かすかもしれないと考えています。

2m=
to be or not
$\frac{\hbar^2}{2m}\nabla^2\Psi + V\Psi = i\hbar\frac{\partial\Psi}{\partial t}$

Into the New Millennium

第10章
量子情報の世紀

量子力学がレーザー、半導体、原子炉といった二十世紀の技術的な発展に大きく貢献したこと、そして物理学や化学のたくさんの領域で重要な役割を果たし、強い影響を与えたことを見てきました。本書の最後の章は、重ね合わせ、からみ合い、デコヒーレンスといった基本的なアイデアに戻って、二一世紀の技術の中でそれらがどんな役割を果たすのかということに思いをめぐらせましょう。

巧妙な実験

過去十年間の原子物理学と量子光学の領域での信じられないような実験の進歩をニールス・ボーアならどう思ったでしょうか。量子力学の初期の開拓者たちは、理論の予測が意味をなすためには、同一の量子系の数多くの集まりに対してのみ量子力学が適用されるべきだと主張しました。彼らはまた、量子力学の規則が適用される微視的な世界と、古典物理学に従ってふるまう測定装置の巨視的な世界の間に明確な境界を設定するべきだとも主張しました。

今では実験で一個一個の原子と光子を扱うようになり、これらの制限はどちらも取り除かれました。信じられないほど正確なレーザーが一個一個の原子を操作する道具としても使われています。電磁場を使って原子を小さな空間に閉じ込め、正確に調整されたレーザーを使ってその原子を冷却することができます。原子の「温度」という考えは、原子が不規則に運動しているということを意味しています。原子が活発に運動するほど、原子の温度は高くなります。レーザー光を使って原子のエネルギーを失わせ、原子を「冷却」できるのです。今ではレーザーは、絶対零度をほんの少し上回る温度まで原子を冷却するのに普通に利用されています。さらにレーザーは原子を適切な場所に保つための光学的なピンセットの役割をすることができ、最終的には原子のエネルギーを正確に放出させて、原子を量子重ね合わせやからみ合いの状態にできます。

特筆すべきことは、このような技術が二十世紀の最後の十年間になってようやく成功したものであるということです。その成功を報告する論文がネイチャー誌に掲載されるようになったのは、ここ数年のことです。私たちはついに、量子的な世界と古典的な世界の境界を調査できるようになったのです。

さまざまなアイデアがどれほど急速に変わっているかを示す例を一つあげます。物理学の学生は、物体を「見る」場合、物体にあてる光の波長よりも小さいものは見ることはできないと長い間教えられてきました。このことは、前の章のコラムで説明した電子顕微鏡の発明を促しました。可視光線は、約0・5ミクロンの波長を持っています。しかし、原子はその1000分の1の大きさしかありません。ですから、教科書を書き直さなければなりません。今では一個一個の原子を可視光のレーザー光線を使って閉じ込め、見て、追跡し、操ることが普通にできるからです。

これらの技術が量子コンピューターと呼ばれる装置を作るためにどのように使用されるかという説明をする前に、話しておきたいことがあります。可視光線を使って原子のように小さなものを見ることができるのはなぜでしょうか？　明らかに、可視光の波長は大きすぎるはずなのです。

いかにして原子を追跡するか

物理学者は、今では数千個の原子のサンプルを検出することができます。光をあてて検出するのですが、それは顕微鏡を使って単純にそのサンプルに光を反射させるのではありません。そういう単純なやり方ではありません。プランクの公式に基づいて、原子の遷移エネルギーと正確に一致するエネルギーを持つようにレーザー光の周波数を調整してやると、光子のいくつかは原子に吸収されます。遷移とは、原子中の電子がより高いエネルギー準位にジャンプすることにほかならないことを思い出してください。そのため、この「共振する」周波数の光を使うと、光子の数が全体として少なくなります。光子が原子に吸収されるからです。このようにして、原子がそこにあるとわかるのです。

これに関連する非常に巧妙なアイデアがあって、それによってたった一個の原子すら検出できます。共振周波数と一致するレーザー光を使用するのではなく、吸収される周波数にぴったりとは一致しない周波数の光を使うときに起こることを利用するのです。最初に、一個の原子が小さな空間の中に封じ込められ、冷却されて、一度に一個ずつ光共振器という小さな装置に向けて発射されます。光共振器という装置は反射性の高い二枚の鏡が向かい合う仕組みになっていて、装置の長さは1ミリメートル以下です。非常に弱いレーザーの光を共振器に入れて、原子と同様に、平均して常に一個の光子だけが、共振器の中を繰り返し往復するようにします。光子は原子に出会うたびにわずかに速度を落とします。光子が原子を「通り抜ける」からです。[1] 光が水やグラスを通り抜けるとき速度を落とすのと同じことです。これは光子の波動関数にごくわずかな変化を引き起こします。原子を何千回も通り抜けるうちに波動関数の変化が積み重なり、その効果が測定可能になります。

ドイツのマックス・プランク量子光学研究所の物理学者は、この技術を使って一個の原子が共振器内を動きまわる軌道を追跡しました。ここで行われているのは原子を連続的に観測することなので、原子はもちろん常に古典的粒子としてふるまいます。

デコヒーレンスが働くのを見る

量子光学の実験がここ数年、何度も本物の科学的な大ニュースになりました。4分の3世紀にわたって、理論物理学者と哲学者は、量子力学のさまざまな解釈に基づいた議論や思考実験を使って、量子的な世界と古典的な世界の境界がどこにあるのかといった基本的な考え方をめぐって論争を続けてきました。そしてついに、これらの基本的な考え方を実験室でテストできるようになったのです。

第5章で、デコヒーレンスが測定問題に関する二つの基本的な問題の一つ、すなわち生きていると同時に死んでいる猫を見ることがないのはなぜなのかという問題を、どのように解決するかを話しました。デコヒーレンスという現象を考慮することによって、予測されるとおりのことがはっきりと示されたのです。つ

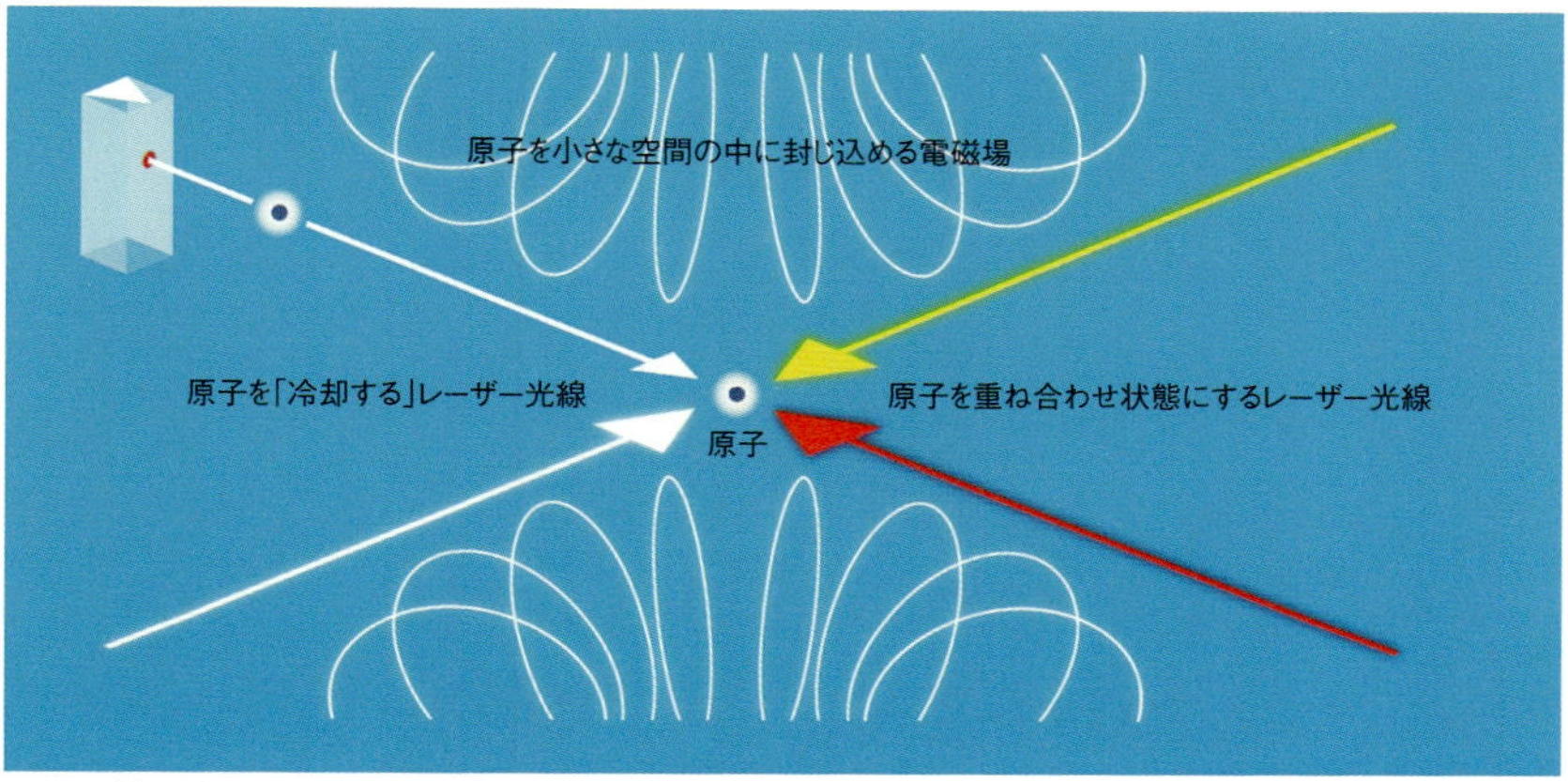

コロラド州のボールダーで1996年に行われた実験で、初めて原子の「シュレディンガーの猫」状態が作り出された。最初に磁力の場の中に原子を封じ込め、次にレーザー冷却によって原子の動きを遅くする。さらに２本のレーザーを使って「強制的に」原子を同時に二つの場所にある重ね合わせ状態にした。

まり、微視的な世界と巨視的な世界の間にはっきりした境界線はなく、重ね合わせの干渉効果は複雑な量子系ほど急速に失われるということです。このため、量子系が巨視的な環境と接触すると、重ね合わせの状態は非常に急速に破壊されます。そのため、デコヒーレンスが実際に起こっているところを押さえるために鍵となるのは、量子的な世界と古典的な世界の中間にある「メゾスコピックな」系に目を向けることです。

一九九六年五月に、コロラド州ボールダーの国立標準技術研究所（略称ＮＩＳＴ）の実験家のグループは、彼らが「シュレディンガーの猫のような状態」と呼ぶものを作りました。この場合問題となる「猫」は一個の原子でした。最初に原子を小さな空間の中に封じ込め、不確定性原理[2]を破ることなくレーザーで絶対零度のできるだけ近くにまで

1 専門的には、光子の位相にずれが起きるといいます。位相という概念は波としてのふるまいと関係があります。この言葉は「位相がそろう」とか「位相がずれる」といった使い方をします。位相は一個の光子にも適用できます。光子の位相は波動関数に含まれています。波動関数は位相情報を表す値を持っているのです。

2 絶対零度では、（運動量がゼロで）原子は静止していて、正確な位置が決まってしまうはずです。しかし、それでは原子の位置と運動量の両方が正確にわかることになり、不確定性原理に反します。このため原子は常に零点エネルギーという小さなエネルギーを持ち、絶対零度まで下げることは決してできません。

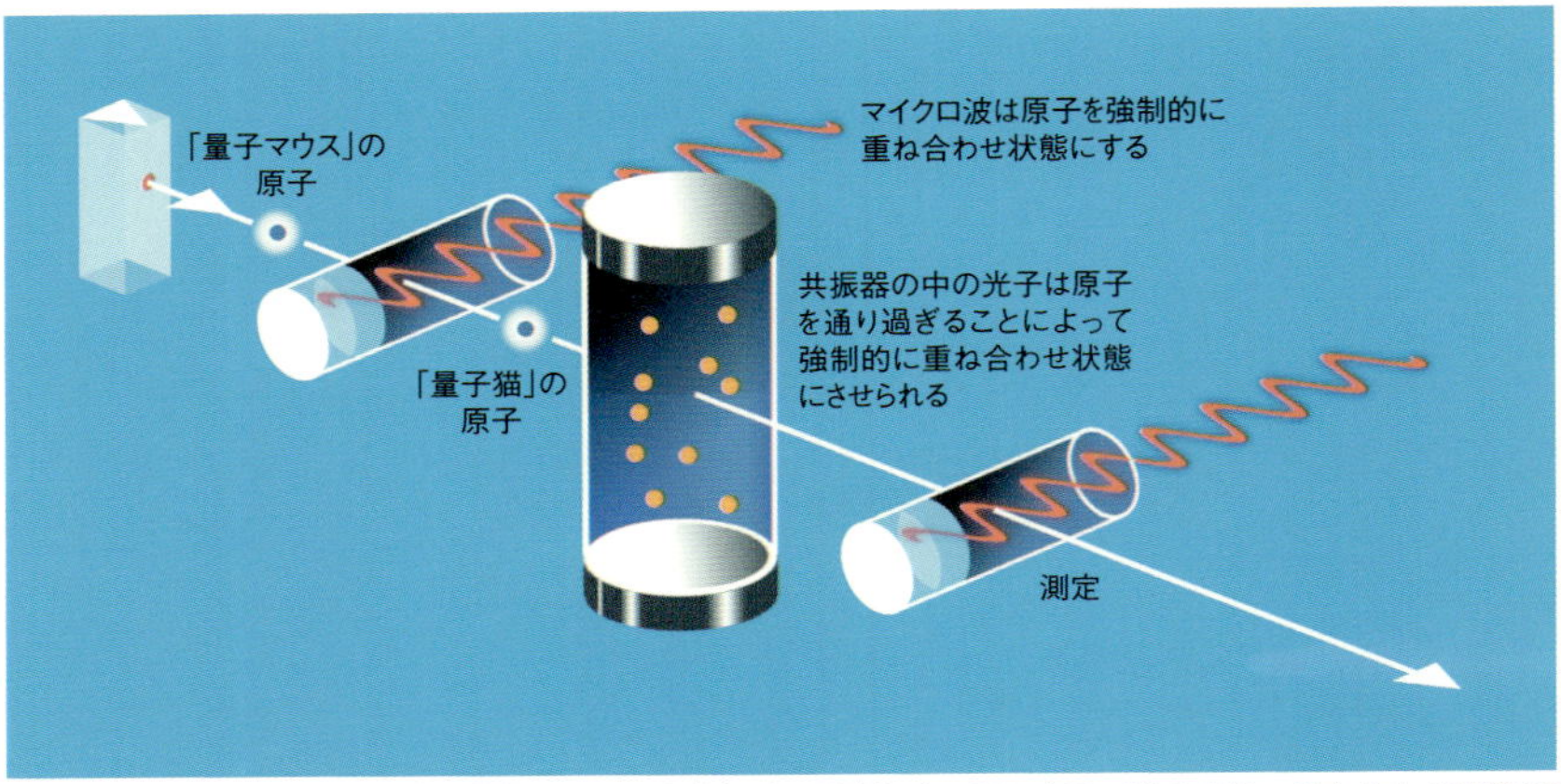
「量子マウス」の原子
マイクロ波は原子を強制的に重ね合わせ状態にする
共振器の中の光子は原子を通り過ぎることによって強制的に重ね合わせ状態にさせられる
「量子猫」の原子
測定

デコヒーレンスが本当の物理的な過程であることを初めて確認した1996年のパリの実験。重ね合わせ状態の電磁場がある共振器を通過する2個の原子（量子猫と量子マウス）の状態を調べることによって、場がどれほど早くデコヒーレンス状態になるかを測定した。

冷却します。次に、制御された一連のレーザー・パルスで原子をすばやく動かし、原子を重ね合わせの状態にするのです。原子は、原子の外側の電子のエネルギーに基づく二つの量子状態の重ね合わせになります。

　これだけなら、それほど驚くことではありません。原子はしばしば重ね合わせになります。この実験のよくできている点は、レーザーが原子の状態を原子の運動とからみ合うようにすることです。すると原子は、二つの方向に同時に運動する状態の重ね合わせになるのです。原子の二つの量子状態は完全に位相がずれたまま、原子は封じ込められた空間の中で行ったり来たり振動します。それらが一番遠く離れたときは、原子の直径のおよそ千倍ほども離れます。「それら」というのは、一個の原子の波動関数の二つの部分だということに注意してください。

　けれども、波動関数が空間的に局所的なものではないことはすでにわかっています。ですから、この種のふるまいはそれほど奇妙ではありません。それでも、波動関数の振動する二つの部分は、それが互いに最大限に離れた場合の距離の10分の1ほどの広がりをそれぞれが持っています。これが普通の二重スリット実験とは違うところです。二重スリットを通り抜けた原子は、結局のところ二つの場所に同時にある重ね合わせの状態になります。その場合には、波動関数の二つの部分はスリットを出るとたちまち広がって重ね合わさり、そのため干渉します。しかし今の場合は、波動関数の二つの部分はまだ局所的で、それほど空間に広がっていません。波動関数の二つの部分がもっとも離れたとき、それらはごくわずかしか重ね合わせになっていません。

そのようなメゾスコピックなシュレディンガーの猫状態を作ることができたら、次のステップはそれを利用してデコヒーレンスの性質を調べることでした。一九九六年の十二月には、その最初の実験がパリにあるフランス高等師範学校のセルジュ・アローシュの率いるチームによって行われました。彼らは一個の原子を重ね合わせ状態にするのではなく、原子を、共振器の中に封じ込めた数個の光子からなる電磁場とからみ合わせたのです。このように、電磁場も二つの異なる位相で振動する状態の重ね合わせにすることができます。

彼らが次に行ったのは、電磁場がどれくらいの時間この量子重ね合わせの状態を保つかを測定することでした。一個の光子が共振器から出て電磁場の量子状態を外にもらすやいなや、量子状態と環境との相互作用がたちまち起こります。この相互作用がどれくらいすばやく起こるか測定するために、彼らは「量子マウス」と名づけた二番目の原子を送り込みました。[3] 量子マウスは電磁場の量子状態とからみ合います。すると、二番目の原子の波動関数の異なる部分の間で測定可能な干渉が起こります。シュレディンガーのマウスの原子を送り込むまでの時間間隔を変えることによって、彼らはデコヒーレンスが起きているところを目撃できました。電磁場の重ね合わせが失われる速度は、二つの部分の「位相のずれ」がどれくらいかで決まります。典型的には、このデコヒーレンスが起こるまでの時間は、1ミリ秒の10分の1程度まで延ばすことができます。これでついにデコヒーレンスが本当に起こることが劇的に実証されたのです。

最近では、「環境エンジニアリング」と呼ばれるものへの関心が高まっています。それは小さな空間の中

3 それが「量子猫」の状態を調べるからです。

に封じ込めた原子の量子重ね合わせの状態をできるだけ長く保ち、デコヒーレンスを極力避けるというものです。では、これはどのように行われるのでしょうか？　これも、レーザーを使うのです。この場合たくさんのレーザーが必要です。ですから、原子を小さな空間の中に封じ込めるレーザー、原子を冷却するレーザー、そして原子を重ね合わせ状態にするレーザーをまとめることができたら、レーザー産業は大もうけできます！

記録破りのからみ合い

デコヒーレンスの起こり方をうまく制御することは、量子暗号、量子コンピューター、量子テレポーテーションといった新しい分野で重要な意味を持っています。この順番にとりあげていきます。しかしその前に、波動関数のもう一つの基本的な性質を利用する最新の進歩について、手短かに述べておきます。すなわち量子からみ合いの利用です。

量子コンピューターについて論じるところにきたら、量子の重ね合わせを実際に利用するためには、多くの量子状態をからみ合わせる必要があることがわかります。一九九〇年代に、さまざまなグループが二個または三個の原子や光子をからみ合わせるのに成功しました。しかし、それは簡単ではありませんでした。からみ合いの状態にある粒子と環境との相互作用は、系が測定されることを意味しますから、トランプでつくった家のような微妙な重ね合わせ状態の収縮を引き起こします。その後二〇〇〇年三月に、アメリカの「国立標準技術研究所」のグループが四個の原子をからみ合わせる技術に成功したことをネイチャー誌[4]で報告しました。それぞれの原子をまず重ね合わせにし、その後四個の原子を互いにからみ合わせたのです。この方法はもっと多くの粒子にまで拡張できると彼らは主張しています。

別の突破口が二〇〇一年九月に、デンマークのオルフスのグループによって報告されました。彼らは二つの巨視的な物体の量子状態をからみ合わせることに成功しました。それぞれ何兆個もの原子を含んでいるセ

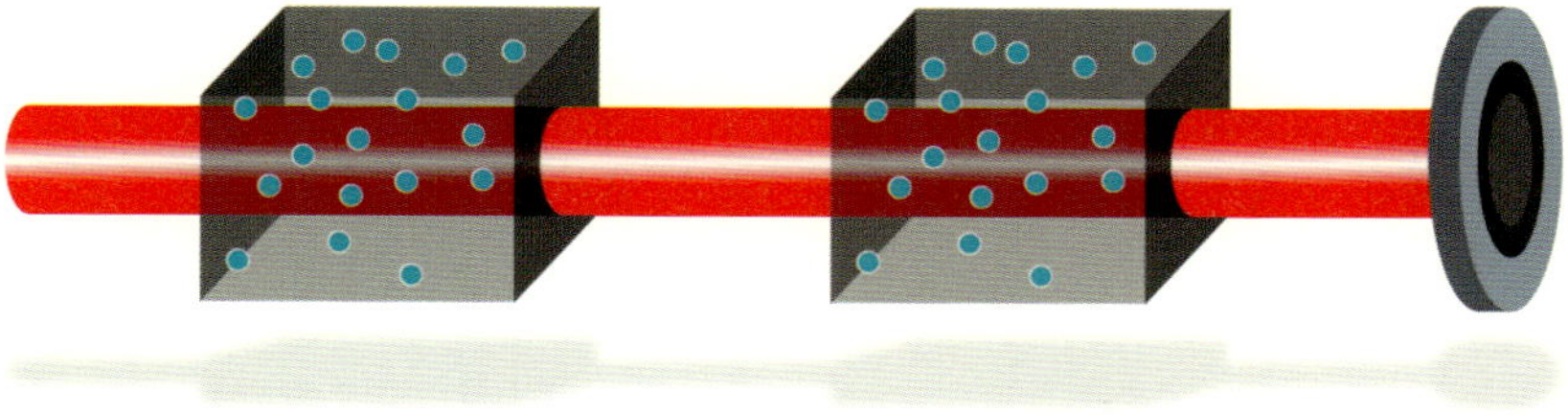

デンマークのオルフスの 2001 年の実験。この実験では、セシウム・ガスの二つの巨視的なサンプルを離して配置し、光のパルスを一回だけ両方に通すことによって、二つのサンプルをからみ合わせることに成功した。からみ合い方が「最大のからみ合い」にならないようにして、1 ミリ秒もの間デコヒーレンスが起きないようにした。これほどたくさんの原子を含んでいる場合に予測される時間よりも一兆倍も長い時間だった。

シウム・ガスのサンプルです！　これは1ミリ秒の間維持されました。わかります。笑わないでください。1ミリ秒があまり長い時間でないことはわかっています。しかしそれでもこれは大変なことなのです。各サンプルが二つの状態の重ね合わせにあった場合、それぞれの中のあらゆる原子が同じことをします。すべて原子が同じエネルギー状態にあるとか、すべての原子のスピンの向きがそろっているといったことです。その後たった一つもれ出た原子がサンプル全体の状態を外にもらし、重ね合わせの状態を収縮させます。そのデコヒーレンス時間は1フェムト秒未満です。[5]しかし彼らはからみ合った状態をその一兆倍も長く保つことができたのです！

　これを達成するために彼らが使ったのは、いわゆる「最大のからみ合い」と呼ばれるものではありません。「最大のからみ合い」の場合には、それぞれのサンプルの中の原子はすべて同じようにふるまいます。そうするのではなく、原子の二つのサンプルを二つの状態の重ね合わせにし、それぞれのサンプルの原子全体の半分をわずかに上回る数の原子がある方向にスピンし、残りが別の方向にスピ

4 C・A・サケットほか著、ネイチャー誌vol・404（二〇〇〇年三月十六日）256ページ。

5 次の定義の中から好きなものを選んでください。1フェムト秒は10^{-15}秒。または1マイクロ秒の10億分の1。または10億分の1秒の100万分の1。または、そう、とにかく非常に短い時間。

ンするようにしたのです。この方法では、もし一つの原子が漏れてそのスピン状態を示しても、サンプル全体の波動関数をどちらかのスピン状態に収縮させるのに十分ではありません。なぜなら、その原子のスピン状態がサンプル全体のスピン状態のどちらにも属する可能性があるからです。このようにして、外へもれ出た一個の原子の状態がコヒーレンスでなくなっても、重ね合わせ全体には非常にわずかなダメージしか与えません。つまり、一個の原子の状態を検出しても、サンプル全体の状態を測定することになりません。

量子暗号

ここに述べた技術は量子力学の奇妙な側面を際立たせるだけではなく、それ以上のものです。実際的な目的もあるのです。つまり、いつか量子コンピューターを作るという夢の実現に役立つのです。しかし、量子のからみ合いを応用することにすでに成功しているものが一つあります。それは量子暗号です。

まず、古典的な暗号について説明しましょう。オンラインで買い物をするとき、クレジットカード番号を送信するのがどれくらい安全か心配したことがあるなら、その心配は無用です。それは少なくとも当分の間、非常に安全です。長年にわたって数学者は、ふたりの人が完全に秘密のうちに情報を交換する方法を模索してきました。そのための普通のやり方はコード化したメッセージを送り、盗聴者には解読できないと考えることです。暗号化したメッセージの安全性を保つために、「公開鍵暗号」のような巧妙な仕組みがたくさん使われています。

公開鍵の基本的なアイデアは次のようなものです。あなたから秘密のメッセージを受け取りたいとします。私はあなたに空で、開いていて、頑丈な箱と開いた南京錠を送ります。南京錠をあけるただ一つの鍵は私が持っています。あなたは箱にメッセージを入れて、南京錠をかけて、私にそれを送ります。南京錠をあけることができるのは私の持っている鍵だけです。

このような公開鍵暗号は、実質的には次のような数学的な性質を利用しています。すなわち、掛け算や素因数分解のような数学的な処理は、一方向は容易でも逆方向は難しいということです。もしx×yが37523と等しいとわかっているとき、37523を素因数分解してxとyの値を求めるにはどのくらいの時間がかかるでしょうか？　しかし、逆に239×157がzであるとき、zを求めろとわれたら、当然のことですがもっとずっと早く答えを出せます。もっともよく使われている公開鍵暗号の方法は、非常に大きな数を素因数分解するのが難しいということを利用しています。それは非常に強力なコンピューターでさえとても長い時間がかかります。たとえば、世界のもっとも強力なコンピューターを使っても、1000桁の数字を素因数分解するのに宇宙の年齢よりもはるかに長くかかるのです！

でも、もし量子コンピューターを作るのに成功したら、普通のコンピューターよりもずっと速く素因数分解できる可能性があります。そうなれば、現在の公開鍵暗号方式の安全性はたちまち危険にさらされます。また、量子コンピューターができなくても、数学が進歩して大きな数を素因数分解する高速なアルゴリズムが発見されるかもしれません。ありがたいことに、きわめて簡単な別の種類の暗号があります。そしてそれも量子力学を利用しているのです。

量子暗号の基本的なアイデアは、物理法則によって絶対的な安全性が保証されたやり方で、遠隔地にいる人と暗号の「鍵」を交換するというものです。送り手のことをアリス、受け手のことをボブと呼ぶのが慣例になっています。この鍵を使って送り手はメッセージのテキストを暗号化し、受け手もまたその鍵を使って、暗号化されたメッセージをもとのテキストに戻すのです。ですから、量子暗号は正確には「量子鍵配布」と呼ぶべきです。

これまでに二つの技術が開発されています。どちらの技術も、盗聴者が鍵を盗聴しようとすると、量子力学にしたがって、その行為はある種の測定になることを利用しています。測定をすれば必然的にシステムに影響を与えるので、送り手と受け手は盗聴されたことがわかるのです。最初の量子暗号は「ベネット・ブラッサード・プロトコル」というもので、一九八四年にベネットとブラッサードが発明しました。これはアリスとボブが光子を測定し、交換するというアイデアに基づくものです。光子の偏光のような性質は二進法の０と1で表すことができるので、光子の集まりで鍵を作ることができます。技術的な細かいことにはこれ以上立ち入りませんが、この方法は量子の重ね合わせと不確定性原理に基づいています。

一九九〇年代の初めに、アルトゥール・エカートは、非局所性とからみ合いというアイデアを使った別のプロトコルを発見しました。ここでは、ボブはアリスへからみ合った光子の対を送ります。アリスはある方法でそれを測定して彼に送り返します。するとボブは複合的な状態にある光子の対を測定します。その測定結果からボブは、アリスがどんな測定をしたのかわかるのです。このやりとりを繰り返すことで、アリスからボブへ鍵を伝えることができます。盗聴者が光子の状態を盗聴しようとすると、からみ合いの相手の光子に必ず影響を与えるので、ボブは盗聴に気づきます。

ムーアの法則

まだ屋根裏のどこかに放り込んであるかもしれませんが、私がプログラム可能なコンピューターを初めて買ってから二十年以上経ちます。それは３メガヘルツの周波数のプロセッサーと1キロバイトのメモリーを搭載したシンクレアＺＸ８１[6]でした。私は16キロバイトのメモリーボードを取り付けてメモリーを増やしました。これでメモリーが一杯になる前に少なくとも一画面分以上のプログラムが書けました。メモリーボードの接続部は接着テープをべたべた貼ってはずれないようにしてあるのですが、ちょっと触ったりすると接続がゆるみ、それまで打ち込んだものがすべて消えてしまったものです。そのコンピューターの使い道は、大学の実験のレポートのために、短いプログラムを書いて何かを計算することぐらいしかありませんでした。それは電卓だともう少し時間がかかったのです。私が今作業をしているラップトップは、ほぼ同じサイズなのにプロセッサーの速度は千メガヘルツで、最初に買ったコンピューターの３００倍の速さです。ディスク容量は15ギガバイトで、これは昔の機種の１００万倍です。買って一年ほどですが、もう最新機種ではなく

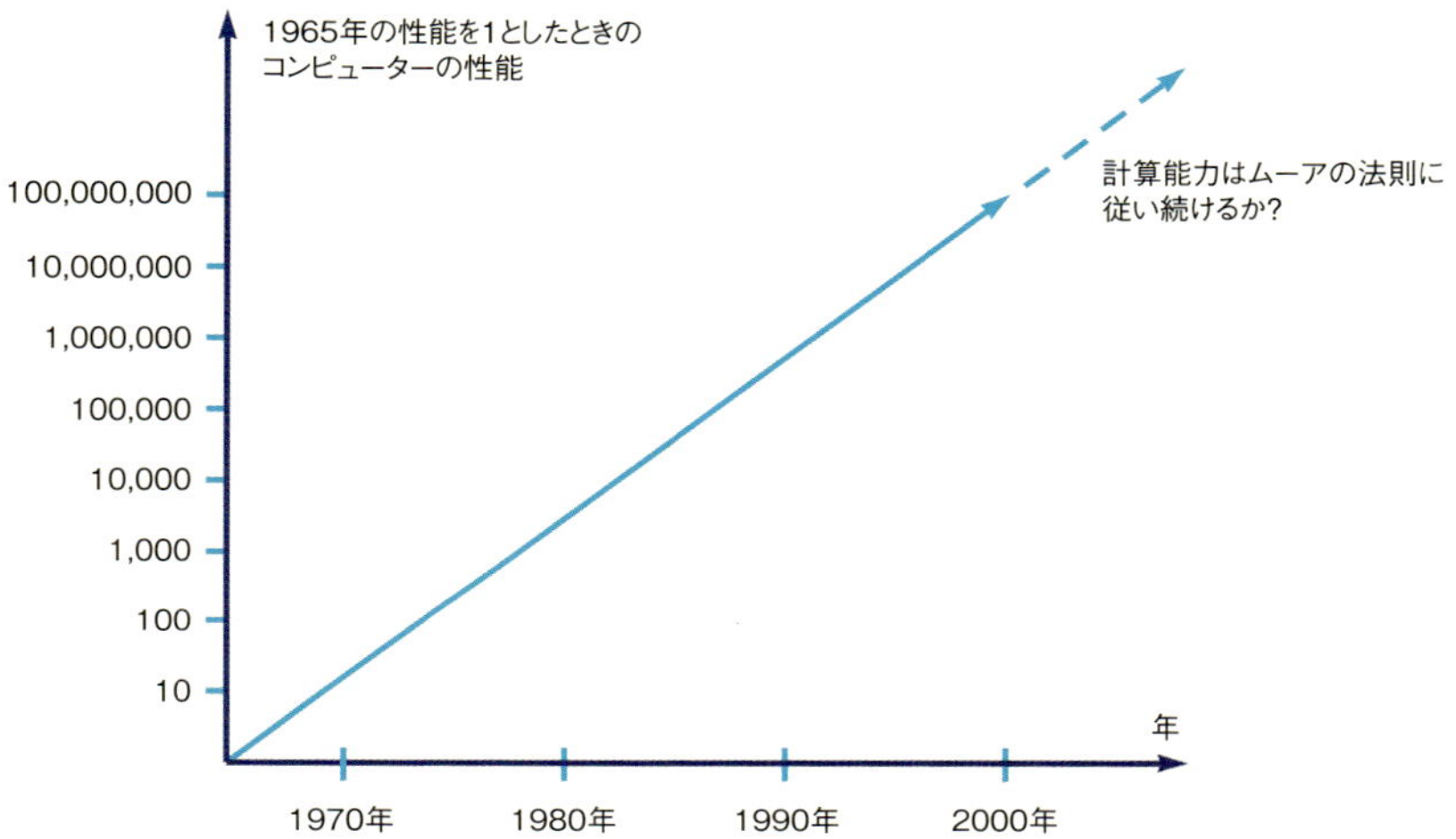

ムーアの法則はこれまで驚くほど正確だったことがわかっている。1965年以来、計算能力は18か月ごとに2倍になり続けた。

なっています。

インテルの共同創立者のゴードン・ムーアが、コンピューターの性能は当分の間、十八か月ごとに2倍になるだろうと一九六五年に予言しました。彼の予測は今ではムーアの法則と呼ばれ、驚くほど正確であることがわかりました。どんどん良くなっているソフトウェアを使うには、パソコンを継続的にアップグレードする必要があります。しかし、この状態はいつまで続くのでしょうか？　ムーアの法則のとおりにならない日がいつ来るのか予測できるでしょうか？

今の技術がこれからも継続すると仮定すれば、それがいつかを予測する方法があります。前の章で述べたとおり、シリコンのチップの表面に集積回路の微細なパターンを刻むためにレーザーが使用されています。レーザーによる加工が微細化するほど、コンピューターの計算能力が高まります。現在の技術的な進歩のおかげで、ますます波長の短いレーザー光を使えるよ

6　この機種は北アメリカではTS-1000という製品名で販売されていました。英国では、それは百ポンド未満で買える最初のコンピューターでした。

うになっていますから、今後二十年は微細化が続くはずです。しかし、微細化が進むにつれて熱雑音という問題が避けられないため、ムーアの法則は五年から十年で突然終わりを迎えるかもしれないという人もいます。

しかし熱雑音の問題がなかったとしても、最終的には「ポイントワン」の壁というものに突きあたります。これは、レーザー光線の波長をどんどん短くしていって、マイクロチップ上のトランジスターの間隔が０・１ミクロンにまで微細化したときのことをいっているのです。ここまで来ると、チップ上の千個のトランジスターが一本の髪の毛の幅に収まります。そのときにはレーザーの波長はますます短くなって、紫外線の範囲に入っているでしょう。そして、シリコンの表面にもっと微細な回路イメージを描くには、Ｘ線や電子ビームのような別な技術が必要になるかもしれません。Ｘ線や電子ビームはレーザーよりもはるかに短い波長を持っています。別の可能性もあります。チップの回路を微細化するために、シリコンではなくガリウムひ素を使うということです。この半導体物質は、シリコンよりもずっと速く動作する回路を作ることが可能な原子構造を持っています。

究極的には、「レイリーの判定基準」という壁に突きあたります。これは、チップ上に作れる最小の解像幅は、ビームの波長の半分より小さくすることはできないというものです。この段階に達したら、量子力学的な効果を考慮に入れる必要が出てきます。この限界を超えるために、レーザー光線中の光子の量子からみ合いを利用することが研究されていますが、それでも限界を大きく超えることはたぶん無理でしょう。

たぶん二〇二〇年ごろには、回路の微細化が進んで分子のサイズにまで到達するかもしれません。そうなったら半導体チップの時代は終わりを迎えることになりそうです。研究者は半導体チップとは別のものに目を向けています。有望な領域がすでに二つあります。一つめは生物分子コンピューターです。ＤＮＡ分子は信じられないほど大きな量の情報を保持することができ、そのためいつの日にか分子を基にした論理回路を作れる可能性があります。もう一つの可能性は量子トランジスターです。それは原子と比べてそれほど大きくない「量子井戸」の中に人工的に閉じ込められた一個の電子を利用します。量子井戸にかける電圧をわずかに変えることで、電子にトランジスターと似たふるまいをさせるのです。

　これまで述べたことはどれも単なる推測以上のものです。当分の間、コンピューターの計算能力が向上し続けるのは間違いありません。しかし、量子の奇妙さを実際にテストしようと努力する量子物理学者がますます増えています。彼らは今世紀中のいつか、究極の量子マシン、すなわち量子コンピューターを作り上げることができると考えています。

キュービット

　一九八〇年代の初めに私がＺＸ８１を購入したころ、物理学者のリチャード・ファインマンは、量子系のふるまいをシミュレートするような問題を解決するのに、量子力学的にふるまうコンピューターを使うのは理にかなっているだろうと推測しました。そのようなコンピューターは、まったく新しい種類のアルゴリズムを可能にする、重ね合わせの概念を利用するはずです。一九八五年に、オックスフォードの物理学者デイヴィッド・ドイッチュがそのための基本的な考え方を示した先駆的な論文を公表すると、量子コンピューターの研究領域がただちに立ち上がりました。

　ドイッチュが提案したのは「普遍的な量子コンピューター」の青写真でした。ちょうどアラン・チューリングが半世紀前に普遍的な古典的コンピューターについて提案したのと同じです。ドイッチュのマシンは量子力学の原理に従って動作して、どんな物理的な過程でもシミュレートします。ドイッチュのマシンは、量子系の集まりを使うのです。それぞれの量子系は最初、二つのエネルギー準位の重ね合わせの状態にある原子のような、二つの状態の重ね合わせになっています。その後、これらの量子系は互いにからみ合い、ある種の演算を実行する量子論理ゲートとして働きます。

　量子コンピューターの基本的なアイデアは「量子ビット」、すなわちキュービットです。普通のデジタル計算機の基本的な要素は「ビット」、すなわちオフかオンのどちらかになるスイッチです。ビットは二進数の0と1で表すことができます。しかし、原子のような量子系の場合には、同時に二つの状態で存在することができます。キュービットは、周囲の環境から切り離されている限り、オフであると同時にオンであることができます。

もちろん、一個だけのキュービットはあまり役に立ちません。しかし、二個以上のキュービットをからみ合わせれば、そのパワーが見えてきます。三個の古典的ビットがあると考えてください。それぞれは0か1のどちらかなので、三個のビットには八つの組み合わせ（000、001、010、011、100、101、110、111）があります。けれども、三個のキュービットがからみ合ったら、これら八つの組み合わせのすべてを同時に保存できます！　三桁の数字のそれぞれが同時に1と0の両方になります。四個目のキュービットを加えれば、16通りの組み合わせが得られ、五個目のキュービットを加えれば32通りになります。保存される情報の量は指数関数的に増えます（キュービットの数をN個として、2のN乗となります）。ではここで、古典的ビットでするのと同じやり方で演算を実行すると想像してください。2のN乗個の計算を同時にできる究極の並行処理です。通常のスーパーコンピューターなら解くのに何年もかかるような問題を一秒もかからずに解けるかもしれません。

量子コンピューティング

アンドリュー・スティーン（オックスフォード大学物理学講師）

今日のコンピューターは驚くべき点がいろいろありますが、十九世紀にチャールズ・バベッジが思いつき、その後アラン・チューリングが形式化した機械と同じ基本原理で動作します。機械の取りうるいろいろな「状態」のそれぞれが一つの数を表します。DNAを使うコンピューターのような標準的な計算モデルと思われないものでさえ、この基本原理を共有しています。ほかの方法は考えられるでしょうか？　しかし、自然を表す法則は量子物理学の微妙な法則です。ということは、私たちはコンピューターの計算についても違う考え方をしてみるべきなのです。量子物理学は情報を操作する強力な方法を示しています。私たちはまだそれを理解し始めたばかりです。

量子コンピューティングには、二十世紀のもっともすばらしい概念の革命の二つが組み入れられています。情報科学と量子物理学です。それらがお互いに非常によく適合することがわかりました。というのは、量子物理学の言葉が情報の言葉に非常によく似ているからです。量子波動関数は与えられた物理的な系の性質をすべて表す数学的なものとして定義されます。そのため、波動関数は情報の量によく似ています。物理的な過程は波動関数を変化させます。そのため、物理的な過程を適切に設計すれば、波動関数の時間的な発展のしかたは私たちが制御できる情報処理の形式になります。量子コンピューティングの重要で面白い点は、この量子的な系の時間的な発展を使えばある種の計算の非常に強力な近道が可能になるということです。これはほかの装置では絶対にできません。

もっとも単純な量子情報はキュービットで、古典的な「ビット」（0または1を表すスイッチ）の量子版ですが、キュービットは0であると同時に1でもあるという重ね合わせの状態をとることができます。一つのキュービットを一個の原子または一個の光子に保存することができます。量子コンピューティングの不思議さと威力が現れるのは次のステップです。たくさんのキュービットを別々に操作することしかできなければ、従来のコンピューターを上回る処理能力を持つことはないでしょう。けれども量子物理学によれば、キュービットはからみ合った状態になることができます。からみ合いとは、一つのキュービットの状態が別のキュービットの状態と密接に相関することです。たとえば、それぞれのキュービットは0と1の重ね合わせの状態に保ち、しかも、複数のキュービットが同じ数を持つようにして、測定の結果一方のキュービットが0の値をとるなら他方のキュービットもまた0の値をとるといったふうに相関関係を持たせることができるのです。

量子コンピューターでは、たくさんのキュービットのからみ合った状態が使用されます。コンピューターは最初に、すべてのキュービットが0のような単純な状態に初期化されます。それは粒子のスピンが上向きまたは下向きのどちらかに確定した状態です。その後、キュービットは量子「論理ゲート」によって互いにリンクされて、一つのキュービットのスピンが別のキュービットのスピンとからみ合います。細かい点はマシンが実行しているプログラムによって設定されます。その過程が継続し、そしてプログラムが終了したらキュービットがからみ合っていない状態に戻るように、プログラムは注意深く設計されています。それは、スピンが上向きか下向きのどちらかの状態、すなわちキュービットが0または1のどちらかの値をとる状態です。すべてのキュービットの最終的な状態が、計算の結果となります。それはキュービットを測定して読み取ることができます。

からみ合いがもたらす計算上の有利さをどう生かすのがもっともよいのか、まだよくわかっていません。量子コンピューターの特徴の一つは、一個のキュービットを追加するたびに、コンピューターのとる状態の数が2倍になることです。キュービットは0と1を同時に表すからです。結果として状態の数は莫大なものになります。たとえば、百個のキュービットがあれば、2の100乗＝1267×10億×10億×10億の状態があります。ある意味では、量子コンピューターは莫大な台数の従来のコンピューターが並行動作するように動いて、すべてを同時に計算するのです！　しかし、このような見方では本当のところ何が起こっているかを捉えていません。なぜなら、そのような量子計算の並行した処理の流れは完全に独立したものではなく、意味のある結果を得るには、キュービットがお互いに干渉して相関関係を持つようにする必要があるからです。

もっとも有名な量子プログラムであるショアーの素因数分解アルゴリズムでは、からみ合いを利用して、キュービットの二つのグループが関連する数の集まりを保存します。最初のグループが保存している数に対して、（累乗のような）数学的な処理をして、その結果が二番目のグループのキュービットに保存されるのです。量子プログラムは、最初のグループのキュービットを次のように操作せよと、量子コンピューターに命令します。すなわち、量子からみ合いの驚くべき性質のために、二番目のグループのキュービットに保存された数が共通して持つ特徴が何であるかが明らかになるように、最初のグループのキュービットを操作するのです。共通の特徴とは、すべてが偶数であるとか、すべてが求めている数の倍数になっているとかといったことです。

この情報は任意の整数の素因数を特定するために使うことができます。ということは、ビジネスや政治の世界で使用され、もっとも安全だとされている暗号を破れるということです。今、最初の量子コンピューターを作る競争が行われています。けれどもからみ合いは微妙で、たくさんのキュービットを十分正確に扱うことは、今のところ技術的な限界を超えています。

量子コンピューターにできること

これらのことから量子コンピューターにはすばらしい可能性がありそうだと思えてきます。けれども現実の問題を解くのに、どうやって量子コンピューターを使うのでしょうか？　もしも古典的コンピューターがますます速くなって、並行して動くようにインターネットで接続すれば、結局は量子コンピューターの性能と同等のものを得られるのではないでしょうか？

一九九四年にAT&Tのニュージャージーのベル研究所で働くピーター・ショアーが最初の量子アルゴリズムを考え出したとき、そうした懸念は払拭されました。量子アルゴリズムとは、量子コンピューターのみが実行できる処理を表した一連の命令のことです。ショアーが考え出したのは、非常に大きな数の素因数分解を信じられないほど効率的に実行する量子アルゴリズムです。大きな数を効率よく素因数分解することはコンピューター科学の中心問題の一つでした。もしも量子コンピューターができたら、銀行業務やビジネスに大きな影響を与えることがすぐに明らかになりました。なぜなら、今は安全とされている公開鍵の暗号が役立たなくなってしまうからです。だからこそ、量子暗号が熱心に研究されるようになったのです。

数年後に、それとは別の量子アルゴリズムをピーター・ショアーの同僚の数学者ロブ・グローバーが発見しました。グローバーのアルゴリズムは、従来の検索エンジンよりも格段に速く、ソートされていないデータベースを量子コンピューターで検索するものです。単純な例を考えましょう。トランプのカードをよく混ぜて、その中から特定のカードを見つけようとしたら、そのカードを最初の1回で取り出す確率は52分の1です。もちろん幸運が味方するかもしれませんし、運悪くカードを次々に調べて取りのぞいたあげく、最後に残ったのがそのカードだったということになるかもしれません。何回も試せば、そのカードを見つけ出すのに必要な回数の平均は26回、つまりカードの枚数の半分であることがわかります。グローバーのアルゴリズムを使う量子コンピューターは、平均して約7回でそのカードを見つけることができます。数学的に言えば、N件のデータベースに対して、古典的コンピューターはNの半分の回数を必要とするのに対して、量子コンピューターはNの平方根の回数で検索できるということです。

グローバーのアルゴリズムは彼の同僚ピーター・ショアーのアルゴリズムほど壮観ではありませんが、量子コンピューターと古典的コンピューターの間のチェスの試合などで威力を発揮することがわかっています。なぜなら量子コンピューターは数十億倍も速く駒の動かし方を検討できるからです。

量子論理ゲート

論理ゲートは一個またはそれ以上の情報ビットに対して単純な処理をする計算装置です。論理ゲートの動作は、ブール代数という数学に基づいています。ブール代数は十九世紀にジョージ・ブールがつくったものです。コンピューターの「頭脳」を構成する複雑な論理回路は、0と1の二進数を受け取って、単純な命令に従って処理する論理ゲートでできています。トランジスターは論理ゲートの役割をします。それは二個の入力（それぞれが0または1）を0または1の一個の出力に変換する処理を実行します。

いろいろな種類の論理ゲートがあります。たとえば、両方の入力が1のときに1を出力する「AND」ゲートや、どちらかの入力または両方の入力が1のとき1を出力する「OR」ゲートなどがあります。そのような単純なゲートを「NOT」ゲート（入力を反転させて、0を1に、1を0にします）と組み合わせると、もっと高度な論理演算ができます。二個のNOTゲート、二個のANDゲート、一個のORゲートを組み合わせると排他的論理和の装置、すなわち「XOR」ゲートというものができます。

量子の論理ゲートも同じように動作します。ただし、今まで考えてこなかった事情が顔を出します。ショアーやグローバーのアルゴリズムのような量子アルゴリズムは、二個以上のキュービットで論理演算を実行する特別な命令を使っています。もちろん半導体ダイオードに電流を流すのではなく、レーザーや磁場で量子状態の重ね合わせを操作するのです。

もっとも単純なキュービットの例は一個の電子です。電子でなくても、量子スピンを備えていて、磁場をかけたときにスピンが磁場の向きまたは磁場と反対方向に向く粒子ならなんでもかまいません。適切な電磁的パルスをあててやると、電子のスピンを反転させることができます。これは量子NOTゲートの例です。もう一つの量子論理ゲートの例として、電子のスピンを半分だけ反転させるものがあります。これによって電子のスピンは同時に上向き（1）と下向き（0）である重ね合わせの状態になります。これは「平方根NOT」（SRN）処理といいます。からみ合う状態の電子が同じスピンを持っていたとき、平方根NOTを使うと、四個の状態の重ね合わせを作れます。すなわち、00、01、10、11です。キュービットの数がもっと多ければ、複雑な量子アルゴリズムが可能になります。たとえば研究者は、量子でXORゲートに相当するものを作ることに成功しました。これで単純な足し算ができます。

量子アルゴリズムの処理が完了したら、可能な最終的な状態の一つが選択されます。それを増幅して巨視的な装置で読み取る必要があります。解決しなければならない問題がたくさんあり、これはもちろんその一つにすぎません。

量子コンピューターの作り方

本物の量子コンピューターを作るという夢を実現する方法がいろいろと研究されています。それらは、からみ合った重ね合わせの状態にある原子を操作するというアイデアに基づいているのですが、最終的にはどれもが同じ問題で苦しんでいます。つまり、デコヒーレンスが起こって微妙な計算を駄目にしてしまうのをいかにして防ぐのかという問題です。現在研究されている二、三の技術を簡単に説明します。一つはレーザーで極低温にまで冷却した原子を操作するというアイデアです。もう一つはＮＭＲ（核磁気共鳴）を利用します。

最初の方法は、パリの高等師範学校のグループとコロラドの国立標準技術研究所のグループが行ったさまざまな実験の話をしたときに出てきたものです。国立標準技術研究所のグループは、デイヴィッド・ドイッチュが一九八五年の論文の中で最初に提案した方向で取り組んできました。彼らは、「イオントラップ量子プロセッサー」と呼ばれるものの内部で、約20ミクロンの間隔で一連の原子を配置することを提案しています。レーザー光線を使って、一個一個の原子を二つのエネルギー状態の重ね合わせにします。一個の原子が一個のキュービットとして働くようにするのです。これらの原子は実際は帯電したイオンなので、お互いの電気的な反発力を感じ、そしてそのためにお互いにコミュニケーションして、集団としてからみ合った状態になります。原子の振動は制御され、振動エネルギーの量子を互いに交換することによって、原子の相対的な運動が結びつきます。

「原子トラップ」という装置は原子の雲を小さな空間に封じ込めるためのもの。赤く輝いているのが原子トラップである。原子は、偏光したレーザー光線とゼーマン効果による磁場によって閉じ込められる。原子が中心から遠ざかっていくと、四つのレーザー光線のうちの一つが原子と相互作用して押し戻す。

二つめの方法は核磁気共鳴の技術を利用するものです。核磁気共鳴の技術を使うと、分子の中の原子核のスピンを磁場でコントロールすることができて、一個一個の原子核がごく小さな棒磁石としてふるまいます。一個一個の原子核のスピン状態を追跡することはもちろんできません。私たちが着目するのは一個一個の原子核ではなくて、物質がたくさん集まったとき、すなわちその分子の数が1000億個の一兆倍もあるときに示す性質です。一個一個の分子はNMR量子プロセッサーとして働きます。分子をつくっている原子の原子核の一個一個がキューービットになるのです。

そのような分子の一例はクロロホルムです。クロロホルムは五個の原子でできています（炭素原子が一個、塩素原子が三個、水素原子が一個です）。炭素の一般的な同位体である炭素12を使わずに、ごくまれにしか存在しない同位体である炭素13を使います。炭素12の原子核のスピンはゼロで、

5ビット(正確には5キュービット)の量子コンピューターとして働く化学物質の溶液が入っている超伝導電磁石。このコンピューターはNMR(核磁気共鳴)技術を使用する。

棒磁石のようにふるまいません。それに対して炭素13の原子核は余分な中性子を持っているためにスピンがあります。水素の原子核である陽子と同じく、炭素13の原子核もスピンの方向が二つあります。陽子や炭素13の原子核の「スピン量子数」は2分の1なので、「上」向きのスピンまたは「下」向きのスピンを持つことができます。陽子に無線周波数の電磁パルスを浴びせると、たちまち陽子は同時に両方向にスピンする重ね合わせの状態になります。陽子と炭素原子核が近接していることと、分子の中での化学的な結合のしかたのために、陽子と炭素原子核の状態がからみ合い、陽子のスピン状態の重ね合わせが炭素原子核に転送されます。[7]

　最後に、量子コンピューターを作るもう一つのやり方を簡単に紹介しましょう。これはまだごく初期の段階にあるのですが、第9章で述べた量子力学の二つの応用、すなわちレーザーとマイクロチップを利用します。ほとんど絶対零度にまでレーザーで冷却した原子の雲を、チップの集積回路を流れるわずかな電流が生み出す磁場によって、半導体チップの上に浮かべることができます。原子の浮遊する高さと動く速さは、磁場の等高線に沿って誘導す

7 ここで起こっているのは次のことです。原子核のスピンの方向の変化が二個の原子の中の電子の波動関数に影響を与えます。そしてそのことが原子の結合のしかたにも影響するということです。

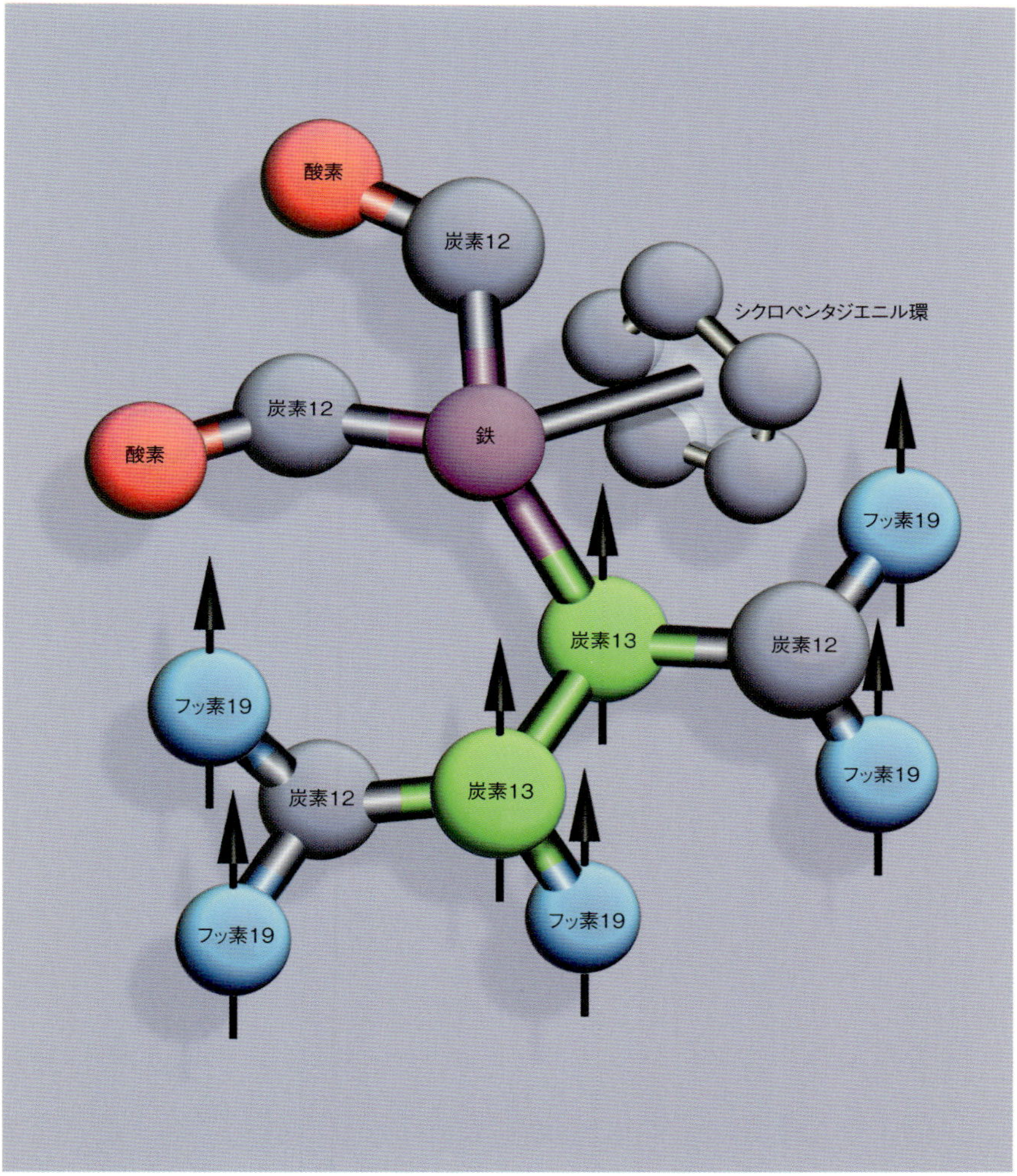

2001 年に世界を驚かせた、カリフォルニアのスタンフォード大学と IBM のアルマデン研究センターが開発した 7 キュービットの量子コンピューター。NMR システムで使用されている「パーフルオロブタディエニール鉄複合体」という分子は、ショアーのアルゴリズムを使ってある数を素因数分解するのに初めて成功した（その数というのはただの 15 だったが）。

ることで制御できます。こうすることで、原子の量子状態のからみ合いを正確に制御することが可能になるかもしれません。

あらゆる種類の量子コンピューターにとって現在障害となっているのは、微妙な重ね合わせを周囲の環境から分離することです。からみ合ったキュービットが増えるほど、ますます速くデコヒーレンスが起こってしまうのです。しかしさまざまな進歩があります。たとえば、イオントラップ・プロセッサーは、周囲の環境を注意深く調整すれば、イオンと環境との相互作用のしかたを制御できるのです。

デコヒーレンスの問題に対処するために「量子エラー訂正」というものを利用することがあるのですが、ここでも巧妙なトリックが使われています。エラー訂正のためには冗長性が必要です。同じ情報を保存するのに多くのキュービットを費やすということです。このようにして、一個のキュービットの重ね合わせが外部から何らかの影響を受けても、同じ情報がほかのキュービットから復元できれば、正しい計算を続けることができます。

現在のところ、ごく少ない数のキュービットを持つ量子コンピューターが設計されただけです。近い将来、最高40個ほどのキュービットを持つ量子コンピューターを作れそうです。しかし量子コンピューターが本当にうまくいくには、何千個ものキュービットをからみ合わせて、役に立つ計算が実行できるぐらい長くデコヒーレンスが起こらないようにする必要があります。

量子クローニング

量子暗号や量子コンピューターといった量子力学の将来性豊かな応用研究や、わくわくするような近年の量子力学の発展は、比較的新しい分野である量子情報理論に基づいています。おそらくこうした新しい技術のすべてと関係があり、しかしまだ完全には解き明かされていない問題があります。それは量子クローニングです。

動物の遺伝子工学やクローン技術の進歩はよく知られています。いつかは人間にもこのような技術が使われるのかもしれません。しかし、生き物のクローンはオリジナルとまったく同じではありません。遺伝的な情報が同じというだけです。そのことを強調しておきます。それに対して量子力学では、クローンはもとの粒子や量子系とあらゆる意味で同じです。一九八二年にウイリアム・ウータースとヴォイチェホフ・ジューレックが、いかなる量子系も完全な複製が不可能であることを示す単純な数学的証明をしました。量子状態がどのようなものかが前もってわかっていれば、もちろん、もとのものと同じ複製を生み出す量子複製装置が原理的には可能です。しかし、そのような複製装置をあらゆる量子系に普遍的に使用することはできません。

ある物体の複製を作るためには、まずその物体に関するすべてのことを把握する必要があります。これは測定を通じて行うしかありません。必要な情報をすべて集めたら、それを利用して複製を作ることができます。しかし、量子系を測定してもすべてを知ることはできないことがわかっています。測定をすれば常に何かが失われます。これは測定によって量子情報を古典的情報に変換しているからです。たとえば、さまざまなスピン（または偏光状態）の重ね合わせの状態にある光子は、測定すると何らかの一つの状態となり、もはや重ね合わせの状態ではなくなります。したがって私たちは、もともと光子の重ね合わせがどのようなものであったのかを知ることができません。これでは複製は作れません。

ウータースとジューレックの証明以来、研究者は普遍的な量子複製装置というものについて考え続け、理論的にはそれが可能なことを見出しました。その複製装置は決して完全ではありませんが、複製の程度はまずまず良好です。つまり、オリジナルにまずまず「忠実」なものを作れることがわかっています。

いつか量子コンピューターができれば、量子複製技術が役に立つかもしれません。キュービットで順番に処理をするのではなく、最初にキュービットを何回か複製しておき、すべてのクローンが同時に働いて非常に効率のよい並行処理をするようにできるかもしれません。もっと関心の高い問題もあります。盗聴者が、メッセージの送信に使う光子の近似的な複製を作ることができたら、量子暗号の安全性はどうなるのか、という問題です。

量子脳

まだ話していない量子力学の解釈があります。それは二つの理由から、話す価値があります。一つめの理由は、それを提唱したのが同世代の中でもっとも評判の高い数理物理学者のロジャー・ペンローズだからです。二つめの理由は、その解釈は量子力学よりもさらに謎めいた科学の分野、すなわち意識の起源の問題を解き明かすかもしれないからです。

ペンローズによれば、異なる量子状態の重ね合わせは、測定の行為によって収縮するのではありません。意識のある観測者の存在によって収縮するのでもないし、環境との相互作用によってすら収縮しません。そうではなく、時空そのものの性質と関連する物理的な過程によって、孤立した系の場合にさえ、収縮の過程が起こると彼は考えています。ペンローズによれば、波動関数の収縮（彼の言う波動関数の「客観的収縮」）は、重ね合わせの中にある個々の量子状態が属する時空の幾何が異なるために起こります（一個の粒子の位置が二つの場所の重ね合わせであるとき、粒子の質量がありそうな場所とそうでない場所とは、時空の湾曲のしかたが異なります）。粒子が周囲の環境とからみ合うにつれて、時空の幾何の違いが積み重なり、しきい値のレベルにまで達すると重ね合わせが不安定になって、可能な状態の一つに収縮すると考えるのです。もちろん、ペンローズを含めて誰もその詳細な仕組みを知りません。量子重力に関する完全な理論がまだないからです。

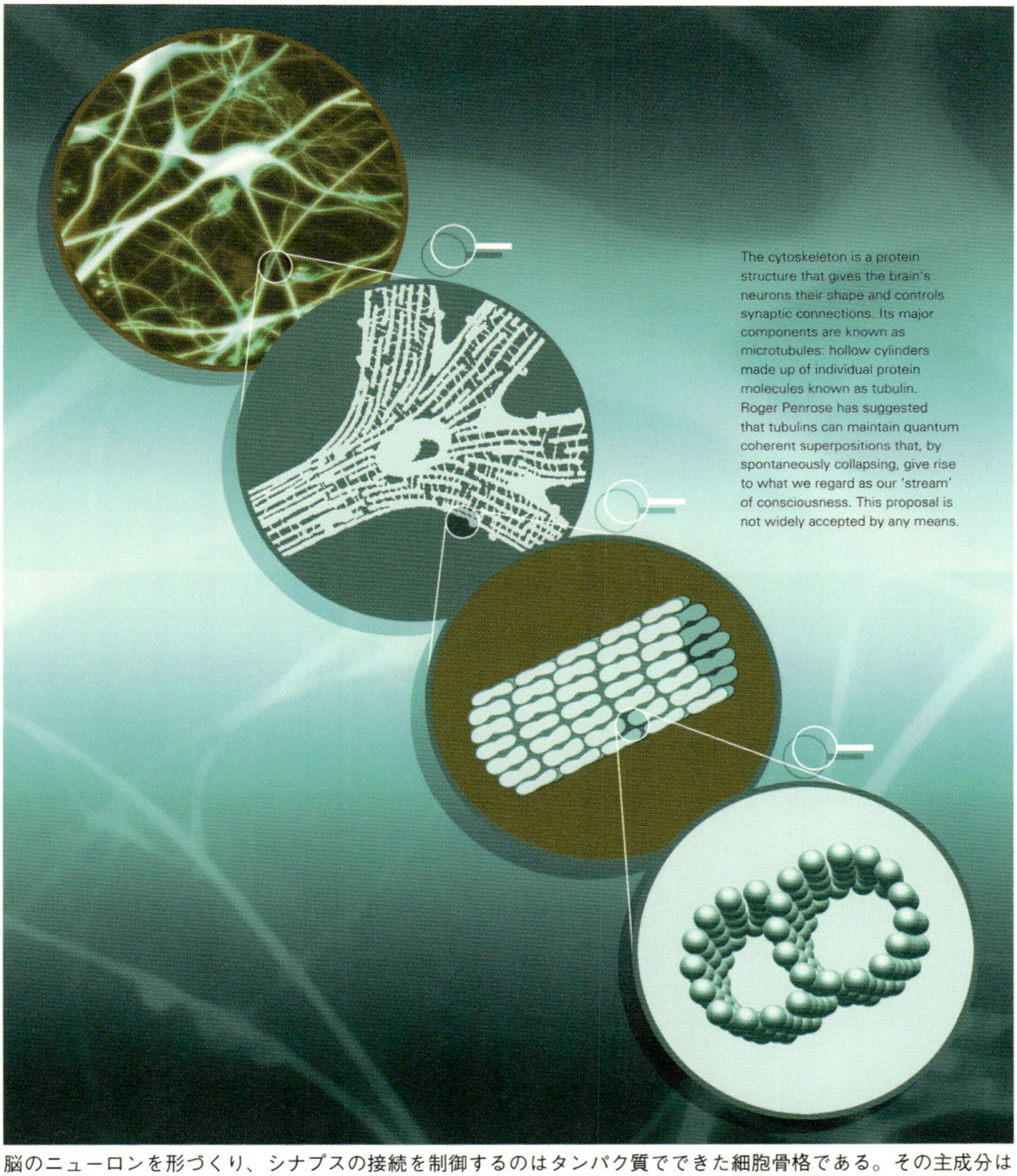
The cytoskeleton is a protein structure that gives the brain's neurons their shape and controls synaptic connections. Its major components are known as microtubules: hollow cylinders made up of individual protein molecules known as tubulin. Roger Penrose has suggested that tubulins can maintain quantum coherent superpositions that, by spontaneously collapsing, give rise to what we regard as our 'stream' of consciousness. This proposal is not widely accepted by any means.

脳のニューロンを形づくり、シナプスの接続を制御するのはタンパク質でできた細胞骨格である。その主成分は「微小管」というものである。微小管はチューブリンというタンパク質の分子でできていて、中空の円筒形の形をしている。ロジャー・ペンローズは、チューブリンが量子力学的にコヒーレントな重ね合わせの状態を維持できると考えた。重ね合わせの量子状態が自発的に収縮することによって、私たちが意識の「流れ」とみなすものを生み出すというのである。この提案は決して広く受けいれられていない。

ペンローズとスチュアート・ハメロフはこの解釈を、脳の内で意識のスイッチがどのように入るのかという問題に適用しました。彼らが量子力学を利用するのは、私たちが「考える」ということと、コンピューターがアルゴリズムを処理することとは基本的に異なっていると彼らが考えているからです。そのことを最初に強調しておきます。このような意識の非計算性という考えに基づいて、彼らは意識の謎を解き明かすには古典物理学以上の何かが必要であるといいます。それがすなわち量子物理学です。彼らは、脳の中の微妙な量子コヒーレンスを外部環境から保護するのにうってつけの、生物学的な入れ物を見つけたと考えています。

脳のニューロンは、微小管という中空の円筒状のポリマーを含んでいます。微小管はさらにチューブリンというタンパク質から構成されていて、チューブリンは二つのわずかに異なる形の重ね合わせの状態で存在できます。ペンローズとハメロフは、微小管がこの重ね合わせを維持し、さらにまわりのチューブリンにまで重ね合わせを広げるのにちょうど適した性質を持っていると論じました。コヒーレントな重ね合わせはこのようにして十分な時間維持され、前意識的な過程が起こることを可能にするというのです。ペンローズの言うしきい値に達したとき重ね合わせの客観的収縮が起こり、意識のスイッチが入ります。もちろん、これは脳の中では絶えず起こっていることになるでしょう。もしかしたら、量子コンピューターを作る必要などないかもしれません。なぜなら、私たちは自分の頭の中に量子コンピューターを持っているからです!

量子テレポーテーション

スタートレックの宇宙船エンタープライズ号にある「トランスポーター」は船の乗組員を転送してさまざまな惑星と行き来する装置として何百万ものファンにおなじみです。乗組員の複製を作るのではなく、彼らを消滅させてから復元しているのです。どんな方法を使っているのかは明らかにされていません。これはSFなので誰も細かいことを気にしたりはしません。けれども「スタートレックファン」は自分なりの説明の

敵対している惑星へテレポートする準備をするエンタープライズ号の乗組員たち。

しかたがあるのでしょう。

テレポートとは一般的に、転送されるものが純粋な情報となるように物体をスキャンすることです。その情報は目的地で適切な材料（適切な種類の原子）からオリジナルを復元するために使用されます。転送するのは情報ですから、その過程は光速で起こりえます。オリジナルの物体の原子を物理的に転送するときにはそうはいきません。それはもっと遅い手段で運ぶしかありません。非常に距離が遠くて光速での転送が必要な場合を除けば、テレポートにはそれほどメリットを感じないかもしれません。

テレポートなんてたわいのないナンセンスだと思うかもしれません。でも、それは一九九三年までのことでした。この年にチャールズ・ベネットと彼の共同研究者のグループは、さしあたり量子スケールだけに限れば、量子力学のおかげで完全なテレポートが理論上可能なことを示しました。それまでは、量子系をテレポートすることは不確定性原理によって不可能だと思われていました。量子系をスキャンして、どこかほかの場所でそれを復元するためにその量子系の持つ情報のすべてを取り出すことは不可能です。これはもちろん本当です。けれども、この問題をめぐって新しい事情が顔を出すのです。それはまたしても量子からみ合いなのです。

基本的なアイデアは次のようなものです。粒子xをA地点からB地点までテレポートさせるとします。テレポーテーションに使う装置は粒子xと同様の粒子である粒子yと粒子zを含んでいます。粒子yと粒子zはからみ合っています。からみ合った状態を保ったまま、粒子yをA地点に送り、粒子zをB地点に送ります。A地点には、テレポートさせたいオリジナルの粒子xと粒子yがあります。ある方法で二つを一緒に測定することによって、粒子xに関する一定の情報が得られます。粒子xが持っていた残りの情報は回復できないほど失われます。なぜなら、不確定性原理により、すべてを知ることが不可能だからです。

しかし、測定という行為が粒子yと粒子zのからみ合った状態を収縮させます。そして、粒子yと一緒に測定されたときに失われた粒子xの残りの情報と関連する情報を、B地点にある粒子zに与えるのです。

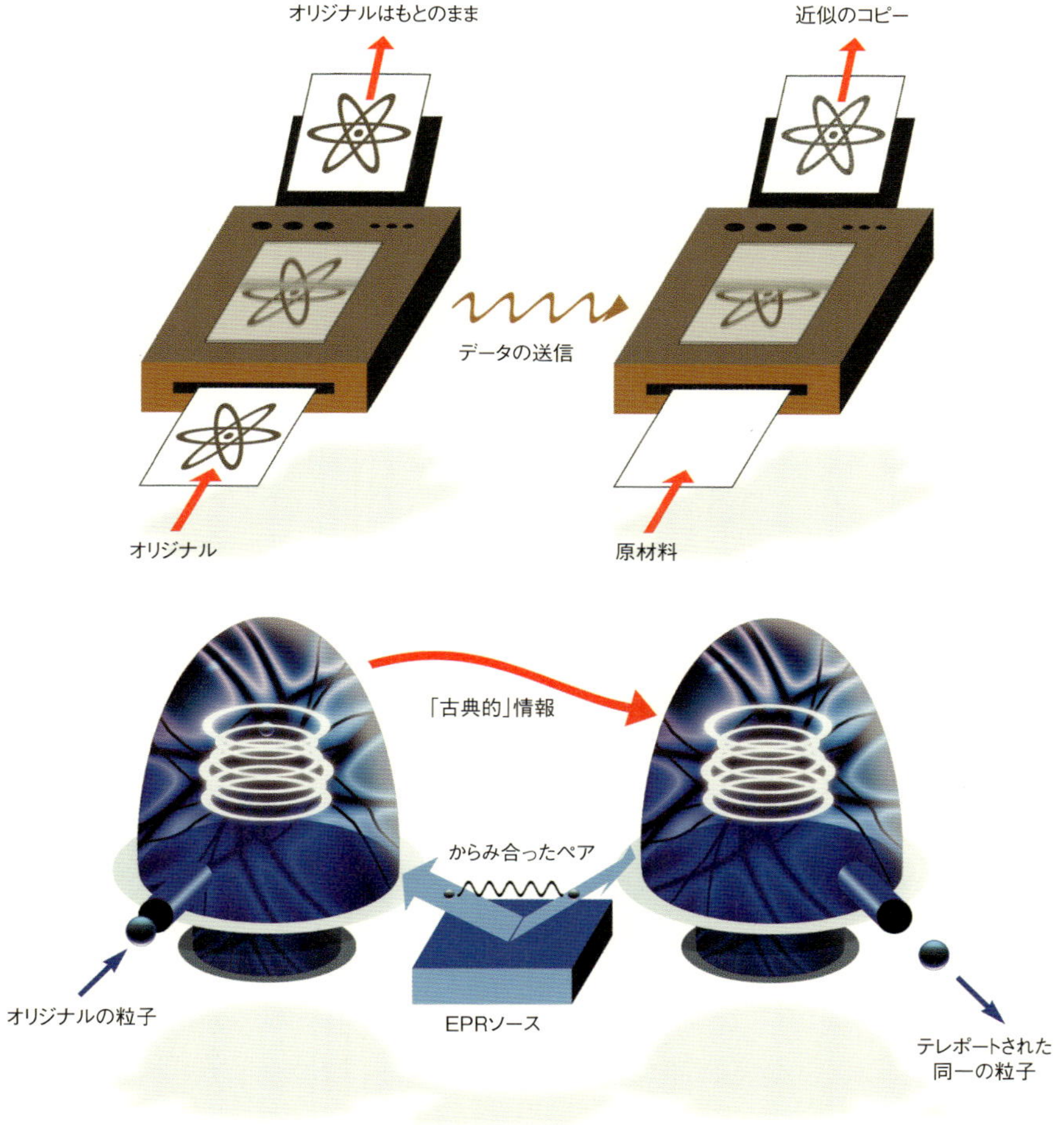

量子テレポーテーションとファックス送信の違い。
上：画像をファックスで送信する場合は、オリジナルの画像はもとのままで、オリジナルに似た複製が出てくる。
下：量子テレポーテーションでは、オリジナルの粒子の情報はすべて失われる。しかし、完全な複製がもう一方で現れる。

粒子xをスキャンして得た情報は、今度は普通の古典的な方法でB地点に送信します。この情報と、粒子zがすでに持っている情報とを合わせると、新しいB地点に粒子xをテレポートするのに必要な情報がすべて手に入ったことになるのです。私たちはこの情報を粒子xと同種の粒子に持たせることができます。ということは本質的に、B地点という離れた場所で粒子xを正確に復元できるということです。

量子テレポーテーションは非局所的な転送が瞬間的に起こることを意味しません。それを強調しておくのは重要です。なぜなら、目的地で量子系を復元するのに必要な情報の一部を古典的に転送しなければならないからです。古典的な転送が光速を超えることは決してありません。しかし、量子テレポーテーションのすばらしいところは次の点にあります。スキャンすなわち測定の過程で失われる残りの情報は、不確定性原理のために取り戻すことができないと考えられていたのに、からみ合った粒子の非局所的な相関性のおかげで、目的地で再び取り戻せるということです。

情報をすべて持つということは、オリジナルの粒子の複製を作る以上のことです。このことも強調しておきます。私たちは粒子の量子状態を測定という行為によって変えて、その粒子のもとの状態を再び復元しているのです。粒子そのものを物理的に転送する必要はありません。粒子の量子的な属性がすべてです。情報がすべてなのです。古典的な世界とは違い、同じ量子状態にある二個の粒子は完全に同一です。ですから、量子的な粒子の情報をすべて転送することは、粒子そのものの転送と同じことです。

もちろん、人間をテレポートさせることにまで拡大するのは、まったく別の話です。私たちの体のすべての粒子の完全な量子状態を転送するのに、どれほどたくさんのからみ合いが必要でしょうか？　デコヒーレンスについて考えるだけで頭がくらくらします！

今後の進歩がどれほどの速さで進むのかは、誰にも予想できません。物理学者の中には量子コンピューターを作るのは決して成功しないと信じている人もいるし、十年かそこいらで実現する問題だと考えている人もいます。

いずれにしても、確かなことが一つあります。私たちはまだ量子の最後の姿を見ていません。未来はたくさんのものが満ちあふれています。

読書案内

量子力学や現代物理学の考え方をやさしく説明しようとした本はたくさんあります。けれども、ほとんどの本は初心者に基本的なアイデアを理解してもらうことに成功していません。ここに、それに成功している本を選んでみました。

ジム・アル・カリーリ『ブラックホール、ワームホール、タイムトラベル（Black Holes, Wormholes and Time Travel）』（*Institute of Physics Publishing*, 1999）。
アインシュタインの相対性理論と宇宙と時間の性質について、これまで書かれたもっとも明瞭な説明としてこの本を推奨します！

ジュリアン・バーブアー『時間の終わり（The End of Time）』（*Phoenix*, 1999）。
初心者には難しい本ですが、努力して読む価値はあります。バーブアーは、時間の性質に関するまったく新しい説について語っています。彼の提案は次のようなものです。時間の概念をすべて捨てろ。時間は単なる幻覚だ。この考え方に沿って、彼は相対性理論と量子力学について、そしてそれらをどのように調和させるかについて語っています。

ジェームズ・T・クッシング『量子力学―歴史上の偶然とコペンハーゲン解釈の覇権（Quantum Mechanics: Historical Contingency and the Copenhagen Hegemony）』（*University of Chicago Press*, 1994）。
故ジム・クッシングは、デービッド・ボームが量子力学の初期にいたなら、コペンハーゲン的な解釈とはまったく異なる解釈が広がっていただろうと語っています。考えさせられる本ですが、初心者には少し難しいかもしれません。

ポール・デイヴィス、ジュリアン・ブラウン『量子と混沌』(地人書館、一九八七年)。

第1章で量子論を明快に説明した後、残りの部分では、BBCラジオでデイヴィスがインタビューした主要な量子物理学者たちの話が中心になっています。この本を読むと、量子力学の意味に関するユニークでさまざまな見解がわかります。とても楽しい読み物です。


ブライアン・グリーン『エレガントな宇宙―超ひも理論がすべてを解明する』(草思社、二〇〇一年)。

万物の理論の探究に関する包括的な本で、良い本に贈られる賞も取っています。グリーンはひも理論の第一人者の一人です。長い本ですが、それだけの価値があります。相対性理論と量子力学から始めて、読者は十次元と十一次元の時空まで導かれます。


ジョン・グリビン『シュレーディンガーの子猫たち―実在の探究』(シュプリンガー・フェアラーク東京、一九九八年)。

グリビンは量子力学の神秘性のベールをはぐことにかけては大名人です。この本は、彼の古典的名著の『シュレーディンガーの猫』(地人書館、一九八九年)の続編です。『シュレーディンガーの猫』は八〇年代に量子力学の不思議さを多くの人に広めた本です。『シュレーディンガーの子猫たち』でグリビンは標準的なコペンハーゲン解釈を批判して、別の解釈を支持しています。それが何かを知るにはこの本を読まなければなりません!


トニー・ヘイ、パトリック・ウォーターズ『目で楽しむ量子力学の本』(丸善、一九八九年)。

量子力学の原理と、それがエレクトロニクスから天文学まで私たちの日々の生活にどのように利用されているかを物語る美しいイラスト入りの本です。


ミチオ・カク『サイエンス21』(翔泳社、二〇〇〇年)。

二十一世紀の科学がどのように私たちの生活を変えようとしているかを予見した心が躍る本です。遺伝子工学から人工知能、量子コンピューター、さらにもっとたくさんのものをとりあげています。

デヴィッド・リンドリー『量子力学の奇妙なところが思ったほど奇妙でないわけ』(青土社、一九九七年)。

この専門的でない本は、量子力学の背後にある概念の神秘性を非常にうまく取り去っています。著者は量子力学の標準的(コペンハーゲン)解釈を支持する主張を貫いています。


レイ・マッキントッシュ、ジム・アル・カリーリ、ブジョーン・ジョンソン、テレサ・ペナ『核—物質の中心への旅(Nucleus: A Trip into The Heart of Matter)』(*Canopus*, 2001)。

この本は原子核物理学の本の中でおそらく唯一の美装本で、原子と原子核の性質に関するたくさんの洞察が盛り込まれています。この本は原子核物理学がどのようにして生まれたか、量子力学がその発展にどんな役割を果たしたかということを語っています。それだけでなく、核医学に始まって太陽がどのように輝くかということの説明まで、原子核物理学の今日の応用をたくさん取り上げています。


J・P・マッケボイ文、オスカー・サラーティ絵『マンガ 量子論入門—だれでもわかる現代物理』(講談社、二〇〇〇年)。

すばらしいイラスト入りの本で、二十世紀の主要研究者の業績をひもときながら、量子論の歴史を順を追って解説しています。イラストレーターのオスカー・サラーティは、最良のグラフィック小説に贈られるウィル・アイスナー賞を受賞しました。しかし、この愉快で読みやすい軽快な本はフィクションではありません。


N・デヴィッド・マーミン『量子のミステリー』(丸善、一九九四年)。

著名な量子物理学者によるエッセイ集です。量子力学のベルの理論と非局所性についての本としてこれに優るものはありません。しかし、ほかにも魅力的で驚きに満ちた価値ある情報がたくさんあります。


ロジャー・ペンローズ『皇帝の新しい心—コンピュータ・心・物理法則』(みすず書房、一九九四年)。

この本が出版されたとき大論争が起こり、意識と人工知能の性質に関するペンローズのアイデアについて議論する国際会議がたくさん開かれました。本書には量子力学に関する非常にすぐれた章があり、量子重力に関する理論への可能な道筋について語っています。

リー・スモーリン『量子宇宙への3つの道』（草思社、二〇〇二年）。
量子重力に関する理論の探求に取り組む研究者の考察です。

ダニエル・F・スタイラー『量子力学の奇妙な世界（The Strange World of Quantum Mechanics）』（*Cambridge University*, 2000）。
ダン・スタイラーはアインシュタイン-ポドルスキー-ローゼンの実験とベルの定理の意味を明快に説明しています。やさしい本ではありませんが、この本に取り組む覚悟があれば、努力は報われます。

これだけあげても足りなければ、次のような本もあります。その多くはポピュラーな古典であり、ベストセラーです。

J・C・ポーキングホーン『量子力学の考え方―相対性理論よりおもしろい』（講談社）
フランク・クローズ『宇宙という名の玉ねぎ―クォーク達と宇宙の素性』（吉岡書店）
ジョージ・ガモフ『トムキンスさん コミック』（白揚社）
R・P・ファインマン『光と物質のふしぎな理論―私の量子電磁力学』（岩波書店）
ポール・デイヴィス『宇宙を創る四つの力』（地人書館）
デイヴィッド・ドイッチュ『世界の究極理論は存在するか―多宇宙理論から見た生命、進化、時間』（朝日新聞社）

謝辞

たくさんの友人や同僚がこの本を書くのを手助けしてくれました。まず最初に妻のジュリーと、子供たちのデービッドとケイトの支えに感謝します。ここ数年、私は夜と週末の多くをパソコンにしがみついて過ごさなければならなかったのですが、そのことを妻と子供たちがよく理解してくれたことにも感謝しています。さらに、エッセイを寄稿してくれた人たち、原稿の一部または全部を読んで助言をしてくれた人たち、間違いを指摘してくれた人たちにたいへん感謝しています。その人たちの名前をアルファベット順に記します。ジェレミー・アラム、ジュリー・アル・カリーリ、ナザール・アル・カリーリ、レーヤ・アル・カリーリ、デービッド・エンジェル、マーカス・アルント、マイケル・ベリー、フランク・クロース、ポール・デイヴィス、ジェイスン・ディーコン、クリス・デュードニー、グリージャース・ハンセン、ディーン・ハーマン、エド・ハインズ、ロン・ジョンソン、グレッグ・ノウルズ、ジョンジョー・マクファデン、レイ・マッキントッシュ、アブデル・アジズ・マタニ、ガレス・ミッチェル、アンドリュー・スティーン、ポール・スティーヴンソン、イアン・トムプソン、パトリック・ウォルシュ、リチャード・ウィルソン、アントン・ザイリンガー。当然ですが、間違いが残っていたらすべて私一人の責任です。最後に、ウェイデンフェルド&ニコルソンの私の担当編集者ニック・チーサムの支援に特別な感謝を捧げます。

訳者あとがき

本書はジム・アル・カリーリ著「Quantum: A Guide for the Perplexed」の全訳である。著者のアル・カリーリはロンドン郊外のサリー大学の理論物理学者である。専門は核反応理論。大学で教鞭をとるかたわら、テレビやラジオの科学番組にも出演している。時間旅行などのポピュラー・サイエンスの著作も出していて、本書はその1冊である。

量子物理学をわかりやすく物語った本はたくさん出版されているが、本書はその中でも「世界でいちばん美しい量子物理学の本」だろう。これほど凝った美しいカラーイラストや写真をふんだんに使った量子物理学の本を私は見たことがない。精密なマイクロ歯車の写真や、シュレディンガー方程式のイラストや、電子の存在確率の雲のイラストなどが私のお気に入りで、翻訳しているときもイラストを見返して楽しんだものである。1ミリメートルの100万分の1という想像もつかない微細なものに、ちゃんと歯車があるのにはびっくりしたし、しげしげと見入ってしまった。

48個の鉄原子からなるリングを電子顕微鏡で見た、さざ波の画像は本当に忘れがたい。そのさざ波は電子の存在確率を表していて、著者のアル・カリーリは、「物理学者が本当の量子波動関数を見ることにもっとも近づいた瞬間」と言っている。美しいイラストはこの本の大きな魅力なので、読者のみなさんがこの本を手に取ったら、まずはページをぱらぱらめくってイラストを楽しむことをおすすめしたい。

原書の副題（「わけがわからなくなった人のためのガイド」）にもあるように、本書は量子力学を学ぶ人すべてが直面する謎について語った本である。量子力学の謎というと、原理的・哲学的な論争という印象を持つかもしれないが、本書はそうではなく、最新の研究や実験の成果をふまえて量子力学の謎を実に明快に整理し直している。本書を読むと、量子力学の基礎が今も進歩を続けていることがわかる。いろいろな新しい概念が提唱され、実験でテストされる。それによって古くからの謎が、たとえ少しずつであっても、解き明かされてゆく。それが手に取るようにわかるのが本書の醍醐味だろう。

本書は、量子力学に興味を持って初めてこうした本を手に取った人はもちろん、すでにこうした本を読んだことがある人、読んだことがあるけれどもなんとなくすっきりしなかったという人にぜひ読んでいただきたい。たとえば二重スリット実験など、これほどページを割き、イラストで視覚化して、ていねいな説明をしている本はないと思う。この著者ならではの工夫をこらした解説に触れることで「そういうことか」と得心できるのではないかと思う。

本書は最新の量子物理学への入門書であるが、遊び心でいっぱいの、読んで楽しめる本である。スタートレックの写真に私は最初から目を引かれてしまった。私は昔ＳＦが好きだったので、スタートレックもテレビで見ていたし、テレポートにも興味があった。しかしはっきりいってテレポートは「空想」だと思い込んでいた。本書には量子の世界では完全なテレポートが可能であることがとてもわかりやすく書かれていて、翻訳しながらわくわくしたものである。このほかにも本書には、量子力学と生命現象との関わりといった面白い話題がそれこそたっぷりと盛り込まれている。

本書から著者が強く訴えている量子力学の未来の可能性を感じ取ってもらえれば訳者としてうれしいし、これから自分の勉強の分野や仕事を選ぼうとしている人が本書を読んで量子力学の将来性に賭けてみようという気になってくれたら、望外の喜びである。

ていねいに翻訳原稿を読んでいただいた担当編集者の加古川群司氏に心からお礼を申し上げる。

翻訳作業を見守ってくれた家族に深く感謝する。

二〇〇八年八月　　林田　陽子

索 引

英字

あ行

か行

さ行

た行

な行

は行

ま行

や行

ら行

わ行

人 名

あ行

か行

さ行

た行

な行

は行

ま行

や行

ら行

わ行

図版のクレジット

デービッド・エンジェル 2（ページ目の図版、以下略）、14、17、18、25、30、32、34、37、45、46、51、53、57、62、64、67、70、73、76、78、80、84、87、90、91、96、100、101、102、105、113、118-119、122、123、131、137、141、143、145、148、150、151、154、159、162、170、174、178、183、186、192、198、200、201、202、203、205、211、216、221、224、226、227、232、237、241、242、243、248、251、253、256、262、266、268、271、272、280、284、289、294、298、300、305、306、309、313、329、333
マイケル・ベリー 130
IBM 研究部門アルマデン研究センター 290
コーバル・コレクション 331
NASA ／ JPL ／カルテック／ SOHO ／極紫外画像望遠鏡（EIT）コンソーシアム 42
NASA ／ STScI ／ AURA 219
J-L シャルメット／サイエンス・フォト・ライブラリー 38、89、196
レイ・クラーク博士（FRPS）＆マーヴィン・デ・カルチーナ・ゴッフ（FRPS）／サイエンス・フォト・ライブラリー 43
フェルミラボ／サイエンス・フォト・ライブラリー 223
全米標準・技術研究所／科学（NIST）／サイエンス・フォト・ライブラリー 295
デービッド・パーカー／サイエンス・フォト・ライブラリー 293
アルフレッド・パシーカ／サイエンス・フォト・ライブラリー 235
フィリップ・プライリー／ユーレリウス／サイエンス・フォト・ライブラリー 323
ピーター・ジョーンズ／ STAR コラボレーション 246
ボルカー・ステイガー／サイエンス・フォト・ライブラリー 324
サイエンス・アンド・ピクチャー・ライブラリー 171
アンナ・タンクゾス 325

■著者紹介

ジム・アル・カリーリ（Jim Al-Khalili）

英国サリー大学の理論物理学者。専門は原子核物理学。物理学の一般向けの講演会を多くこなし、その功績が認められてPublic Awareness of Physics Award in 2000という賞を英国物理学協会から受賞している。1962年にバグダッドに生まれ、英国で物理を学んだ。

■訳者紹介

林田 陽子（はやしだ ようこ）

翻訳家。訳書に『宇宙のランドスケープ』『多世界宇宙の探検』（いずれも日経ＢＰ社）などがある。

見て楽しむ量子物理学の世界
自然の奥底は不思議がいっぱい

2008年9月29日　1版1刷

著者　ジム・アル・カリーリ
訳者　林田 陽子
発行者　黒沢 正俊
発行　日経ＢＰ社
発売　日経ＢＰ出版センター
〒108-8646
東京都港区白金1-17-3
NBFプラチナタワー
電話　(03) 6811-8200
ホームページ　http://ec.nikkeibp.co.jp/
電子メール　book@nikkeibp.co.jp
装幀・カバー画像　河原田 智（polternhaus）
本文デザイン・DTP　クニメディア株式会社
印刷・製本　図書印刷株式会社

Printed in Japan
ISBN978-4-8222-8340-7